—上外文库—

本书获中央高校基本科研业务费专项资助

上外文库

智能客服

用户需求的识别与满足

樊 骅 编著

图书在版编目（CIP）数据

智能客服：用户需求的识别与满足 / 樊骅编著．
—北京：商务印书馆，2024．—（上外文库）．
ISBN 978-7-100-24543-2

Ⅰ.TP242.6

中国国家版本馆 CIP 数据核字第 20244DL386 号

权利保留，侵权必究。

智 能 客 服
用户需求的识别与满足

樊 骅 编著

商 务 印 书 馆 出 版
（北京王府井大街36号 邮政编码 100710）
商 务 印 书 馆 发 行
北京盛通印刷股份有限公司印刷
ISBN 978-7-100-24543-2

2024年11月第1版	开本 670×970 1/16
2024年11月第1次印刷	印张 20¼

定价：105.00元

总　序
献礼上海外国语大学75周年校庆

光阴荏苒，岁月积淀，栉风沐雨，历久弥坚。在中华人民共和国75周年华诞之际，与共和国同成长的上海外国语大学迎来了75周年校庆。值此佳际，上外隆重推出"上外文库"系列丛书，将众多优秀上外学人的思想瑰宝精心编撰、结集成册，力求呈现一批原创性、系统性、标志性的研究成果，深耕学术之壤，凝聚智慧之光。

参天之木，必有其根；怀山之水，必有其源。回望校史，上海外国语大学首任校长姜椿芳先生，以其"为党育人、为国育才"的教育理念，为新中国外语教育事业铸就了一座不朽的丰碑。在上海俄文专科学校（上海外国语大学前身）开学典礼上，他深情嘱托学子："我们的学校不是一般的学校，而是一所革命学校。为什么叫'革命学校'？因为这所学校的学习目的非常明确，那就是满足国家的当前建设需要，让我们国家的人民能过上更加美好的生活。"为此，"语文工作队"响应国家号召，奔赴朝鲜战场；"翻译国家队"领受党中央使命，远赴北京翻译马列著作；"参军毕业生"听从祖国召唤，紧急驰援中印边境……一代又一代上外人秉承报国理念，肩负时代使命，前赴后继，勇往直前。这些红色基因持续照亮着上外人前行的道路，激励着上外人不懈奋斗，再续新篇。

播火传薪，夙兴外学；多科并进，协调发展。历经75载风雨洗礼，上外不仅积淀了深厚的学术底蕴，更见证了新中国外语教育事业的崛起与腾飞。初创之际，上外以俄语教育为主轴，为国家培养了众多急需的外语人才，成为新中国外交事业的坚实后盾。至20世纪50年代中期，上外逐渐羽翼丰满，由单一的俄语教育发展为多语种并存的外语学院。英语、法语、德语等多个专业语种的开设，不仅丰富了学校的学科体系，更为国家输送了大批精通多国语言的外交和经贸人才。乘着改革开放的春风，上外审时度势，率先转型为多科性外国语大学，以外国语言文学为龙头，文、教、经、管、法等多学科协调发展，一举打造成为培养国家急需外语人才的新高地。新世纪伊始，上外再次扬帆起航，以"高水平国际化多科性外国语大学"为目标，锐意进取，开拓创新，在学术研究、国际交流与合作等方面取得了显著成果，逐渐发展成为国别区域全球知识领域特色鲜明的世界一流外国语大学。

格高志远，学贯中外；笃学尚行，创新领航。习近平总书记在党的二十大报告中强调："着力造就拔尖创新人才，聚天下英才而用之。"新时代新征程，高校必须想国家之所想、急国家之所急、应国家之所需，更好把为党育人、为国育才落到实处。上外以实际行动探索出了一系列特色鲜明的外国语大学人才培养方案。"多语种+"卓越国际化人才培养目标，"课程育人、田野育人、智库育人"的三三制、三结合区域国别人才强化培养模式，"三进"思政育人体系，"高校+媒体"协同育人合作新模式等，都是上外在积极探索培养国际化、专业化人才道路上的重要举措，更是给党和国家交上了一份新时代外语人才培养的"上外答卷"。"上外文库"系列丛书为上外的学术道统建设、"双一流"建设提供了新思路，也为上外统一思想、凝心聚力注入了强大动力。

浦江碧水，化育文脉；七五春秋，弦歌不辍。"上外文库"系列丛书的问世，将更加有力记录上外学人辉煌的学术成就，也将激励着全体上外人锐意进取，勇攀学术高峰，为推动构建具有深厚中国底蕴、独特中国视角、鲜明时代特色的哲学社会科学大厦，持续注入更为雄厚的智识与动能！

目录

第一章　导论：智能客服融入日常生活 …………………………… 1

智能客服篇　人工智能的双元导向、能力和任务

第二章　功能与关系：顾客旅程前段的双元导向 …………………… 7

　　引　言 / 7

　　第一节　顾客旅程 / 9

　　第二节　智能客服的展现形式 / 15

　　第三节　功能型客户导向 / 20

　　第四节　关系型客户导向 / 24

　　第五节　功能-关系双元导向 / 26

　　本章小结 / 28

第三章　服务与销售：顾客旅程中段的双元能力 …………………… 30

　　引　言 / 30

第一节　智能服务 / 32

第二节　智能销售 / 37

第三节　服务-销售双元能力 / 40

本章小结 / 45

第四章　共情与挽留：顾客旅程后段的双元任务 …… 46

引　言 / 46

第一节　传统服务失败与补救 / 48

第二节　智能服务失败与补救 / 52

第三节　共情回应 / 56

第四节　共情回应与顾客保留的关系 / 63

本章小结 / 65

智能用户篇　隐私矛盾、算法厌恶与需求满足

第五章　隐私矛盾：如何提供个性服务 …… 69

引　言 / 69

第一节　隐私矛盾相关理论 / 70

第二节　个性化服务需求 / 72

第三节　隐私保护需求 / 73

第四节　机会成本需求 / 75

第五节　隐私矛盾与智能医疗 / 77

第六节　隐私矛盾与营销战略 / 82

本章小结 / 86

第六章　身份披露：如何缓解算法厌恶 ········· 88

引　言 / 88

第一节　算法厌恶 / 89

第二节　智能服务不确定性 / 92

第三节　共情回应与服务不确定性 / 95

第四节　实证研究一 / 97

本章小结 / 128

第七章　需求满足：如何提升服务质量 ········· 129

引　言 / 129

第一节　顾客苛刻度 / 130

第二节　智能服务质量 / 134

第三节　用户接受度与智能服务质量 / 138

第四节　实证研究二 / 143

本章小结 / 161

人机关系篇　顾客对智能客服的接受、体验和购买

第八章　顾客接受：人机关系的开端 ········· 165

引　言 / 165

第一节　顾客接受度早期研究 / 167

第二节　服务机器人接受模型 / 175

第三节　顾客的技术焦虑 / 195

本章小结 / 206

第九章　顾客体验：人机关系的维持 ······ 207

引　言 / 207

第一节　智能体验的维度 / 208

第二节　顾客体验的加工模式 / 211

第三节　双元能力与顾客体验 / 215

第四节　实证研究三 / 219

本章小结 / 235

第十章　顾客购买：人机关系的升华 ······ 239

引　言 / 239

第一节　智能服务与顾客购买 / 241

第二节　实证研究四 / 246

本章小结 / 295

第十一章　结　语 ······ 297

参考文献 ······ 301

第一章
导论：智能客服融入日常生活

人工智能和自动化技术已经深刻地改变了我们的生活和工作方式，智能客服是其中一个引人注目的领域。企业越来越依靠智能客服的多样化综合能力来建立竞争优势。尤其是在"后疫情时代"，安全社交距离的要求使得消费者越来越依赖线上采购，多家企业也顺势上线或完善了智能客服，以应对日趋增长的线上订单需求。不仅主流的电商平台，例如淘宝、京东、亚马逊，发布了各自的智能客服以满足人机互动的需要，而且知名的实体门店品牌，例如海底捞、达美乐比萨等，也上线了智能客服来完成推荐、预订、下单等功能。智能客服的市场规模预计从2017年的2.5亿美元增长到2024年的13.4亿美元，并遍布于各个行业（例如零售、旅游、保险、金融服务等）以优化消费者与企业的前端交互。

智能客服的兴起具有其特殊的时代背景。一是科技的飞速发展。自21世纪初以来，全球科技领域经历了令人瞩目的蓬勃发展。人工智能、机器学习和大数据分析等前沿技术的突飞猛进，已经深刻改变了人类社会的方方面面。在各行各业中，这些技术的应用早已超越了单纯的辅助作用，智能客服正是其中之一。它不仅在服务行业中崭露头角，还在多个领域展现了强大的应用潜力。借助自动化和智能化技术，智能客服不断提高客户服务的质量，满足日益多样化的用户需求，为人类社会的进步和发展注入了新的动力。

二是企业数字化转型的浪潮。随着全球经济的快速发展和信息技术的飞速进步，各行业纷纷踏上了数字化转型的征程。企业在面对日益激烈的市场竞争和消费者需求不断变化的挑战时，开始积极转变自身的经营模式和服务方式。在这一数字化转型的浪潮中，智能客服显现出巨大的优势和潜力。它不仅能够提供高效、快捷、精准的服务，更能根据用户的个性化需求进行定制化的互动，为企业赢得更大的市场份额和消费者的信赖。

智能客服的普及有着重大的现实意义。首先，是满足用户需求。随着社会和科技的飞速发展，用户需求不断演变。传统的客户服务模式已不再满足用户的期望，他们要求更便捷、更快速、更个性化的服务。用户现在已经习惯了定制化体验，期待企业能够理解他们的需求，提供与其偏好相符的解决方案。智能客服在这一背景下具有了重要的意义，它能够借助人工智能和大数据分析等技术，识别和满足用户的个性化需求。本书的研究为深入探讨用户需求的演变，以及如何利用智能客服技术满足这些需求提供了洞见。

其次，是提高客户满意度。客户满意度是企业成功的关键因素之一。满意的客户更有可能成为忠诚的顾客，为企业带来持续的收入。智能客服通过提供更快速的响应、更准确的信息，以及个性化的互动，能够显著提高客户满意度。用户感到自己受到了更多的关注和关心，他们的问题能够得到更及时、有效的解决。这不仅改善了用户体验，还有助于塑造积极的品牌形象，进一步强化客户关系。

再次，是提升商业竞争力。在当今竞争激烈的市场中，提供卓越的客户服务是企业保持竞争力不可或缺的因素。智能客服的运用不仅可以提高客户满意度，还能够降低运营成本，提高效率。通过自动化和智能化技术，企业可以更好地分配资源，减少人工错误，提高工作效率。这不仅有助于降低成本，还可以提供更具竞争力的价格和服务，从而吸引更多客户并实现业务增长。

最后，是促进技术创新。研究智能客服不仅有助于满足当前的市场需求，还能推动技术创新。智能客服的发展推动了人工智能、自然语言处理、机器学习等领域的不断进步。这些技术的发展不仅影响了客户服务领域，还为其他领域的应用提供了新的思路和方法。通过深入研究智能客服，我们可以更好地理解这些技术的潜力和局限，为未来的创新和发展提供宝贵的经验。

智能客服的研究涉及多方面的丰富内涵。首先，在"智能客服篇：人工智能的双元导向、能力和任务"，本书沿着顾客旅程的清晰脉络，将逐一呈现在预购买、购买、购买后不同阶段，智能客服需要具备的双元导向、双元能力和双元任务。本书从智能客服的角度出发，将读者引向智能客服的核心。这一部分将贯穿整个顾客旅程，深入探讨智能客服在每个阶段所需的特定能力和导向。在预购买阶段，智能客服需要预见用户需求，提供有价值的信息和建议，引导用户进入购买过程。在购买阶段，其任务是提供实时支持、解答疑问，协助用户完成交易。在购买后阶段，智能客服需要提供售后服务，解决问题、处理投诉，同时与用户建立持续联系，以建立用户满意度和忠诚度。这个分析框架有助于深刻理解智能客服在各个阶段的作用，以及如何满足用户不同时间点的需求。

其次，在"智能用户篇：隐私矛盾、算法厌恶与需求满足"，本书基于理性选择理论、信息处理理论、资源基础视角等理论框架，揭示顾客的多种实际需求。本书以数字用户的视角，深入探讨了顾客在使用智能客服时所面临的挑战和需求。这一部分基于多个理论框架，解析了用户对隐私泄露的担忧，以及对算法决策的抗拒。此外，本书还探讨了用户对需求满足的期望，包括提供个性化建议、增加信息透明度，以及保障数据安全等。通过这个视角，读者可以更好地理解用户的心理和行为，为智能客服的设计和实施提供更深入的指导。

最后，本书从人机关系的双边视角，在"人机关系篇：顾客对智能客服的接受、体验和购买"，抽丝剥茧地对顾客接受度、顾客智能体验，以及顾客购买的决定因素进行详细剖析。这一部分通过深入剖析顾客对智能客服的接受度、智能体验，以及购买决策因素，揭示了用户与智能客服之间的互动和关系；将帮助读者了解用户对智能客服的态度，以及他们如何评价这一技术。此外，深入了解用户的购买决策因素也将有助于企业更好地满足市场需求，制定更有效的市场策略。

在科技日新月异、竞争激烈、全球协作的时代背景下，《智能客服：用户需求的识别与满足》的研究意义得以彰显。它不仅仅是对智能客服的研究和探讨，更是对时代发展脉络的把握和总结，是对未来发展趋势的深入思考和探索。本书通过对智能客服这一领域进行深入的研究和探讨，不仅帮助我们理解智能客服的发展和应用，还有助于提高客户满意度，增强企业竞争力，并推动科技领域的进步。本书的研究将有助于指导企业、学者和决策者更好地应对日益复杂的市场和社会需求，为未来的发展奠定坚实基础。通过对智能客服的深入研究，我们可以更好地理解其在时代变革中的作用和地位，进而为更好地利用智能客服技术，服务人类社会的发展贡献力量。希望本书的内容能够启发更多的研究和实践，推动智能客服领域的创新和进步。

— 智能客服篇 —

人工智能的双元导向、能力和任务

第二章
功能与关系：顾客旅程前段的双元导向

引 言

将市场营销服务与人工智能相结合的目标是简化顾客旅程，并预测新兴市场中的消费者行为。[1]

基于人工智能的应用程序提升了功能性。从业者发现，这种应用有助于改进零售绩效，提升客户体验。企业广泛采用人工智能已被视为在新兴科技时代，决定业务方向的必要手段。人工智能可以弥合企业和潜在客户需求之间的鸿沟，提供信息并促使投诉得到解决。因此，了解将人工智能纳入顾客旅程的作用至关重要，有助更好地理解新兴市场。借助多样的人工智能技术，营销人员能够与客户互动。例如，苹果使用聊天机器人 Siri，可以帮助 iPhone 用户回答语音查询并执行操作，而无须在智能手机上键入指令。人工智能通过物联网、增强现实（Augmented Reality，AR）、虚拟现实（Virtual Reality，VR）、混合现实（Mixed Reality，MR）、虚拟助手和聊天机器人等技术，加速了人类服务的精确性和效率。混合现实将真实和虚拟世界结

---

[1] Jyoti Rana, Loveleen Gaur, Gurmeet Singh, Usama Awan and Muhammad Imran Rasheed, "Reinforcing Customer Journey through Artificial Intelligence: A Review and Research Agenda", *International Journal of Emerging Markets*, Vol. 17, No. 7(July 2022), pp. 1738-1758.

合在一起，创建一个新的视觉环境，其中物理和数字元素实时共存和互动，这在新兴市场中产生了影响。通过增强现实/虚拟现实，人们可以在实际购买之前虚拟体验产品。因此，人工智能工具正在帮助新兴市场取得更好的发展。

人工智能有能力学习、感知和思考，无须人类干预。独立的人工智能能够做出智能选择，并通过不断改进的算法进行更新。人工智能可以针对目标市场提供多种策略，以引导客户购买。例如，人工智能可以帮助营销经理了解何时以及如何向消费者提供特定的折扣券，从而提高在确定市场细分中营销工作的准确性。顾客旅程是客户与品牌互动时经历的全部体验的总和。这是一个多维度的概念，关注客户在整个购买周期内对产品的认知、行为、情感和社交反应。将营销服务与人工智能结合的目标是简化顾客旅程，预测新兴市场中的消费者行为，并引导客户在购买过程中获得全面的体验，从而提高客户忠诚度。

微软推出了HoloLens混合现实头戴式显示器，展示了未来无须屏幕和硬件的新购物方式。在HoloLens取得巨大成功后，微软于2019年11月7日推出了其升级版本HoloLens 2。玩具品牌乐高为其产品提供了增强现实功能，使客户能够在虚拟环境中搭建城堡或与虚拟角色互动，从而改善了他们在新兴市场中的游戏体验。营销人员可以通过人工智能建立客户关系，以支持新兴市场。因此，了解未来的购物方法以及相关软件和硬件的新技术，对于提升新兴市场中的客户体验具有重要意义。

1982年，罗伯特·萨克斯（Robert Saxe）和巴顿·A. 韦茨（Barton A. Weitz）首次提出了"客户导向"的概念，指的是销售人员试图满足客户需求并帮助他们做出购买决策的程度。[①] 以客户为导向的行为是

[①] Robert Saxe and Barton A. Weitz, "The SOCO Scale: A Measure of the Customer Orientation of Salespeople", *Journal of Marketing Research*, Vol. 19, No. 3(August 1982), pp. 343-351.

指销售人员的问题解决方法,旨在与客户建立互惠互利和长期关系。已有研究表明,以客户为导向的行为对销售绩效、客户保留、服务质量和其他员工结果产生影响。因此,以客户为导向的行为被认为对一线员工尤其重要。尽管有大量研究揭示了以客户为导向行为的有效性,但尚未有关于智能客服顾客导向行为有效性的一致结论。

第一节 顾客旅程

在实践的基础上,当代学者将客户体验概念化为客户在购买周期中,跨多个接触点和公司的"旅程";将总体客户体验概念化为一个动态过程。客户体验流程从预购买(包括搜索)到购买,再到购买后,是迭代的、动态的。这个过程结合了过去的经验(包括以前的购买)以及外部因素。在每个阶段,客户都会经历接触点,但其中只有部分接触点是在公司控制之下的。这个过程可以作为指导,帮助企业在顾客旅程中随时间推移检验客户体验,以及在不同接触点对客户体验的影响进行实证。与之前的研究一致,客户体验可以分为三个总体阶段:预购买、购买和购买后。当前客户体验领域的许多工作都会检查整个顾客旅程。然而,这三个阶段使该过程稍微更易于管理。

一、预购买阶段

在现代商业环境中,对客户体验及其与品牌互动的理解变得至关重要。其中,购买过程中的第一阶段,即预购买阶段,是整个顾客旅程的关键组成部分。传统的营销文献将预购买阶段描述为需求识别、搜索和考虑等行为,但实际上,它更广泛地包括了从需求、目标或冲动识别开始,到考虑通过购买满足这些需求、目标或冲动的整个客户体验。

预购买阶段是客户与品牌、产品品类和购买环境互动的初期阶段。在这个阶段，客户开始寻找满足其需求或愿望的解决方案，无论是一种产品、服务还是特定品牌。这一过程通常包括以下关键行为：1. 需求识别。客户首先识别出他们的需求、目标或冲动。这可能是基本的生活需求，也可能是对特定产品或服务的愿望。2. 搜索。一旦客户确定了他们的需求或目标，他们开始主动或被动地搜索相关信息。这包括在线搜索、向朋友和家人咨询、查看广告或在社交媒体上获取建议。3. 考虑。在搜索信息后，客户进入考虑阶段，评估不同品牌、产品或服务以满足他们的需求。这个过程可能涉及比较价格、功能、品牌声誉和其他因素。

理论上，预购买阶段可以被视为客户购买前的整个体验。然而，实际上，这一阶段的体验涵盖了从需求识别到最终考虑购买的整个过程。这是因为购买的决策不仅仅是一个瞬间的事件，而是一个渐进的过程，客户在这个过程中积累了各种印象和体验。在需求识别阶段，客户首次认识到他们有一个需求、目标或冲动。这可能是由于实际需求，如购买食物或衣物，也可能是情感需求，如购买奢侈品或旅行。客户的需求识别可能受到内部因素（如饥饿或渴望）和外部因素（如广告或朋友的建议）的影响。在这一阶段，客户的体验通常是情感上的，他们可能会感到兴奋、满足或焦虑。品牌和营销活动在此时发挥了关键作用，因为它们可以引导客户的需求识别，甚至在客户未察觉到需求时唤起需求。

一旦客户认识到他们的需求，他们开始主动或被动地搜索相关信息。这可能包括在线搜索、查阅商品评论、询问朋友或亲戚的建议，以及参与社交媒体上的讨论。客户在这个阶段积累了大量的信息，这些信息将影响他们的最终购买决策。客户在搜索阶段的体验涉及信息的获取和处理。他们可能会感到困惑、满足或受挫，这具体取决于信息的可获得性、质量和相关性。品牌的在线内容质量对客户的搜索体验至关重要。

在预购买阶段的最后部分，客户开始考虑不同的选项，以满足他们的需求或愿望。这可能包括比较不同品牌、产品或服务的价格、特性、口碑和可用性。客户在这个阶段做出最终的选择，准备进入购买阶段。客户在考虑不同选项时的体验涉及决策和权衡。他们可能会感到挣扎、兴奋或满足，这取决于他们对可选选项重要性的感知。

二、购买阶段

第二阶段——购买——涵盖了购买活动期间，客户与品牌及其环境的所有互动。它包括选择、订购、支付等行为。尽管此阶段通常是三个阶段中时间最紧凑的阶段，但它在营销文献中受到了大量关注，其重点是营销活动以及环境和氛围如何影响购买决策。在零售和消费品研究中，购物体验非常受重视。由于存在无数的接触点和由此产生的信息过载，选择过载、购买信心、决策满意度等问题也可能需要考虑。它们可能会导致客户停止搜索并完成或推迟购买，这一点已在研究中得到广泛证明。

购买阶段的一个关键行为是选择和订购产品或服务。客户在这一阶段根据他们的需求、偏好和可用信息做出决策。选择可能涉及不同品牌、型号、规格、颜色等。客户可能会受到品牌声誉、产品特性、价格和促销活动等因素的影响。在数字时代，客户通常可以在线比较不同选项，这使得选择过程更加复杂和信息丰富。购买阶段的选择和订购行为通常是在商店、在线购物平台或通过移动应用完成的。客户可能会在不同渠道之间进行比较，寻求最佳交易和购物体验。品牌必须确保其产品在各个渠道上都能提供一致的信息和购买选项，以避免混淆和客户不满。

另一个关键行为是支付和交易。一旦客户做出了选择，他们需要完成付款过程。这可能涉及信用卡、支付宝、现金等支付方式，具体取决于购买环境和客户的个人偏好。购买阶段的支付过程需要高度的安全性和可信度，以确保客户的隐私和金融信息不受威胁。支付完成后，交易完成，客户获得所购产品或服务的权利。在传统零售环境中，这可能包括现场交付或取货。在线上购物中，产品通常会以快递或数字形式交付。这个环节也是品牌提供出色客户服务和满足客户期望的机会。

购买阶段强调购物体验的重要性。客户期望在购买时享受愉快、无压力的体验。零售商和品牌必须创造优质的购物环境，以促使客户完成交易。购物环境包括商店的布局、装饰、音乐、照明等因素。在线购物环境包括网站的设计、用户界面、购物车体验和支付流程。这些因素可以影响客户的购买决策，如购物信心、决策满意度以及是否会中途停止购物。由于购物过程中存在大量接触点和信息过载，客户可能会感到选择过载，这可能导致决策困难和不满。品牌应提供清晰、简洁的信息，以帮助客户做出明智的选择。此外，购买阶段也受到促销活动和促销策略的影响。特价促销、折扣券、满减活动等可以刺激购买决策，但品牌必须谨慎使用这些策略，以避免消费者认为他们受到欺骗或误导。

顾客旅程购买阶段的研究也已扩展到数字环境中。随着电子商务的兴起，客户可以轻松地在网上购物，无论是通过电脑还是移动设备。这为购买行为提供了更多的便捷性和选择。在数字购买环境中，客户可以访问广泛的产品信息、产品评论并比较价格。社交媒体也可以影响购买决策，因为客户可能会查看其他人的意见和建议。然而，在数字环境中，品牌和零售商需要关注网络安全问题，以保护客户的隐私和金融信息。此外，他们还需要提供方便的购物体验，包括简单的网站导航、快速的支付过程和高质量的客户服务。

三、购买后阶段

第三阶段——购买后——涵盖客户在实际购买后与品牌及其环境

的互动，包括使用和消费、参与售后和请求服务等行为。与预购买阶段类似，理论上这个阶段可以从购买到客户生命结束。实际上，这个阶段涵盖了购买后客户体验的各个方面。这些体验在某种程度上与品牌的产品或服务本身相关，产品本身成为这个阶段的关键接触点。第三阶段的研究主要集中在消费体验、服务补救、退货决策、回购或寻求多样性，以及其他非购买行为，例如口碑和其他形式的客户参与。

在购买后阶段，客户主要与产品或服务本身互动。他们开始使用所购的商品，体验其性能、质量和价值。这一阶段的消费体验对于客户的满意度和忠诚度至关重要。如果产品或服务无法满足客户的期望，客户可能会感到不满意，并有可能不再购买该品牌的产品或服务。因此，品牌必须确保提供高质量的产品和卓越的服务，以满足客户的需求。消费体验还包括与产品相关的所有互动，例如使用说明、保养要求和任何与产品性能或功能相关的问题。品牌需要提供清晰的信息和支持，以帮助客户最大限度地享受他们购买的产品或服务。

购买后，客户可能需要与品牌建立联系，寻求支持或解决问题。这可能包括售后服务、保修、维修、技术支持等。品牌的售后服务水平对于客户的满意度和忠诚度至关重要。积极的售后参与可以提高客户对品牌的印象，并增强其忠诚度。客户还可能提出服务请求，包括退货、更换、维修等。品牌需要提供高效的服务流程，以确保客户能够轻松解决问题。满足客户的服务请求可以提高品牌声誉，并促使客户继续选择该品牌。购买后阶段，客户也可能考虑退货或更换产品。这可能是因为产品出现质量问题，或者客户对其购买感到不满意。品牌需要有明智的退货政策，以确保客户能够无压力地解决问题。处理退货和更换请求的方式可以对客户的满意度产生深远影响，这对于维护客户的忠诚度至关重要。

购买后阶段还包括客户是否愿意回购该品牌的产品或服务，或者他们是否开始寻求多样性。这与客户的满意度和忠诚度有关。如果客户在购买后阶段的互动和体验良好，他们更有可能继续购买来自该品牌的产品或服务。品牌的会员计划和奖励机制可以鼓励客户回购。然而，如果客户在购买后阶段遇到问题，他们可能会开始寻求多样性，探索其他品牌或产品。这使得品牌必须竭尽所能提供卓越的购买后体验，以防止客户流失。

购买后阶段还包括口碑和其他形式的客户参与。客户可能会与其他人分享他们的购买体验，无论是通过口头交流、社交媒体、评论网站还是其他渠道。这种口碑可以对品牌的声誉产生重大影响，因此品牌必须积极参与管理口碑。此外，品牌还可以通过客户满意度调查、社交媒体互动和反馈机制，鼓励客户参与。这有助于了解客户的需求和期望，以改进产品和服务。

最近的管理研究扩展了购买后阶段的概念，将"忠诚度循环"作为整个客户决策过程的一部分。这表明在购买后阶段可能会发生一个触发因素，要么通过重新购买和进一步参与来提高客户忠诚度，要么开始新的流程，重新进入预购买阶段并考虑替代方案。因此，品牌必须密切关注购买后阶段的客户行为，以更好地了解客户的需求和期望，以及如何提高客户满意度和忠诚度。

四、顾客旅程的启示

鉴于以上对顾客旅程的看法，公司应该采取一系列措施来改善客户体验、提高忠诚度并实现更好的销售结果。第一步是深入了解客户和公司对购买过程的看法，包括客户在每个购买阶段的需求、期望和痛点，以及公司对客户互动的期望。这可以通过市场调研、客户反馈、焦点小组讨论和内部讨论来实现。公司必须建立客户画像，以了解客户的个性、喜好和需求；同时也要明确公司的目标和价值主张。

第二步是识别整个顾客旅程中的具体元素或接触点。这意味着跟踪客户从预购买阶段一直到购买后阶段的互动，包括客户与品牌的互动方式，如网站访问、社交媒体互动、客户服务通信等。同时，公司还要关注每个阶段的关键元素，如广告、促销活动、网站设计、售后服务等。这有助于公司确定哪些方面需要改进，以提高客户体验。

第三步是尝试识别导致客户继续或停止顾客旅程的具体触发点。这些触发点可能是正面的，促使客户继续购买；也可能是负面的，导致客户流失或中断购买过程。公司需要分析这些触发点，了解它们如何影响客户的购买决策。积极触发点可能包括：有吸引力的广告和促销活动，激发购买兴趣；无缝的购物体验，包括易于导航的网站和简化的结账过程；优质的售后服务和支持，满足客户需求；产品或服务的高质量和性能，满足客户期望。公司应该特别关注那些导致客户流失或停止顾客旅程的负面触发点，并采取措施解决这些问题。同时，公司还应利用正面触发点，促使客户继续购买并提高忠诚度。

第二节 智能客服的展现形式

人工智能正在彻底改变市场，要求营销人员更了解客户、品牌和市场细分，并争取市场份额。企业正在借助机器学习和人工智能来吸引、娱乐和保留客户。人工神经网络是人工智能的一部分，它由一系列复杂的算法组成，以有序的方式从给定的数据集中提取标签，并适应线性和非线性关系。在医疗领域，人工智能被用于数字咨询、机器人手术和无缝的电子健康记录维护。甚至教育领域，现在也有 Acuity Scheduling、Doodle 等人工智能支持的预约安排软件。人工智能已经改变了课堂，触觉机器人协助学生阅读、学习和进行社交互动。人工智能还帮助残疾儿童发展重要的社交技能。人工智能驱动的解决方案一直站在电子商务和零售行业的指数增长前沿，本章节旨在针对零售业不同阶段的顾客旅程，描述智能客服展现形式，并通过一个框架描述这些应用领域。

一、聊天机器人

随着人工智能在营销领域的出现，机会不断增加。人工智能可以轻松追踪客户行为，记录观察、注意其模式并提供个性化的产品和服务。嵌入人工智能的聊天机器人可以通过使用预先编程的算法与客户进行叙述性对话，自动提取客户指令。多年来，营销理念发生了变化。被称为智能网络的Web4.0，跨越2020年到2030年，被认为具备类似人脑的能力，将参与人与计算机之间的情感互动。聊天机器人代表了一种新型的互动系统，通过在线上营销中建立接触点，公司可以影响客户的价值感知。由于网站之间竞争的加剧，焦点放在了为客户提供便利和关注个性化上。

聊天机器人作为人工智能的首选应用，为消费者提供了前所未有的体验。在电子零售中采用聊天机器人，对客户体验的外在价值产生了积极影响。客户的个性也影响了聊天机器人的可用性与客户体验之间的关系。有研究表明，从客户的角度来看，信任聊天机器人、信任卖家和购买意愿之间存在正向的关系。对聊天机器人的信任取决于许多因素，如能力、可信度和信息性。以往的研究在信任和促进技术使用的角色方面，提供了不同的发现。聊天机器人可以实时解决客户的问题并帮助客户进行购物流程。聊天机器人在不同零售领域中都有应用。金融行业进行了一项研究，针对不同的客户细分，如男性、女性等，制定了营销策略；根据他们对在线聊天服务和嵌入聊天机器人互动的兴趣，对个体进行了分类。

聊天机器人是一种提供便利和客户协助的独特方式。根据以往研究，客户对聊天机器人的感知可以根据用户互动、娱乐性、定制性和查询处理来预测。研究表明，作为虚拟助手的聊天机器人有助于改善客户服务体验。奢侈品牌的营销人员和管理者可以通过聊天机器人改善客户体验。聊天机器人有助于启动在线互动，塑造品牌初始形象并吸引客户。此外，也有研究表明，通过聊天机器人启动的对话可以提高品牌知名度。人工智能可用于解决营销人员以经济方式了解客户体验所面临的挑战。更有学者提出了一种面向在线服务公司的、以客户为中心的方法，重点关注通过人工智能增强的聊天机器人来提升客户参与度。

聊天机器人的营销工作基于互动、娱乐、信息性、可访问性和定制性，直接影响客户沟通的质量，对品牌与客户的关系产生了间接影响。乐高玩具制造商的聊天机器人 Ralph 允许客户使用礼物机器人选择合适的礼物。它在消息应用中根据用户在机器人内部回答问题的方式，为用户提供个性化的礼物建议。例如，它会询问地点、预算、主题（冒险、旅行），以及为谁购买礼物、收礼者的年龄等问题。《福布斯》报告指出，线上花店 1-800-Flowers 在脸书启用的聊天机器人的支持下，一年内实现了超过 12 亿美元的销售额，成为美国最大的礼品零售商。1-800-Flowers 引入了三种新的人工智能工具——聊天机器人、亚马逊 Alexa 语音机器人，以及在线 IBM 沃森（Watson）礼宾服务，吸引了用户。

二、语音机器人

客户信任在线上购物中，对营销人员来说是至关重要的方面。全球电子商务巨头亚马逊非常明白这一点，通过建立客户对在线购物的信任，积累了庞大的客户群，并通过与家庭语音助手相连接的分销系统提供服务。凯捷咨询公司（Capgemini）的一项研究发现，在 5000 名受访者中，有 24% 愿意使用机器人助手而不是网站。该研究还发现，有 51% 的受访者会选择使用智能手机上的语音助手服务。总体而言，有 35% 的受访者曾使用语音助手购买杂货、家居用品和服装等商品。谷歌、亚马逊、苹果和微软等公司提供了与客户便利性相关的语音助手服务。

以往研究发现，基于语音互动的交流方式会影响客户对营销人员的信任。采用新兴技术的目标是从用户那里获取有用的信息,并提供提升在线体验的机会。随着技术的不断演进,客户互动的方式也在不断改变,因此营销人员需要了解如何提升品牌信用和个人参与度。研究者提出了一个基于语音交互服务(SIS)、语音策略和智能生成的框架。他们考虑了成本、速度、质量、机构,以及在特定互动中使用人工智能的效果等因素。此外,关于亚马逊与客户之间的人工智能关系战略以及人工智能正在建立的成瘾关系的研究表明,这些因素推动电子零售商在线上购物过程中,不断发展基于人工智能的生态系统。因为便利和轻松的购物体验,消费者愿意将他们的购物任务交给机器人。

三、智能推荐系统

人工智能的推荐系统呈现消费者的个人偏好。它已广泛应用于许多领域,如社交网络、电影推荐、查询日志分析、新闻推送等。例如,优兔(YouTube)的视频推荐系统会根据用户的活动向其推荐一组个性化视频,类似于奈飞(Netflix)的"为你推荐"节目。人工智能利用记录的数据,在新情境下进行推荐。在推荐方法中,协同过滤是最常用的设计之一。人工智能成功的关键在于提供个性化的产品推荐。例如,有学者通过分析现有在线顾客的数据,将个性化内容引入啤酒推荐。他们评估了客户信息对协同过滤的调节作用。除了饮料行业,航空业也在使用推荐系统。新的分销能力允许航空公司通过在行业中应用推荐系统来提供个性化的优惠。在短期内,推荐系统可以帮助航空公司增加收入;在长期内,它也能提升客户体验和客户忠诚度。

在协同过滤中,一个用户的兴趣会与另一个用户(如客户)相关联。举例来说,如果A先生喜欢乐事薯片,B先生喜欢乐事薯片和奇多薯片,那么X先生可能也更偏向奇多薯片,这将反映在推荐中。而基于内容的推荐系统则会侧重具有相似属性的产品,而不是依赖其他用户在推荐之前对产品的了解。

四、虚拟现实、增强现实、混合现实

英国旅行社托马斯·库克（Thomas Cook）在他们的"试飞前尝试"（Try Before You Fly）活动中使用了虚拟现实，允许他们的代理人亲自体验特定旅行，以向客户进行推广。虚拟现实通过硬件，改变了我们的真实世界。EPI Cube 模型呈现了技术体现、心理存在和行为互动的相互联系。

营销人员寻求新的方法来提升客户对品牌的感知和态度。虚拟现实提供了互动体验，帮助客户与品牌互动。通过佩戴头戴式设备，并将用户置于另一个维度，即使是在虚拟现实中，也可以使他们获得真实的体验。作为品牌界面，虚拟现实旨在优化客户社交互动中的体验。与静态屏幕选项不同，虚拟现实提供了360度的视野。在房地产行业，虚拟现实取代了静态照片。客户可以进行互动式360度查看，这与更好的参观体验相关联，并创造了对品牌的积极态度。

增强现实是指使用智能手机摄像头，将计算机生成的感知信息添加到真实环境中，实现互动体验。2016 年，移动游戏《宝可梦 Go》（Pokémon Go）使用了增强现实技术，为营销人员提供了更多自由和可能性，以增强用户的体验，它不需要头戴式显示器。研究案例"小厨师"（Le Petit Chef）探讨了增强现实在用餐体验中的应用。该研究表明，如果品牌侧重于情感、行为、社交、智力和感知维度的餐厅体验，增强现实可以改善客户的整体用餐幸福感并引导积极的消费行为。人们认为，增强现实的互动性和生动性体现在易用性、实用性以及愉悦度上。研究结果显示，人们对增强现实技术在品牌参与和移动应用方面有积极的认知。增强现实介导的品牌参与度可以提高应用体验的满意度。

增强现实允许用户将数字元素添加到虚拟环境中。例如，美妆品牌丝芙兰（Sephora）使用增强现实技术，允许用户通过面部识别系统在家中尝试化妆——用户可以将手机放在面前，尝试各种特色产品，从而增加了与逼真的化妆互动的机会。这在数字化转型中改变了美妆业，因为客户可以个性化其购物体验。下一级别的增强现实允许混合现实操作叠加在真实世界上的数字图像。混合现实工具的示例包括微软的 HoloLens 和联想的 Explorer。与虚拟现实头戴式设备不同，它们不会完全遮蔽整个现实世界，而是允许用户看到真实环境并在其中放置虚拟物体。人工智能正在弥合早期应用和新兴应用之间的差距。营销人员的任务是平衡和融合人工智能与人类智能，以呈现无缝的端到端客户体验。通过将计算机程序与人类服务相结合，营销人员可以更高效地解决客户问题。

第三节　功能型客户导向

传统上，学术界和业界通常将以客户为导向的行为视为单一维度结构，重点集中在满足客户的需求、提供卓越的客户服务和维护客户关系。然而，德国知名战略营销专家克里斯蒂安·洪堡（Christian Homburg）于 2011 年进行了开创性的研究，通过明确区分功能型和关系型，重新定义了以客户为导向的行为。[①]这为更深入地理解和提供客户服务提供了新的角度和方法。

一、功能型客户导向的要素及应用

功能型客户导向代表了一种全新的方法，旨在协助客户做出令人

[①] Christian Homburg, Michael Müller and Martin Klarmann, "When does Salespeople's Customer Orientation Lead to Customer Loyalty? The Differential Effects of Relational and Functional Customer Orientation", *Journal of the Academy of Marketing Science*, Vol. 39, No. 6(December 2011), pp. 795-812.

满意的购买决策。这种行为的出发点是不仅要销售产品或服务，还要建立持久的客户满意度和忠诚度。为了深刻理解这种类型的行为，让我们深入探讨它的关键要素。首先，需要寻找合适的解决方案。功能型以客户为导向行为的首要目标是提供适当的解决方案，以满足客户的内在需求。这意味着不仅仅是推销现有产品，而是积极寻找适合客户需求的最佳产品或服务。这需要对市场、产品和客户需求的深刻了解，以确保提供的解决方案能够真正满足客户的期望。举例来说，假设一位顾客正在寻找一款新的智能手机。功能型以客户为导向的行为包括深入了解客户的需求，如他们的预算、功能偏好、使用需求等。然后，基于这些信息，销售人员可以建议最适合客户的智能手机型号，而不仅仅是试图销售最畅销的产品。

其次，需要了解客户需求。了解客户的需求是功能型以客户为导向行为的核心。这不仅包括了解客户的实际需求，还包括他们的期望和挑战。通过与客户建立深入的对话和关系，销售人员可以更好地了解他们的需求，并根据这些需求提供更好的支持和建议。例如，一家汽车销售商可能会与客户进行详尽的讨论，以了解他们对新车的期望。这可能包括了解他们的家庭大小、驾驶习惯、预算和偏好。这种深入的了解可以帮助销售人员推荐最适合客户需求的汽车型号，提高购车体验的满意度。

最后，需要关注客户的幸福。最重要的是，功能型以客户为导向行为强调对客户满意度和幸福感的关注。这意味着不仅仅是完成一次交易，而是建立长期的客户关系，确保客户在整个购买过程中感到满意和幸福。这种关注客户幸福的方法包括解决问题、提供持续的支持和建立信任。客户需要知道他们的利益受到关心，而不仅仅是被推销产品或服务。这种关注客户幸福的方法可以建立忠诚度，促使客户在未来继续与品牌互动。

在实际运用中，功能型以客户为导向行为可以通过多种方式实现，具体包括：个性化建议，即根据客户的需求和偏好，提供个性化的产品或服务建议，帮助客户做出明智的购买决策；主动问题解决，即主动识别并解决客户可能遇到的问题，以确保他们在整个购买过程中尽可能没有疑虑；持续沟通，即与客户建立长期的互动和关系，以更好地了解他们的需求和变化，从而更好地满足他们的期望。功能型以客户为导向行为的重要性在于它提供了一种更全面、更深入的方法，以协助客户做出购买决策。通过寻找合适的解决方案、了解客户需求和关注客户的幸福，企业可以建立更强大的客户关系，提高满意度和忠诚度。这种方法不仅有助于实现短期的销售目标，还有助于长期的业务成功。因此，功能型以客户为导向行为应被视为企业成功的关键因素。

二、智能客服的功能型客户导向

智能客服代表了一种革命性的客户服务方式，它基于人工智能技术，能够提供个性化、智能化和功能型的服务。智能客服不仅改变了客户与企业互动的方式，还利用功能型客户导向行为提供更卓越的服务。下面我们将深入探讨智能客服如何运用这种行为方式来提供服务。

第一，个性化的建议和推荐。智能客服系统通过分析客户的购买历史、偏好和行为来为客户提供个性化建议和推荐。这种分析可以帮助系统了解客户的需求和兴趣，进而为他们推荐最适合的产品或服务。这是功能型客户导向行为的核心，因为它着重满足客户的实际需求和期望。例如，一个电子商务网站的智能客服系统可以根据客户的购物历史和搜索记录，向他们推荐相关的产品或提供个性化的促销优惠。这种个性化建议有助于客户更轻松地做出购买决策，提高购物体验的满意度。

第二，智能问题识别和解决。智能客服系统运用自然语言处理和机器学习技术，能够快速识别客户的问题并提供准确的解决方案。这种方式是功能型客户导向行为的延伸，因为它强调解决客户的实际问题，而不仅仅是销售产品。例如，一个在线客服聊天机器人可以理解客户提出的问题，并提供相关的解决方案或建议。如果客户遇到系统故障，机器人可以提供指导步骤以解决问题。这种能力不仅提高了客户满意度，还节省了客户和企业的时间与精力。

第三，前端实时互动和应答。智能客服系统具备实时互动的能力，可以与客户实时交流。这种互动有助于更好地了解客户的需求和反馈，进一步提供个性化的支持。这种方式强调了功能型客户导向行为中关注客户幸福的一面。例如，一个智能客服聊天窗口可以在客户访问网站时立即弹出，询问是否需要帮助或解答问题。这种实时互动可以提供及时的帮助，使客户感到被重视，并增强客户与企业之间的互动体验。

第四，客户反馈分析和改进。智能客服系统能够分析客户的反馈，并提供有关客户满意度和体验的数据报告。这种反馈可以帮助企业改进其产品和服务，以更好地满足客户的期望。这与功能型客户导向行为中关注客户幸福的理念相契合。举例来说，一个智能客服系统可以收集客户的反馈意见，了解他们的不满意之处，并将这些信息汇总成有用的报告。企业可以利用这些反馈来进行改进、解决问题，并提高客户满意度。

总的来说，智能客服是一种革命性的客户服务方式，它结合了人工智能技术和功能型客户导向行为，提供个性化、智能和功能型的服务。通过个性化建议、智能问题解决、实时互动和客户反馈，智能客服系统为客户提供卓越的体验，同时也有助于企业更好地满足客户的需求，提高客户满意度和忠诚度。这种方式不仅提高了服务的效率，还改善了客户与企业之间的关系，为企业带来更大的成功。

第四节　关系型客户导向

相对于功能型以客户为导向行为，关系型以客户为导向行为侧重建立深刻的个人关系。它包括关心客户的个人问题，并在特殊场合给予他们礼物等行为。这种行为方式在客户服务领域中扮演着至关重要的角色。下面我们将深入探讨关系型以客户为导向行为的重要性。

一、关系型客户导向的要素及应用

关系型以客户为导向行为强调与客户建立个人关系。这意味着不仅将客户视作交易的对象，还视其为有独特需求、期望和喜好的个体。这种关系的建立有助于增强客户的忠诚度，因为客户更愿意与那些真正理解和关心他们的企业互动。举例来说，一位银行客户可能更愿意与那些能够记住他的姓名、了解他的金融目标，并提供个性化建议的银行工作人员建立关系。这种关系有助于客户更有信心地管理他们的财务，并持续与该银行合作。

关系型以客户为导向行为包括关心客户的个人问题。这意味着除了业务交易外，企业还考虑客户可能遇到的个人挑战或问题，并愿意提供支持。这种行为方式传达了对客户的关心，建立了更深层次的信任。例如，一家电信公司可能关心客户是否遇到了通信服务的问题，并愿意提供技术支持，以确保客户的问题得以解决。这种关心客户个人问题的方式不仅提高了客户满意度，还促进了长期的合作关系。

关系型以客户为导向行为还包括在特殊场合给予客户礼物和奖励。这种方式可以增强客户对企业的好感，并提高客户满意度。礼物和奖励不仅是对客户忠诚度的一种回报，也是一种表达感谢的方式。举例来说，一家酒店可以在客户的生日或结婚纪念日提供特殊礼遇，如免费升级客房或赠送欢迎礼篮。这种特殊场合的礼物和奖励使客户感到被重视，增强了他们对酒店的好感，并有可能在未来选择再次入住。

二、智能客服的关系型客户导向

智能客服系统不仅可以运用功能型客户导向行为，还可以融合关系型客户导向行为，以提供更加个性化和人性化的服务。下面我们将深入探讨智能客服如何运用这种行为方式来提供服务。

第一，个性化客户关系管理。智能客服系统可以通过分析客户的历史互动、偏好和反馈，帮助企业建立更个性化的客户关系。系统可以识别客户的兴趣和需求，以便提供更合适的建议与支持。例如，一个智能客服系统可以根据客户的购买历史和反馈，向其推荐特定的产品或服务；同时在互动中使用客户的姓名和个性化问候，使互动更加亲切。

第二，解决问题和提供支持。智能客服系统不仅可以解决通用问题，还可以关心客户的个人问题，并提供相应的支持。通过自然语言处理和机器学习技术，系统可以识别客户的问题并提供相关的解决方案。例如，如果一个客户报告了特定的技术问题，智能客服系统可以提供详细的解决步骤，甚至提供技术支持团队的联系方式，以确保问题得到解决。

第三，定制特殊场合的服务。智能客服系统可以定制客户生日或节日等特殊场合的服务。系统可以提醒企业员工在这些特殊场合，为客户提供礼物或奖励。这种方式可以增强客户对企业的好感，并建立更深层次的关系。例如，如果一个电子商务平台的系统知道客户的生日，它可以自动发送生日祝福和优惠券，鼓励客户在其生日购物。

第四，持续客户反馈和改进。智能客服系统可以收集客户反馈并提供数据报告，帮助企业改进其产品和服务，以更好地满足客户的期望。系统可以分析客户的意见和建议，帮助企业调整策略。例如，客户提出了产品改进的建议，系统可以汇总这些建议并将其转发给企业相关部门，以促进改进。

第五节 功能-关系双元导向

一、功能-关系双元导向不平衡的负面影响

智能客服的功能-关系双元导向不平衡将对顾客感知智能客服的能力产生负面影响，因为它无法同时满足客户对满足认知和关心个人情感的要求。如果智能客服只进行功能型以客户为导向的互动，那么它扮演"商人"的角色。尽管智能客服通过快速响应需求并提供产品信息，高效地激发了客户的认知状态，客户可能仍然认为智能客服过于冷漠，这会妨碍智能客服的情感输出和服务柔性。如果智能客服只进行关系型以客户为导向的行为，则它倾向于扮演"朋友"的角色。在一线互动中，智能客服将识别客户的个性需求，并可能关心他们的个人情感。这种沟通侧重于建立个人关系，但忽视了满足客户对产品有用和实际信息的需求，无法激发认知状态和提高销售效率。

相反，如果智能客服同时执行功能型和关系型以客户为导向的行为，它们的不同关注点将为客户带来明显的好处。一方面，功能型行为通过真正关心客户的幸福和满足他们的内在需求，激发更好的客户认知状态，从而提高服务效率。另一方面，关系型行为通过显示善意和信任，改善了客户的情感状态，提高了柔性。因此，智能客服平衡的功能型和关系型客户导向行为，可以同时增强客户的认知和情感状态，使他们感知到更高水平的智能客服能力。

二、功能-关系双元导向平衡的正面影响

智能客服更高水平的功能-关系双元导向平衡，将提高顾客感知智能客服的能力，因为功能型和关系型行为可以相互补充，从而使客户受益。一方面，关系型以客户为导向的行为在智能客服和其客户之间建立了强烈的社会纽带，激励客户与智能客服分享个人甚至敏感信

息。这种高质量的客户信息将有利于高度以客户为导向的智能客服获取、分析和满足当前和未来的客户需求。另一方面，功能型以客户为导向的行为可以帮助智能客服实现客户的短期利益，这可能会被关系型行为忽视。因此，通过同时进行高水平的关系型和功能型以客户为导向的行为，智能客服可以同时扮演"朋友"和"商人"的角色，增强对客户感知能力的积极影响。

三、功能-关系双元导向与企业绩效

"刺激-机理-响应"（Stimulus-Organism-Response，SOR）框架已被广泛用于研究物理和电子商务零售环境中的顾客购物行为。根据 SOR 框架，环境的各个方面充当外部刺激，可以影响人们的内部认知和情感，最终驱动他们的行为响应。在 SOR 框架中，外部刺激可以是环境特征，也可以是与营销相关的因素。因此，我们将智能客服的功能-关系双元导向视为客户在一线互动期间可能遇到的外部"刺激"。"机理"指的是客户的内部状态，包括认知和情感状态，如他们的经验、评价和感知。因此，我们将客户感知能力视为机理，它描述了客户对智能客服有效、灵活执行工作的感知程度。"响应"代表了客户的行为，如一线沟通、商品体验和购买行为。我们使用顾客的购买行为作为响应，定义为客户的购买行为或相关活动。

以往研究在概念上解释和经验上证明了，一线互动的多面性可以积极影响客户的支持。客户的支持描述了客户与一线代表之间的可持续和密切关系，包括支持意向和行为。SOR 框架的一个基本假设是，客户的内部状态是外部环境要素的一个重要结果，将进一步影响客户的行为响应。因此，按照 SOR 框架的逻辑，我们期望客户的支持行为是对智能客服能力的重要响应。

智能客服被用于高效和灵活地执行问题解决或销售任务。它提供标准化、精确和准确的服务，没有变化。同时，它还提供额外的、有

附加价值的服务，吸引客户。如果客户与这样的智能客服互动，并感知到高水平的服务能力，他将获得更高的满意度和客户体验。当客户感知到智能客服提供有价值且独特的互动体验时，他很可能会对智能客服产生积极的态度，从而促成他的最终购买行为。

本章小结

顾客旅程是整个购买周期中客户体验概念化的定义。在购买过程中，客户会经历一系列阶段，收获不同的体验。每个客户都有独特的需求，营销人员必须考虑许多因素，例如买家的心理特征、买家的人口统计信息，以了解并满足每个客户的需求。营销人员需要确定客户的购买目的、顾客旅程的总持续时间，以及搜索过程中使用的不同接触点。消费者是结构化和非结构化行为数据的生成者。在人工智能的帮助下，服务提供商可以在线收集消费者数据。在预购买阶段，客户在实际购买之前的整个体验都会被记录下来。在通常的情况下，旅程始于消费者购买他们想要的东西的意图。在传统的线下购买方式中，顾客很难找到替代品。如今，问题已经从没有替代选择转变为太多选择。

购买阶段涵盖了实际购买活动期间，客户与品牌及其环境的所有互动，以选择、订购、支付等行为为特征。聊天机器人通过将客户分类并为每个细分提供适当的响应，帮助客户进行在线购买流程。聊天机器人的互动性有助于电子商务中的购买流程和决策。人工智能机器人有助于品牌营销，并将客户便利性提升到更高水平。机器人允许客户外包购买的决策过程。在线服务提供商使用聊天机器人，有助于了解客户的感受并实时分析数据。虚拟现实、增强现实和混合现实零售业有助于将物理世界和虚拟世界连接相结合，从而为客户带来沉浸互动。沉浸式技术有助于共同创造和管理客户的零售体验。"先试后买"

的沉浸式技术理念以轻松的想象和直观的展示，影响了顾客对酒店房间的预订意向。

购买后阶段涵盖客户在实际购买后，与品牌及其环境的互动，包括使用和消费、购买后参与和服务请求等行为。理论上，顾客在消费过程中和消费后，会评估自己的期望与消费体验之间的差距。因此，线上口碑、客户评论、社交媒体印象、X平台推文以及客户分享的产品图片或视频，有助于提升客户满意度、态度、忠诚度和承诺。未来的研究人员应该关注外部和内部的技术能力及坚实的数字基础设施，以培养用户对新技术应用的态度。之前的一些研究支持了这一观点，即基础设施的发展与为决策者提供长期、有洞察力的商业智能相关。了解客户对产品功能和服务体验的看法，无论是否满意，都可以为品牌和公司带来可持续的竞争优势。人工智能帮助营销人员为客户制定更好的退货政策并降低风险，而且人工智能以人类的方式进行沟通，算法可以向客户发送个性化消息，有助于长期保留和管理客户关系。

功能型和关系型以客户为导向行为都可以提高销售绩效，但它们对购买意向、客户忠诚度和销售人员创造力仍然有不同的影响。因此，在本章中，我们采用了这一成熟的二分法，将智能客服的功能型以客户为导向行为定义为与任务相关的行为，旨在促使客户能够做出令人满意的购买决策；将智能客服的关系型以客户为导向行为定义为旨在与客户建立牢固个人关系的互动行为。

第三章
服务与销售：顾客旅程中段的双元能力

引 言

现代公司越来越依赖基于人工智能的聊天机器人，来提高一线服务与销售的效率和柔性。①

在现代商业环境中，一线员工通常需要追求看似矛盾的目标，这就是"双元能力"的概念。这种双元能力要求员工同时关注多个方面，如服务和销售、服务效率和柔性，以及现有产品和新产品的销售。这个概念在多个领域已经得到证实，包括个人销售、供应链管理、航空服务、患者护理和项目管理。然而，随着人工智能和智能客服的崛起，我们需要重新审视虚拟员工的双元能力，因为他们不同于传统的一线员工，而是基于人工智能技术的智能代理。

一线员工在销售和服务的双元任务中常常面临一系列挑战。他们可能会陷入角色冲突，因为销售和服务往往需要不同的方法与关注

---

① Hua Fan, Bing Han and Wei Gao, "(Im)Balanced Customer-oriented Behaviors and AI Chatbots' Efficiency–Flexibility Performance: The Moderating Role of Customers' Rational Choices", *Journal of Retailing and Consumer Services*, Vol. 66(May 2022), Article 102937.

点。这可能导致员工的次优表现，因为他们难以同时满足这两方面的需求。更糟糕的是，这种角色冲突可能导致服务失败和客户流失，这对企业来说是巨大的损失。因此，我们需要探讨虚拟员工（智能客服）如何应对这些挑战以提高销售-服务双元能力。

与传统员工不同，基于人工智能的智能客服具有独特的潜力来提高销售-服务双元能力。一方面，智能客服不受人员生理和心理成本的限制。它可以在不疲倦的状况下提供服务和销售支持，从而确保连续性。内置在智能客服中的推荐系统是其关键部分，可以利用机器学习算法和实时客户数据来捕捉整合销售或升级销售的机会。这意味着智能客服可以在与客户互动时，即时识别整合销售机会，提高销售效率。

另一方面，智能客服配备了自然语言处理工具，这使它能够处理复杂和微妙的服务请求。例如，在时尚行业，妙丽（Millie's）的智能客服不仅可以问候和引导顾客，还可以提供建议并鼓励顾客试穿商品。这种个性化的服务对于提高客户满意度和促进销售至关重要。智能客服还可以处理大量的客户查询，确保服务的高效率。一些大型科技公司也推出了自己的智能客服，例如苹果的 Siri 和亚马逊的 Alexa，用于回答用户的问题并在日常产品购买时提供建议。这些智能客服已经成为人工智能生态系统的一部分，对于企业来说，它们不仅提供了额外的销售渠道，还提供了增值服务，从而重新塑造了销售-服务界面。

在现代商业环境中，销售和服务的双元任务对于一线员工来说是一项挑战，但也是关键的。虚拟员工，尤其是基于人工智能的智能客服，已经展现出巨大的潜力来提高销售-服务双元能力。它们不受生理和心理限制，能够不断提供服务和销售支持；同时通过推荐系统和自然语言处理工具，实现个性化的客户互动。这些智能客服已经成为企业销售和服务不可或缺的一部分，对于塑造新的销售-服务界面具有重要意义。虽然关于虚拟员工双元能力的证据有限,但趋势明显是向着更自动化和智能化前进,这将进一步推动销售和服务领域的演进。

第一节 智能服务

战略理论家和实践者已经注意到,在充满动态性的现代商业环境中,企业的高绩效基于其在效率和柔性方面的双元能力,即效率-柔性双元能力。企业需要高效以制定方向、获得支持、避免错误,同时也需要灵活以应对不可预测的情况。作为执行企业活动的最小单位,一线员工一方面通常采用标准化程序来降低运营成本并确保效率;另一方面,一线员工需要根据顾客的独特需求提供个性化、灵活的服务。因此,竞争环境加剧、客户期望增长以及市场力量的变化要求一线员工在工作中既要有效,又要灵活。尽管有大量研究探讨了一线员工的多面性,但其中大多数涉及探索和开发、服务和销售等同时追求的问题,相对较少关注效率和柔性的问题。

在实际操作中,无法执行其多面性职责的一线员工会遭受角色冲突、次优表现,甚至服务失败和客户流失的困扰。作为一种替代方案,现代企业更多地依赖智能客服来接管一线互动并建立效率-柔性双元能力。不仅主要平台,如谷歌、亿贝(eBay)、微信和亚马逊,已推出了用于会话式商务的智能客服;而且知名品牌,如达美乐比萨、劳氏(Lowe's)和美鹰傲飞(American Eagle Outfitters),也采用智能客服来接受订单或推荐产品。迄今为止,智能客服已在广泛的行业(例如零售、旅行规划、保险、金融服务)中得到部署,以进一步优化一线沟通。

一、服务效率

服务效率是指在提供产品或服务的过程中,以最小的资源投入

（时间、人力、成本等）实现高质量的服务和满足客户需求的能力。它用于评估服务过程中资源的最大化利用和最小化浪费，旨在提供快速、准确、高效的服务，同时确保客户满意度。服务效率在各行各业都至关重要，因为它不仅可以降低成本、提高生产力，还可以提高客户忠诚度和口碑。

服务效率的关键要素包括：1.资源利用率。服务效率要求有效管理人力、时间、资金和其他资源，以确保它们得到最大程度的利用，减少浪费。2.成本效益。达到高效率通常伴随着降低成本，这对企业的盈利能力至关重要。3.服务质量。高效率并不等于降低服务质量，服务效率应该与高质量服务相结合，以满足客户期望。4.快速响应。服务效率要求迅速响应客户需求，减少等待时间，提供及时的服务。5.自动化和自动化工具。利用自动化和技术工具来提高效率，减少人工干预。6.流程优化。分析和改进服务过程，以消除不必要的步骤和延迟，提高效率。7.指标和度量。制定合适的指标和度量来衡量服务效率，以监控和改进绩效。8.客户满意度。服务效率应与客户满意度相平衡，以确保提供的服务不仅高效，而且满足客户需求。服务效率的重要性在于，它可以帮助企业提高生产率、降低成本、提升竞争力，同时也有助于确保客户得到满意的服务体验。

智能客服作为一种利用人工智能和自动化来提供客户服务的方式，可以大幅度提升服务效率，因为它能够在服务中减少或替代人工干预，从而更快速、一致和准确地满足客户需求。智能客服在提高服务效率方面具有的显著优势包括：1.自动化和自动应答。智能客服系统可以自动处理大量的标准化客户查询和请求，包括自动应答电子邮件、即时聊天和社交媒体上的消息，以及提供自动化的语音响应。这种自动化能力可以显著减少客服代理需要在重复性任务上花费的时间，从而提高效率。2.即时响应。智能客服可以实现7×24小时的即时响应，无论是在工作日、周末还是节假日。客户可以随时获得回答，无须等待。这不仅提高了服务效率，还提升了客户满意度，因为他们感受到了企业对他们的关注。3.语音和文本识别。智能客服系统使用语音和文本识别技术，能够理解客户的需求和问题，而无须手动输入信息。这加速了问题解决的过程，减少了客户与代理之间的交互时间。4.多渠道支持。智能客服系统能够提供跨多个通信渠道的支持，包括网站聊天、手机应用、社交媒体、电子邮件和电话。客户可以选择最适合他们的渠道，并且在不同渠道之间无缝切换，提高了服务的可访问性和效率。5.自学习和不断改进。智能客服系统可以通过不断学习和改进来提高效率；能够分析交互数据，了解哪些答案或方法最有效，然后据此不断提升服务。这种自学习能力可以不断优化客服流程，提高效率。6.预测性分析。智能客服可以利用大数据和分析工具来预测客户需求和问题。这使企业能够提前采取措施，提高服务效率，减少客户投诉和问题的发生。7.语言翻译。智能客服系统可以提供多语言支持，使企业能够在全球范围内提供服务。这有助于扩大市场和客户群体，提高服务效率。8.反馈机制。智能客服系统可以收集客户反馈并进行分析，以了解客户对服务的满意度和不满意度。这有助于改进服务，提高客户满意度，同时也提高效率。总体而言，智能客服通过自动化、个性化、即时响应和不断改进，极大地提高了服务效率。它为企业提供了强大的工具，以更好地满足客户需求、降低成本、提高生产力和客户满意度，同时也在竞争激烈的市场中取得优势。

二、服务柔性

服务柔性是指企业在应对不断变化的市场需求、客户需求和外部环境时，能够迅速适应和调整服务策略、流程与资源的能力。它体现了企业在面对不确定性和多样性时的灵活性与适应性，以满足不同客户及市场需求。服务柔性的关键要素包括：1.资源适应性。企业应具备根据需求调整资源分配的能力，包括人力、资金和设施。

2. 流程灵活性。服务柔性要求服务流程能够根据需求进行调整和定制，而不仅仅是刚性的标准化流程。3. 技术支持。利用技术和信息系统来支持服务柔性，包括自动化、数据分析和在线服务。4. 员工培训。培训员工以应对不同的需求和情况，使他们能够适应多样的客户和任务。5. 快速决策。服务柔性要求企业能够快速做出决策，以适应市场变化和客户需求。6. 市场敏感性。企业需要积极监测市场动态，了解客户的需求变化，以便及时做出调整。7. 客户导向。服务柔性强调企业应该以客户满意度和需求为中心，调整服务策略和方法。8. 创新意识。鼓励创新和实验，以不断改进服务并应对市场变化。服务柔性在现代商业环境中至关重要，因为市场变化迅速、客户需求多样化，企业需要适应这些变化以保持竞争力。它有助于企业更好地应对风险、满足客户需求、提高客户忠诚度，同时提高员工满意度和创新能力。企业需要在提高服务效率的同时注重服务柔性，以维持长期的成功。

　　智能客服不仅提高了服务效率，还在提供服务柔性方面具有重要作用。智能客服在提高服务柔性方面，具有的显著优势包括：1. 多功能性。智能客服系统可以处理各种不同类型的客户查询，从简单的常见问题到复杂的技术支持。这种多功能性使企业能够灵活地应对各种不同的客户需求。2. 快速适应能力。智能客服系统能够快速适应市场和客户需求的变化。它可以更新答案、流程和规则以反映新的情况，而无须长时间的培训或改变。3. 多渠道支持。智能客服系统支持多个通信渠道，使客户能够选择最适合他们的方式与企业互动。这增加了服务的灵活性，因为不同渠道可能需要不同的策略和方法。4. 个性化服务。智能客服系统可以根据客户的历史和偏好提供个性化的服务。这有助于满足不同客户的独特需求，增强客户忠诚度。5. 实时反馈。智能客服系统能够收集实时反馈并做出相应的调整。这意味着它可以根据客户的反馈进行即时改进，以更好地满足客户期望。6. 跨部门整合。智能客服系统可以整合到企业的不同部门,如销售、市场营销和客户支持。这有助于确保不同部门之间的协同工作,以提供一致的服务和响应。

三、效率-柔性服务双元能力

由人工智能推动的智能客服是指通过语音命令或文本聊天模拟人类对话,并为用户提供虚拟助手服务的计算机程序。智能客服可以通过先进的语音识别和自然语言处理工具,高效地处理复杂和微妙的服务请求。与此同时,基于对顾客历史数据的实时访问,人工智能算法可以计算特定顾客的最优折扣率,从而帮助智能客服灵活满足不同的需求。因此,智能客服为企业提供了有效、灵活的方法来完成销售和服务任务。尽管人类员工的多面性已经得到广泛研究,但极少有研究关注虚拟一线员工行为的个体多面性。

作为公司营销战略的核心要素和个体层面的体现,以客户为导向对于一线互动尤其重要。在提高效率方面,以客户为导向的行为建立了公司与客户的紧密联系,这有助于公司调整产品和服务以满足客户需求,提高一线效率。在提高柔性方面,大量研究已经指出,销售人员的以客户为导向可以显著提高服务质量、客户留存率、客户态度和再次购买的意愿。因此,以客户为导向的行为在建立一线效率-柔性双元能力方面发挥了关键作用。尽管学者们已经充分关注了个体多面性的影响因素,如销售人员的特质、个人动机、目标导向和自我效能,但对以客户为导向的行为可能作为效率-柔性双元性的影响因素知之甚少。

效率-柔性双元性的实施通常取决于互动环境。具体而言,效率-柔性双元性的绩效可能会受到服务或销售人员变量的影响,如代理效能、工作经验和服务响应。它还可能受到环境变量的影响,如竞争强度、组织氛围和环境动态性。尽管与虚拟前线代表互动时,客户可能有各种关切（例如隐私担忧、个性化利益、机会成本），但只有少数研究关注了与客户需求相关的效率-柔性双元性的可变性。之前的研究也没有认识到，客户理性选择可能作为潜在的调节因素。我们将在第六章中尝试弥补这些研究不足。

第二节　智能销售

一、智能客服与销售人员的区别

最近的研究表明，新产品的市场成功在很大程度上取决于销售团队的行动。例如，销售人员销售新产品的意愿与新产品销售额的增长率呈正相关。同样，为销售新产品所付出的努力对客户的产品感知和产品销售是有益的。进一步的研究考虑了促进或阻碍销售人员新产品销售活动的因素，如控制系统、上级信任和主观规范。其他学者认为，销售人员更倾向于销售经过验证的畅销产品，而不是新颖创新的产品，并比较了销售市场上的新产品销售意愿与销售产品线扩展的意愿。

智能客服销售与传统人工销售之间存在许多重要的区别，这些区别涵盖了销售过程、方式和能力。第一，自动化方面。智能客服销售是基于自动化系统的，利用了人工智能和机器学习技术。这些系统能够自动处理客户查询、提供建议，以及解答常见问题，无须人工干预。它们的自动化性质意味着客户可以获得即时的响应，而不必等待销售人员的回复。这种高度自动化的方法可以显著提高效率，减少等待时间，提供连贯性的客户服务，从而改善客户满意度。而传统销售人员是人类，需要手动处理销售活动，包括与客户的互动、电话销售、面对面会议等。虽然传统销售人员可以提供更多的个性化支持，但这种人工操作通常比较耗时，客户可能需要等待，特别是在高峰时段。

第二，可用性方面。智能客服系统可以全天候提供服务，无论是工作日、周末还是假期，客户都可以随时获得支持。这种全天候的可用性可以帮助企业吸引全球范围内的客户，不受时区限制。而传统销售人员通常只在工作时间内提供服务；在非工作时间，客户可能需要等待回复。这限制了服务的可用性，尤其是对于跨时区或有紧急需求的客户。

第三，多渠道支持方面。智能客服可以通过多个渠道提供支持，包括网站聊天、手机应用、社交媒体等。客户可以选择最方便的方式进行互动，从而提高了客户体验。而传统销售人员可能只能通过电话、电子邮件或面对面会议等特定渠道提供服务。这可能不够灵活，因为客户的沟通方式多种多样。

第四，个性化建议方面。智能客服系统可以根据客户的历史记录和偏好提供个性化的建议与推荐。这种个性化可以改善客户体验，使客户感到更受关注。而传统销售人员也可以提供个性化建议，但需要更多人工工作和了解客户的需求。

第五，销售技能和经验方面。智能客服系统不具备销售技能、情感理解和经验。它无法处理复杂的销售情况，也不能建立人际关系。而传统销售人员具备销售技能和丰富的经验，可以处理复杂销售场景，并建立与客户的人际关系。他们能够识别客户的需求，并提供专业的解决方案。

第六，处理复杂情境方面。智能客服系统在处理复杂、情感化或非标准情况时可能会有限制，因为它依赖于程序和模式识别，通常无法理解和处理客户的情感和非标准问题。而传统销售人员具备处理复杂情境和情感的能力，可以更灵活地应对各种情况。他们可以理解客户的情感需求，并采取相应的行动。

因此，智能客服销售和传统人工销售在销售过程、方式和能力方面存在显著的区别。智能客服销售通过自动化和自动化系统提高了效率和可用性，但在处理复杂情境与情感理解方面有一定限制。传统销售人员具备销售技能和建立人际关系的优势，但受到时间和资源的限制。企业可以根据其业务需求和客户群体选择合适的销售方法，或者将智能客服和传统销售相结合，以发挥各自的优势。

二、陈品-新品销售双元能力

我们采用了传统视角来理解智能客服的陈品-新品销售双元能力，将其视为由两个独立的变量构成，这两个变量可能相互权衡。尽管智能客服针对新产品和现有产品的销售行为在深层认知层面存在一些明显的相似之处（例如对这些产品的推荐策略），但智能客服在选择实际从事的活动时需要进行权衡。例如，在面对双重销售压力的情况下，智能客服可能采用双元产品销售思维，积极推动新产品和现有产品的销售。然而，在单次销售交流中，这些活动通常并不一定是互补的。此外，包括新产品和现有产品的组合（例如，将新型多功能打印系统与现有软件包捆绑）通常不太方便销售，因此不如只包括新产品或只包括现有产品的套餐那么常见。有时，新产品和现有产品甚至可能相互竞争。例如，新的基于云的解决方案可能妨碍现有的内部业务解决方案的销售。

智能客服的陈品-新品销售双元能力和整合销售是相关但不同的概念。虽然两者都反映了多种产品同时销售的情况，但整合销售并不一定意味着销售现有产品和新产品，这些产品可能属于同一产品类别并具有替代关系。相比之下，根据较新的观点，我们将智能客服层面的陈品-新品销售双元能力概念化为智能客服如何协同追求多个产品销售目标，并使用乘积项来度量。双元能力传达了销售新产品和现有产品同等重要的信息。这种协同效应有助于防止忽视销售新产品或现有产品的机会。

第三节 服务-销售双元能力

一、服务-销售双元能力研究综述

双元能力指的是一名一线员工同时追求看似矛盾的目标，例如服务和销售、服务效率和柔性，以及现有产品和新品的销售。文献已经确定了双元性在个人销售、供应链管理、航空服务、患者护理和项目管理等领域的突出作用。然而，关于虚拟员工（即智能客服）双元性的证据有限。

前线员工在销售和服务的双元任务中，可能会经历角色冲突、次优表现，甚至出现服务失败和客户流失。不受人员生理和心理状况限制，基于人工智能的智能客服有潜力提高前线销售-服务双元能力。内置在智能客服中的推荐系统可以利用机器学习算法、实时客户数据和增强的计算能力，即时捕捉整合销售或升级销售的机会。此外，智能客服配备了自然语言处理工具，可以处理复杂和微妙的服务请求。例如，妙丽的智能客服不仅可以问候和引导顾客，还可以提供建议并鼓励顾客试穿商品。关于人工智能生态系统，苹果和亚马逊都推出了自己的智能客服（分别是 Siri 和 Alexa），用于回答用户的问题并在日常产品购买时提供建议。因此，智能客服的快速发展和应用正在重新塑造销售-服务界面。

尽管销售-服务双元性的好处在营销研究人员中被广泛认可，但在这一主题的研究中仍存在三个重要的不足（见表 3-1）。首先，人工执行的销售-服务双元性已在企业对企业环境（见营销渠道文献）和企业对消费者环境（见个人销售文献）得到研究，但在虚拟前线员工执行的销售-服务双元性方面研究较少（研究不足 1）。其次，尽管顾客在与前线员工交谈时有各种各样的需求和关切（例如隐私担忧和对个性化服务的需求），但很少有研究认识到个性化-隐私权衡可能是潜在的调节因素（研究不足 2）。最后，以前的研究揭示了

第三章 服务与销售：顾客旅程中段的双元能力 | 41

表 3-1 销售-服务双元性在营销文献中的研究概述

研究情境	影响因素	作用结果	调节变量
企业对企业： • 酒店业（Gabler 等，2017） • 多个行业（Mullins 等，2020；Agnihotri 等，2017） 企业对消费者： • 美容和水疗沙龙服务部门（Yu 等，2018） • 酒店业（Ogilvie 等，2017） • 零售银行（Yu 等，2015，2013） • 呼叫中心外包服务（Jasmand 等，2012） • 多个服务行业（Patterson 等，2014）	个体层面变量： • 销售人员的多时性特质（Mullins 等，2020） • 销售人员的间责制特质（Yu 等，2018） • 个人动机（Jasmand 等，2012） • 目标导向（Yu 等，2015） • 自我效能（Patterson 等，2014） 团队层面变量： • 主管的底线思维（Yu 等，2018） • 领导-成员交流（Patterson 等，2014） • 团队支持（Yu 等，2013） • 变革型领导力（Yu 等，2013） • 授权（Yu 等，2013） 公司层面变量： • 社会支持（Yu 等，2015） • 绩效管理（Yu 等，2015） • 销售/服务氛围（Patterson 等，2014）	正向关系： • 销售业绩（Jasmand 等，2012） • 客户感知价值（Mullins 等，2020） • 员工创造力（Gabler 等，2017） • 角色冲突（Agnihotri 等，2017） • 自适应销售行为（Agnihotri 等，2017） • 客户满意度（Agnihotri 等，2015；Jasmand 等，2012） • 公司财务绩效（Yu 等，2015，2013） 负向关系： • 销售业绩（Gabler 等，2017） • 员工对服务质量的承诺（Gabler 等，2017） • 服务效率（Jasmand 等，2012） U 形关系： • 前线员工绩效（Ogilvie 等，2017）	销售/服务人员变量： • 代理效能（Yu 等，2015） • 工作经验（Patterson 等，2014） • 团队认同（Jasmand 等，2012） • 有限自主权（Jasmand 等，2012） 顾客变量： • 顾客苛刻度（Mullins 等，2020；Agnihotri 等，2017） 环境变量： • 经理反馈（Mullins 等，2020） • 组织氛围（Mullins 等，2020；Yu 等，2018） • 环境动态性（Patterson 等，2014）
研究不足 1 扩展到虚拟前线员工（智能客服）		研究不足 3 销售-服务双元性与销售结果之间的不一致关系	研究不足 2 客户个性化与隐私之间的权衡作为潜在的调节因素

双元性与销售结果之间的不一致关系(研究不足3)。一些研究表明，销售-服务双元性既可能有利于，也可能有害于公司绩效。有学者甚至发现，销售-服务双元性与前线员工绩效之间存在曲线关系。这些各种各样的发现为从业者提供了不明确甚至相互冲突的指导。

二、服务-销售双元能力不平衡的负面影响

尽管智能客服的销售和服务行为对于客户接受度至关重要，但有关不同销售-服务配置的智能客服的客户接受度，研究仍然很有限。基于组织双元性的视角，我们关注两种销售-服务配置形式：平衡双元性和组合双元性。平衡双元性指的是智能客服销售和服务行为之间，绝对差异相对较小的配置。在前线互动中，顾客通常希望与一个可以提供服务行为(即通过其当前提供的方式满足需求)和整合销售建议(即通过替代其当前提供的方式来满足需求)的客服互动。平衡双元性为顾客提供了一致的体验，满足了他们对自动化服务和销售的需求。相反，不平衡的销售-服务双元性会导致一种不一致感，即满足了一些顾客的需求，但以牺牲其他未满足的需求为代价。

在当今竞争激烈的商业环境中，顾客体验成为企业成功的关键因素之一。智能客服在提供服务的同时，也能够参与销售活动，但如何平衡这两个方面对于顾客体验至关重要。这种平衡的销售-服务双元性有助于智能客服提供更好的顾客体验，因为它可以满足各种类型的顾客需求，避免顾客对需求满足的不一致感知。当智能客服倾向于专注提供服务时，可能会出现一些问题。这种情况下，顾客可能会感到服务陈旧且不够灵活。他们可能需要更多的信息、建议或解决方案，而传统的服务导向智能客服可能无法提供这种额外价值。这种情况下，顾客的需求可能未得到满足，他们可能会感到不满意，这对于保持顾客忠诚和推动销售的增长都是不利的。当智能客服主要追求整合销售时，也可能引发问题。顾客可能会感到困扰，因为他们被过多的新想法和建议所淹没。这种情况下，顾客可能会感到被过度推销，而不是得到实际的帮助或服务。这种方式可能会导致顾客的不满，他们可能会感到被忽视了实际的需求。

为了提供更好的顾客体验，智能客服需要找到平衡点。这意味着智能客服应该在提供服务的同时也具备销售的能力，或者在销售时也提供服务的支持。这种平衡可以确保不同类型的顾客需求都得到满足，避免引发不一致感。平衡的销售-服务双元性有助于智能客服更好地理解和满足顾客的需求。当智能客服能够提供服务时，可以与顾客建立信任和关系，了解顾客的需求。而当智能客服具备销售能力时，可以在适当的时候提供相关产品或服务的建议，以满足顾客的需求。企业成功的另一个关键因素是个性化。平衡的智能客服可以根据每个顾客的需求和偏好，提供个性化的建议和服务。这种个性化有助于提高顾客满意度，因为顾客感到他们得到了专门定制的支持，而不是通用的解决方案。总之，平衡的销售-服务双元性有助于提供一致的顾客体验。顾客不会感到在不同的互动中受到不同的待遇，而是感到他们的需求始终得到满足，无论是关于服务还是销售。

三、服务-销售双元能力平衡的正面影响

组合双元性指的是增强智能客服销售和服务行为互补效应的配置。通常认为组合双元性是有益的，因为这两种行为在某些情况下必须相互协调，以支持服务提供商的商业成功。尽管每种行为都专注于具有狭窄范围的具体目标，但需要在某种程度上相互协调，以产生互补效应。当智能客服的销售和服务活动以这种互补的方式实施时，顾客的需求可以更好地得到满足。

将销售与服务行为相结合的智能客服能够更好地满足顾客需求，这是由于销售和服务行为的互补效应。一方面，提供高质量整合销售的智能客服可以提升服务。整合销售生成了更多关于顾客偏好的数据库。这样的数据库提供了有关顾客从产品中寻求价值的更多信息，可以加深智能客服对某些问题如何影响顾客的理解。然后，智能客服可以选择更合适的方式来解决特定问题，从而提高服务质量和顾客满意度。另一方面，智能客服提供高质量的服务可以促进整合销售。由于销售建议基于过去与类似顾客交易的服务数据，嵌入在智能客服中的人工智能算法可以提供有关整合销售优惠率的最佳建议。考虑到这两个功能的协同作用和互补性，我们期望当销售和服务活动的质量都一起提高时，总体顾客体验也会改善。

四、服务-销售双元能力与企业绩效

在现今竞争激烈的商业环境中，提供卓越的顾客体验是取得商业成功的关键要素之一。我们预期，通过平衡和组合销售-服务双元性所带来的改进，将导致更强的顾客忠诚意向和更多的实际消费。这一观点得以证实，因为积极评价与智能客服的互动体验，通常激发了顾客对服务获取过程高效和有帮助的认知，从而提高他们的购买意愿。

积极的互动体验可以增加顾客的购买意愿。这是因为积极的互动体验反映了高效的服务和有用的支持，这些因素通常会激发顾客认为购买是明智的决策。积极的互动体验有助于建立信任，使顾客更愿意购买。当顾客在与智能客服互动时感到满意和愉悦，这种正向体验在心理上激发了顾客的积极态度，使他们更愿意信任该品牌或产品。满意的互动体验可以建立情感连接，使顾客更容易忠于品牌。这种情感连接会加强顾客与品牌或服务提供商的联系，这对于建立忠诚非常重要。满意的互动体验会增加购买后的满意度，这有助于提高顾客的忠诚度和回购率。当顾客感到满意并得到了良好的支持时，他们通常更愿意再次购买。

顾客的忠诚通常不仅体现在他们对产品或服务的购买决策上，还反映在他们对品牌和企业的整体态度上。有价值的互动体验可以培养积极的态度，这种态度会转化为购买行为。积极的态度通常导致更多的实际消费。有价值的互动体验激发了积极的态度，这种积极态度通常转化为忠诚行为。积极的互动体验有助于建立更牢固的关系，使顾客更愿意与企业合作，增加忠诚意向和实际消费。通过提供积极的互动体验，智能客服在长期内有助于维护顾客的忠诚度，同时也为企业发展和品牌声誉做出贡献。这种方法有助于品牌取得长期成功，因为顾客支持源自积极的互动体验，进而促进购买决策。

本章小结

利用自然语言处理工具、实时访问数据库和复杂的计算能力，智能客服可以轻松处理具有双元性的一线任务，而不会像人类员工那样感到沮丧或疲劳。智能客服可以实施三种类型的双元任务：1.服务-销售双元性，指的是智能客服同时进行客户服务和整合销售的能力。智能客服可以依靠标准化程序来完成重复的服务请求，并通过分析对话模式来识别整合销售机会。2.效率-柔性服务双元性，指的是智能客服同时提供高效和灵活的一线服务的能力。通过搜索信息数据库并将当前产品与客户需求匹配，智能客服可以以更高的效率和柔性促进信息交流。3.陈品-新品销售双元性，指的是同时在公司产品组合中推进陈品和新品销售的能力。智能客服可以扫描客户在可访问平台上的数字足迹，并检测他们对公司陈品和新品或竞争对手产品的偏好。

第四章
共情与挽留：顾客旅程后段的双元任务

引　言

共情回应是一种有效且有利的服务补救行为，因为它反映了前线代表对客户情况的关注。[1]

人工智能和机器学习技术的进步已经使得智能客服能够在服务领域协助或替代人类。由于智能客服在及时性、一致性和连续工作能力方面的优势，公司越来越多地在服务行业中使用聊天机器人，以提供更高效的服务。在"后疫情时代"，服务行业的发展面临新的挑战，因为更多消费者希望保持社交距离。社交距离观念的转变可能改变了机器人在服务行业中的使用需求。最近的报告显示，2020年机器人销售量增长了24%。它将在未来继续增长，特别是随着"在线聊天机器人劳动力大军"的逐渐崛起。然而，机器人并不总是完美的。根据新闻报道，在自称是"世界第一家机器人酒店"的日本Henn-Na Hotel，机器人因为制造了更多问题而被解雇了100多台。例如，智能机器人

---

[1] Hua Fan, Bing Han and Wangshuai Wang, "Aligning (In)Congruent Chatbot–Employee Empathic Responses with Service-Recovery Contexts for Customer Retention", *Journal of Travel Research*, Vol. 63, No. 8(September 2023), pp. 1870-1893.

Churi将客人的打呼声理解为请求帮助，并在夜间多次唤醒他们。随着在线聊天机器人被迅速和广泛部署，它们在服务中的失败也同样普遍。

学界已经进行了广泛研究，从服务需求的角度将智能客服服务失败分为核心服务失败和交互式服务失败。核心服务失败指的是无法满足基本服务需求或服务结果的缺陷。交互式服务失败通常包括在线响应时间长和服务态度不友好等问题。从服务需求的角度对服务失败类型进行分类，强调了服务失败给消费者造成的损失，同时忽略了服务的基本属性。由于服务失败是影响消费者转换行为的驱动因素，企业必须采取必要措施，在智能客服服务失败后提供服务补救。

服务补救是纠正服务交付过程中的缺陷，将服务失败转化为有利结果的重要努力。制定有效的服务补救策略对于留住平台上的消费者至关重要。特别对旅游与酒店业来说，客户在旅游中的期望很难完全满足，这是一个服务失败不可避免的背景。由于游客在线评价被广泛传播，服务失败对旅行社的影响比以往任何时候都更有害。服务失败可能导致重复购买减少、订单取消和口碑下降。作为应对，旅游业正在寻求人工智能的帮助，希望技术进步（如情感检测、自然语言处理、面部识别）可以使人工智能设备（如智能客服）提供情感和共情的服务补救。人工智能正在将旅游业的流程、结构和实践转移到智能环境中，由人工智能技术、客户和一线员工组成的服务三元体，在旅游业变得越来越普遍。

以往的研究表明，人类是服务补救的主要实施者。然而，如今的服务交付系统为基于人工智能的技术界面提供了参与服务补救的机会。为了防止出现严重后果，例如智能客服的失败导致客户放弃使用、对平台不满以及传播负面口碑，并基于因成本节约而释放劳动力，人类难以及时处理人工智能服务失败等实际考虑，企业必须制定不同类型的服务失败补救策略，并鼓励智能客服参与服务补救。作为自动化技术界面的代表，许多平台正在使用在线智能客服参与服务补救。不同参与者如何处理服务失败，会影响消费者再次使用平台的意愿。因此，了解消费者如何看待不同参与者的服务补救努力，以及智能客服智能水平如何影响企业选择服务补救策略，以弥补服务失败所引起的心理损失，具有至关重要的意义。

第一节　传统服务失败与补救

一、服务失败的定义与种类

服务失败是指在体验阶段发生的实际或被感知的任何失误、错误或问题。服务失败的严重程度可以因服务失败频率、持续时间长短而异，也可以在顾客期望高于实际服务时发生。如果发生服务失败，它可能会破坏顾客与服务提供商之间的关系，并触发顾客在服务失败的各个阶段做出反应或行动。例如，服务失败可能导致顾客投诉或口碑下降等负面结果。顾客也可能在察觉到服务失败后默默地离开，或者仅仅对服务感到不满。

有各种各样的服务失败分类方法，包括但不限于以下几种：1. 核心服务失败、人际服务失败和程序性服务失败；2. 核心服务失败和互动性服务失败；3. 结果服务失败和过程服务失败；4. 服务提供商相关服务失败和顾客相关服务失败；5. 货币服务失败和非货币服务失败。具体而言，其一，核心服务失败通常涉及服务提供商未能提供基本服务或产品，如产品或服务不可用、食品质量问题等。人际服务失败涉及员工与顾客之间的互动，包括员工对顾客需求的响应和互动质量。程序性服务失败通常指的是与服务提供的流程和程序相关的问题，如预订系统故障、排队时间过长等。其二，核心服务失败涉及与核心产品或服务的质量和可用性有关的问题。互动性服务失败强调服务交互的质量，包括员工的礼貌、响应速度和顾客满意度。其三，结果服务失败关注服务的最终结果，即顾客接收到的实际产品或服务的质量。

过程服务失败则聚焦在提供服务的方式和流程，强调顾客与服务提供商之间的互动。其四，服务提供商相关服务失败通常是由于服务提供商的操作或决策引起的，如员工失误、供应链问题等。顾客相关服务失败涉及顾客自身的行为或决策，可能是因为他们未能提供必要的信息或合作。其五，货币相关服务失败通常与金钱有关，如价格争议、计费错误等。非货币相关服务失败可能涉及其他方面，如员工的不友好行为、长时间等待等。

尽管存在不同的服务失败分类方法，但最常用的是结果和过程两类，因为它具有广泛的适用性和普遍性。结果服务失败是指服务提供商未能或无法提供符合顾客核心和基本需求的服务或产品。这意味着服务的最终结果未达到预期水平，可能包括：1.产品或服务不可用。顾客期望获得的某种产品或服务，如预订的机票、房间或商品无法提供。2.质量问题。产品或服务的质量不符合期望，如食物过熟、酒店客房不清洁或商品瑕疵。3.超额订购。服务提供商提供的产品或服务数量超过了顾客的需求，导致资源浪费或不必要的成本。这种类型的服务失败通常直接涉及产品或服务的实际交付，因此对于服务提供商来说，确保产品或服务的可用性和质量至关重要。相对地，过程服务失败源于顾客期望与实际的服务或产品交付方式之间存在不匹配，这可能包括：1.服务交付缓慢。服务提供商未能按时提供服务，导致顾客不满。2.工作人员不专心。员工可能不专心或不友好，使顾客感到不受欢迎或不被重视。3.服务不符合顾客期望。服务的质量或方式未能满足顾客的期望，例如点菜时的混乱或未按要求提供服务。过程服务失败强调服务提供商在提供服务时的流程和互动的重要性，因为这些因素直接影响顾客的感受和体验。

二、服务失败的归因与补救

当发生失败时，顾客倾向于寻找导致失败的原因并尝试做出因果推断。这可以通过归因理论来解释。服务失败的原因分为三个维度：可控性、稳定性和控制点。控制点指的是服务失败是由服务提供商（外部）还是顾客（内部）引起的。稳定性是指顾客对服务失败持续时间的判断是短暂的（不稳定）还是永久的（稳定）。而可控性则涉及顾客对于服务提供商是否能够防止服务失败程度的认知。在最糟糕的情况下，如果顾客认为服务失败是可控的、稳定的，并且是由服务提供商引起的，这可能导致顾客表现出愤怒、不满、后悔和失望等情感反应作为服务失败的后果。

对以前的文献进行综述，可以了解服务补救研究的共同关注点和发展趋势。有的学者试图在旅游和酒店业背景下，概述服务失败的类型、投诉处理和服务补救策略，旨在通过确定顾客如何对服务失败做出反应，以及他们如何回应不同的服务补救策略，来提供关于如何管理服务失败以及如何处理投诉的理解。与员工对顾客需求的响应相关的补救包含两种类型：隐性和显性。隐性需求指的是顾客没有直接陈述的需求，而显性需求则是直接陈述的。显性顾客需求失败的一些例子可能包括未能满足顾客陈述的饮食需求，或未能满足顾客预订无烟餐厅桌位的需求。

显而易见，服务失败和服务补救密切相关。服务失败通常是引发消费者转投他处的主要原因。当服务失败发生时，消费者通常会感到不满意，可能会传播负面评价，这会对公司的品牌形象和客户忠诚度造成损害。因此，服务补救成为公司维持客户忠诚度的重要方式。服务补救旨在纠正服务过程中的问题，使服务失败转化为积极的结果。这有助于减轻消费者因服务失败而遭受的损失，改善公司与消费者之间的关系，提高消费者对公司的信任。

也有学者提出了服务补救模型。这是一种关键的理论框架，用于解释在服务领域如何处理和纠正服务失败，以维护客户满意度与忠诚度。这个模型包括五个关键组成部分，分别是道歉、紧急复位、共鸣、象征性道歉和后续跟进。其一，道歉是服务补救模型的第一要素。道歉是一种表达歉意和理解客户不满的方式。当客户经历服务失败或不如预期时，他们通常会感到不满和沮丧。在这种情况下，道歉可以起到缓和情绪、安抚客户情感的作用。一份真诚的道歉可以传达服务提供者的关心和愿意解决问题的决心。通过道歉，客户可能感到被重视，从而更愿意接受后续的服务补救措施。其二，紧急复位是指服务提供者在发现服务失败后，迅速采取措施来纠正问题，以尽快恢复服务。这意味着服务提供者需要快速行动，确保客户不会长时间经历不满意的服务。紧急复位包括迅速解决技术问题、提供紧急支持和提供替代方案。这种迅速的反应可以减轻客户的不满，并恢复他们对服务提供者的信任。其三，共鸣是建立情感连接的重要组成部分。共鸣意味着服务提供者与客户建立情感联系，理解他们的感受和需求。这种情感连接可以增强客户对服务提供者的信任，并促使客户更愿意与服务提供者合作解决问题。共鸣不仅包括倾听客户的抱怨和反馈，还包括表达理解与同情。通过建立共鸣，服务提供者可以更好地满足客户的情感需求。其四，象征性道歉是通过符号性的方式弥补服务失败。这包括提供礼品、折扣或其他形式的赔偿。象征性道歉不仅是为了弥补客户在服务失败中所遭受的损失，还是为了传达服务提供者的诚意和承诺。客户通常欣然接受象征性道歉，因为它代表了一种积极的服务补救措施。其五，后续跟进是确保问题得到解决并持续满足客户需求的步骤。这包括监控客户的满意度，确保问题不会再次发生，并提供持续支持。通过后续跟进，服务提供者可以建立客户忠诚度，使客户长期与他们保持良好的关系。

服务补救模型也关注了银行客户的退出过程，揭示了顾客在退出之前与管理人员互动的阶段以及在退出过程中的情感变化。这有助于银行管理人员更好地理解客户在退出前和退出过程中的需求和情感。客户退出并不是一蹴而就的决定，而是一个渐进的过程，包括先前的不满、寻求解决方案以及最终退出。通过了解这些阶段，银行管理人员可以更好地预测客户的行为，采取适当的措施来挽留客户。此模型还有助于识别和理解客户的情感变化，从而更有效地满足其需求。此外，也有研究侧重于国际旅行者，调查了他们对服务不满意情况的反应。该模型强调在服务补救中的三个重要因素：补救水平、时间，以及参与服务补救员工的组织级别。补救水平是指在服务失败后提供的退款或赔偿金额。这在回应客户不满时至关重要，因为它直接影响客户满意度和忠诚度。如果退款或赔偿不足以弥补客户的损失，客户可能仍然感到不满意，从而增加了退出的可能性。时间是另一个重要因素，指的是恢复服务的速度。客户通常期望问题能够快速解决，而迅速的服务补救可以减轻客户的不满情绪。因此，服务提供者需要建立高效的补救机制，以在最短时间内解决问题，提高客户满意度。最后，服务补救的员工和组织级别也至关重要。员工需要受到培训，以有效地处理客户不满和提供适当的补救。公司需要设定明确的政策和流程，以确保一致的服务补救标准。这有助于提高服务补救的质量和效率，从而维护客户的忠诚度。这些因素对于确定服务补救的成功与否至关重要。

第二节　智能服务失败与补救

一、智能服务失败的种类

智能客服是一种计算机程序，通过与顾客的文本对话来满足用户的请求。因为它可以在对话中模仿人类行为，消费者可能会认为机器人可以执行类似于人类的任务。然而，机器人并不总是完美的，智能客服的服务失败是很常见的。例如，微软推出了一个名为 Tay 的在线聊天机器人，它整合了人工智能技术和预先脚本化的对话文本，但仅在 24 小时内就被下线，因为它侮辱了网友并发表了种族主义言论。服务失败是指消费者认为服务效果不如预期的情况。这种失败可能会给公司造成重大损失，如客户流失和负面口碑传播。根据基于归因理论的研究，在机器人服务失败后，消费者会责怪公司。相比之下，在人类员工的服务失败后，消费者认为服务失败是由于员工的无能或疏忽引起的。因此，对于公司来说，研究机器人服务失败以及如何弥补以获得消费者的谅解是非常重要的。

服务失败的原因多种多样。从服务需求的角度，将使用了关键事件技术的服务失败分为两种类型：核心服务失败和互动服务失败。核心服务失败未能满足消费者的基本服务需求，涉及服务结果的重大失败或缺陷。互动服务失败涉及员工在与消费者互动时的态度问题，是服务交付过程中的缺陷，如不关心的服务态度或响应超时。从服务阶段的角度，区分了两种服务失败类型：结果服务失败和过程服务失败。结果服务失败指的是服务未能满足消费者的基本需求，而过程失败指的是服务交付过程存在缺陷或不足。此外，自助服务技术是一种人工智能类型，消费者通过技术界面与机器合作完成自助服务。将使用自助服务技术的服务失败分类为技术服务失败、过程服务失败、界面设计服务失败和消费者引发的服务失败。

以往的研究通常从服务需求和服务阶段的角度，对服务失败进行分类，而忽略了服务的基本属性。如今，消费者对于聊天机器人的服务需求不再局限于客观、程序性和重复性任务。情感和互动体验的需求逐渐成为影响消费者对聊天机器人态度的关键因素。一些研究表明，机器人应该具备适应内容和个性化对话的能力。前者支持目标实现任务，增强用户的功能性体验；后者着重基于精确理解场景和意图添加更温暖的对话背景，根据消费者的喜好开发服务模式，以及改善互动体验。

因此，从消费者的功能性和情感需求的角度，可以将机器人服务失败分类为功能性和非功能性两种类型。功能性服务失败定义为由于技术问题导致服务结果失败。这可以具体理解为机器人员工的内容适应能力不足,在使用人工智能技术为在线消费者提供服务时未能提供基本服务(例如,未能正确回答消费者的问题)。非功能性服务失败定义为机器人未能按预期提供服务(例如,态度粗鲁、响应超时、消费者档案不完善和产生偏好)。这可以理解为缺乏个性化对话能力和无法提供个性化的互动体验。

二、智能服务失败的补救

智能客服的兴起标志着技术在服务行业中的不断进步,但与此同时,智能客服存在不完善和不可避免的服务失败。这些服务失败指的是消费者对机器人服务感到不满,认为其效果低于预期。从功能性的角度,也可以将智能客服服务失败分为功能性和非功能性两类。功能性服务失败主要是由于技术问题导致机器人服务结果的失败,而非功能性服务失败则涉及机器人未能按预期提供服务。具体而言,功能性服务失败通常源于技术或系统问题,可能是由于机器人系统崩溃、错误的数据输入或无法识别客户的请求等。例如,客户可能需要查询银行余额,但由于技术故障,机器人无法提供准确的信息。这种类型的失败导致消费者核心需求无法得到满足,因为他们依赖机器人来提供准确和可靠的信息。非功能性服务失败涉及机器人由于非技术问题,未能按预期提供服务。它可能包括机器人在与客户的互动中,表现出不友好或不礼貌的态度,或者机器人无法理解客户的情感和语气。这导致消费者在线互动体验下降,因为客户希望与机器人进行自然和愉快的交流。这两种类型的服务失败都对企业和消费者造成了不便和困扰。对企业而言,智能客服服务失败可能导致客户流失、声誉受损以及额外的成本,因为企业可能需要额外的人力资源来纠正问题。对消费者而言,这种失败可能导致沮丧、不满和对企业的不信任感。

服务补救是服务行业中纠正服务过程中的缺陷,并将服务失败转化为有利结果的重要努力。角色一致性理论假定人们将服务互动视为一种角色扮演，不同的角色在互动中承担着不同的义务和责任。在服务补救的背景下，这一理论表明人类服务提供者和智能客服在地位上是相等的，并可以共同参与服务补救的过程。从这一理论出发，我们可以将服务补救策略划分为涉及智能客服的服务补救和涉及人类的服务补救。

涉及智能客服的服务补救方面，在发现智能客服系统的技术问题导致服务失败时，可以通过技术改进来纠正这些问题，包括更新算法、改进自然语言处理能力或修复系统漏洞，以提高系统的准确性和效率。此外，智能客服可以自动检测并纠正服务失败。例如，当客户提出了一个明显的技术问题时，智能客服可以自动提供解决方案，而无须人工干预。通过分析客户与智能客服的互动数据，还可以识别服务失败的模式和趋势。这有助于改进系统以更好地满足客户需求。

涉及人类的服务补救方面，在某些情况下，服务失败可能需要人工介入来解决问题。特别是在复杂情况下，人类服务提供者可以接管互动，提供个性化的支持。此外，与人类服务提供者相比，智能客服可能在情感识别和管理方面存在不足。在服务补救中，人类服务提供者可以更好地理解客户情感，提供安慰、道歉和解释等情感管理支持。人类服务提供者还能够建立更深入的客户关系，并提供更多个性化的建议，有助于重建客户信任和满意度。这意味着无论是人类服务提供者还是智能客服，都具有改善客户体验和解决服务失败的责任和能力。

一个关键的观点是，不同类型的服务失败需要不同的服务补救策略。尤其在基于人工智能的服务中，由于存在许多非人因素，补救过程更为复杂，选择适当的补救策略显得尤为重要。这种情况下，心理会计理论为我们提供了一个有益的理论框架，它认为如果服务提供商希望从服务失败中补救损失，则其提供的补偿（消费者获益）必须与消费者损失相称。这个理论揭示了服务补救策略需要根据不同类型的服务失败选择不同的方式。

与结果相关的服务失败，通常与经济（有形）资源相关。当消费者认为交付的服务结果低于预期时，例如智能客服未能提供准确的信息，可以通过提供实际的经济补偿来弥补损失。在这种情况下，智能客服可以通过技术界面直接参与补救，提高补救效率，及时而准确地改善服务结果。例如，当智能客服在处理银行业务时出现错误时，服务提供商可以迅速提供正确的信息，并在需要时提供经济赔偿。

　　而与过程相关的服务失败，通常涉及与心理资源相关的象征性损失。当消费者认为服务的过程和体验低于预期时，例如智能客服在互动中表现出不友好或不礼貌，可以通过道歉、解释和以个性化方式提供补偿来改善补救效果。在这种情况下，服务提供商需要更多关注互动体验，尝试理解客户的情感需求，通过人性化的方式进行沟通，恢复客户的信任和满意度。

　　总的来说，智能客服参与服务补救时，应根据服务失败的性质选择合适的补救策略。对于与结果相关的失败，智能客服可以通过提供准确的信息和经济赔偿来迅速解决问题；而对于与过程相关的失败，智能客服则需要通过道歉、解释和以个性化方式提供补偿来满足客户的情感需求。这样个性化、人性化的服务补救策略将有助于提高客户满意度，维护企业声誉，同时也推动智能客服技术不断发展和改进。

第三节　共情回应

一、共情回应概念初探

　　近来，公司对服务失败的响应得到了广泛研究。在旅游业中，学者们提出了各种有效的补救策略，如联合服务补救，以及经济和心理补救策略。尽管呼吁研究重点超越狭隘的客户-公司二元关系，以及人工智能设备近来在提供旅行和旅游服务方面的迅速增加使用，但与共情服务补救相关的研究尚未阐明客户-人工智能-一线员工的三方互动。随着"情感经济"的出现，人工智能可以超越分析和机械任务，接管更富有同情心和情感维度的人类工作，需要更多关于人工智能-人类协作共情响应的研究。

共情回应是一种有效和受欢迎的服务补救行为，因为它反映了前线代表对客户情况的关切。以前的研究认为，共情回应是一种独特的人类特征，并侧重于一线员工的角色。通过识别与响应客户的想法、情感、行为和经历，一线员工可以缓解他们的愤怒和不满，引发他们的信任，从而实现服务补救的成功。一线员工的共情回应可以有效应对负面的在线评论、社交媒体投诉、公共交通延误以及零售干扰。因此，通过一线员工提供共情回应的重要性已被各行各业承认，特别是在旅游和酒店服务领域。

二、人工智能共情回应

其他关于共情回应的研究考虑了在服务补救环境中的人工智能。通过算法对人类共情进行编码，并在人工智能代理的设计和实施中产生共情人工智能回应。共情人工智能回应可以成功建立前线互动，缓解基于人工智能的智能客服抵抗，提高客户满意度和忠诚度，并确保持续使用。自然语言处理工具和多种人工智能支持技术使智能客服能够展现共情。这些共情回应可以帮助解决服务失败，因此在旅游和酒店业，公司越来越多地在客户服务中使用智能客服和一线员工的组合。

共情聊天机器人是一种对话代理，能够理解用户的情感并做出恰当的回应。将共情融入对话系统对于实现更好的人机交互至关重要，因为人类天然地使用自然语言表达和感知情感，以增强社交联系感。在这种对话系统的早期开发阶段，大部分工作都集中在人工制定的互动规则上。然而，最近出现了一种模块化的共情对话系统，名为"小冰"（XiaoIce），它在每个对话中都实现了令人印象深刻的对话轮数，甚至高于人际对话的平均水平。尽管小冰的表现令人鼓舞，但该系统是使用复杂的架构设计的，包括数百个独立的组件，如自然语言理解和响应生成模块，并需要大量标记数据来训练这些组件。

相较于这种模块化对话系统，端到端系统以完全数据驱动的方式学习所有组件，并通过在不同模块之间共享来解决标记数据不足的问题。有学者通过在 PersonaChat 数据集和 Empathetic Dialogue 数据集上对生成式预训练变换器（GPT）进行微调，构建了一个端到端的共情聊天机器人。他们还建立了一个基于 Web 的用户界面，允许多个用户在线异步与共情机器人进行聊天。共情机器人还可以收集用户反馈，通过积极学习和负面训练不断提高其回应质量，并消除不良生成行为，例如不道德的回应。

三、共情回应研究综述

对共情回应的研究存在三个主要不足（见表4-1）。首先，众所周知，人工智能共情不是一个简单的特征开发，高级服务中不能没有人工干预。迄今为止，对服务失败的共情回应已经从一线员工或智能客服的视角进行研究。尽管呼吁研究服务失败和服务补救超越狭隘的个体客户-公司二元关系，但据我们所知，目前还没有研究尝试从服务三元体的角度整合智能客服和一线员工的共情回应（研究不足1）。

其次，研究人员认为，智能客服可以创建积极的服务补救结果，例如口碑、满意度、忠诚度和高质量的体验。尤其是在旅游和酒店业，智能客服的共情回应可以有效地增加客户的持续使用意向。尽管智能客服今天主要部署在售后服务中以保留客户，因为客户保留是公司盈利的重要因素，但关于智能客服-一线员工共情回应联合影响客户保留的经验证据有限（研究不足2）。因此，我们的第一个目标是探讨不同模式的智能客服-一线员工合作如何影响客户保留。

最后，抱怨的客户通常对智能客服的身份披露持消极态度，但可能会对低成本但有效的人工智能服务补救持积极态度。因此，酒店可能会面临基于智能客服的不确定性，例如是否向客户披露他们将与智能客服打交道，以及部署的智能客服应该有多高的效率和柔性。在服务三元体中协助一线员工的智能客服必须是有用且易于管理的，它应该有助于一线员工的工作绩效和职业发展。这些要求使得来自一线员工方面的不确定性影响公司是否能够有效地与智能客服合作（即公司对智能客服的接受水平）以完成服务补救任务。因此，酒店的服务补救过程可能涉及智能客服和一线员工两方面的不确定性，但这些不确定性的潜在作用尚未得到充分研究（研究不足3）。因此，我们的第二个目标是调查智能客服服务的各个方面（即智能客服披露、智能客服多面性和一线员工对智能客服的接受程度）如何调节共情回应与客户保留之间的关系。

表 4-1　服务失败的共情回应研究综述

研究	研究情境	共情回应		结果变量	调节变量	
		智能客服	一线员工		智能相关	人工相关
Wei 等（2020）	全渠道购物		√	顾客原谅		顾客权力
Hill Cummings 和 Yule（2020）	公共交通		√	口碑、意愿		顾客参与
Ahmad 和 Guzmán（2021）	在线评论		√	品牌资产		企业回应
Agnihotri 等（2022）	银行业		√	电子口碑		
Kapeš 等（2022）	在线评论		√	潜在顾客的信任		
Radu 等（2023）	一般情境		√	和解、报复		冲突解决风格

续表

研究	研究情境	共情回应		结果变量	调节变量	
		智能客服	一线员工		智能相关	人工相关
Wang 等（2023）	手机应用		√	顾客原谅		沟通风格
Amoako 等（2023）	快餐服务		√	重复购买意愿		
Herhausen 等（2023）	社交媒体		√	顾客回应		激发情感
Ahmad 和 Guzmán（2023）	在线评论		√	品牌爱戴		企业回应
Lv 等（2022）	酒店业	√		持续使用意愿	互动模式	
Yun 和 Park（2022）	在线品牌商店	√		重复购买、正面口碑		
Han 等（2022）	餐饮外卖	√		顾客满意度		
Jones 等（2022）	在线购物	√		顾客满意度、忠诚	性别、种族、外观	
Tojib 等（2023）	社交服务	√		顾客服务体验	智能客服方案	
Yang 等（2023）	一般情境	√		对智能客服的抗拒		

研究不足 1
同时研究智能客服和
一线员工共情回应的
影响

研究不足 2
通过不同模式的人机协作
来提高客户保留率

研究不足 3
人工智能和
人类员工相关变量的
潜在调节作用

四、人机合作共情回应

在现代服务行业，智能客服系统的应用越来越普遍，提供了高效的问题解决和支持。然而，客户与人工智能服务之间的互动体验并不总是令人满意，尤其在旅游业，如酒店环境中，客户对人工智能生成服务的接受度相对较低。因此，为了应对这一挑战，服务提供商需要有效地协调智能客服和一线员工的共情回应。研究已经证实，智能客服和一线员工之间的合作可以有效减少一线员工的离职意愿，提高服务质量，并促进创新。通过协同工作，智能客服可以迅速解决一线员工无法解决的问题，为客户提供更高效的支持。此外，这种合作还可以减轻一线员工的工作压力，提高他们的满意度，从而减少员工离职率。然而，客户接受人工智能生成服务的意愿相当低，尤其在旅游业中。这可能与客户感知到的共情回应不足有关。共情是指服务提供者向客户表达关心和理解，以满足其情感需求。客户通常更愿意接受具有高度共情回应的服务，因为这种服务使他们感到被理解和受到关注。然而，客户可能认为智能客服的共情回应较低，这导致他们不愿意接受这种服务。

共情回应在现代服务行业中至关重要，它体现了服务提供者对客户的关心和理解，对于客户满意度、忠诚度以及整体服务质量都具有巨大的影响。在研究智能客服与一线员工协同共情回应的各种配置时，本书提出了一个 2×2 矩阵（见图 4-1），根据共情回应的来源（智能客服 vs. 一线员工）和程度（高 vs. 低），将不同情况分类到四个象限中。这个矩阵有助于更好地理解共情回应的多样性，以及这些多样性对客户满意度、员工离职率和创新的影响。在这个矩阵中，第一象限代表智能客服和一线员工共情回应一致且程度较高；第二象限代表两者共情回应一致但程度较低；第三象限代表两者共情回应程度不一致，其中客户认为智能客服的共情回应程度较低，一线员工的共情回应程度较高；第四象限代表两者共情回应程度不一致，其中客户认为智能客服的共情回应程度较高，一线员工的共情回应程度较低。

		智能客服共情回应	
		高水平 顾客认为智能客服是支持和关心的	低水平 顾客认为智能客服是刻板和机械的
一线员工共情回应	高水平 顾客认为一线员工是支持和关心的	智能客服--一线员工 一致性 顾客感到在对他们的情感、行为和经历的高共情回应方面，两者相同 （第一象限）	智能客服--一线员工 不一致性 顾客感到在对他们的情感、行为和经历的共情回应方面，两者存在差异 （第三象限）
	低水平 顾客认为一线员工是刻板和机械的	智能客服--一线员工 不一致性 顾客感到在对他们的情感、行为和经历的共情回应方面，两者存在差异 （第四象限）	智能客服--一线员工 一致性 顾客感到在对他们的情感、行为和经历的低共情回应方面，两者相同 （第二象限）

图 4-1　对比共情回应来源与程度的 2×2 矩阵

第一象限：一致且程度较高的共情回应。在这个象限中，智能客服和一线员工共同传达高度共情的信息，客户感受到服务的一致性和高度关心。这种情况通常会产生极其积极的效果，客户会感到非常满意，他们与服务提供者的互动体验是一致和无缝的。这不仅有助于提高客户满意度，还有助于减少员工离职率，因为员工感到受到了重视和支持。此外，这种协同共情也有助于创新，因为人机共情的共识可以推动改进和产生新的想法。

第二象限：共情回应一致但程度较低。在这个象限中，虽然智能客服和一线员工的共情回应是一致的，但客户可能感受到共情程度不足。这可能是因为共情的表达不够充分，或客户期望更多的情感支持。尽管共情回应一致，但其程度不足可能导致客户感到未被完全理解，从而降低满意度。在这种情况下，服务提供商需要努力提高共情的程度，以更好地满足客户需求。

第三象限：不一致的共情回应，智能客服程度较低。在这个象限中，客户认为智能客服的共情回应程度较低，一线员工的共情回应程度较高。这可能是因为客户感到智能客服缺乏情感和理解，而一线员工更容易建立情感连接。这种情况可能导致客户对智能客服感到不满，但对一线员工的态度较好。服务提供商需要注意提高智能客服的共情能力，以更好地与一线员工协同工作，提高整体服务质量和客户满意度。

第四象限：不一致的共情回应，智能客服程度较高。最后，第四象限代表共情回应不一致，其中客户认为智能客服的共情回应程度较高，一线员工的共情回应程度较低。在这种情况下，客户可能对智能客服持积极态度，但对一线员工不太满意。这反映了客户对智能客服在表达情感和理解上的认可，但也反映了对一线员工的期望更高。服务提供商需要努力提高一线员工的共情回应，以确保客户获得一致的满意度体验。

综合而言，这个 2×2 矩阵提供了一个框架，用于解释和评估智能客服与一线员工之间的共情回应的多样性。通过更好地理解这些情况，服务提供商可以更有效地协调这两者之间的共情回应，以提高客户满意度、降低员工离职率、促进创新，从而实现更成功的服务提供。

第四节　共情回应与顾客保留的关系

一、顾客的期望失验

由于负面事件在旅游业中不可避免，因此客户的期望不太可能总是得到满足。尤其是酒店客人，由于他们通常对住宿体验抱有更高的期望，因此可能感到更大的失望。因此，期望失验理论（EDT）在解释服务补救期间的客户行为方面是一种有效的工具，特别是在酒店和旅游服务领域。EDT表明，客户满意度通过三个阶段表现出来：1.在接触服务之前形成初始期望和信念；2.将服务质量与初始期望进行比较，并评估（不）确认；3.根据期望和（不）确认的组合来确定满意度水平。满意度水平是由期望和经验的（不）确认程度驱动的：随着（不）确认程度的减小/增加，满意度也会增加/减少。

在服务补救过程中，客户期望从任何前线代理获得共情回应。根据EDT的逻辑，如果客户认为智能客服和一线员工的回应都是共情的，他们会感到确认。然而，如果他们认为服务代理不太共情，他们会感到不确认。前线代理的共情回应越（不）一致，（不）确认水平就越高。因此，我们首先将"期望-（不）确认"的概念应用于区分共情回应一致性的效果（图4-1的第一和第二象限）和不一致性的效果（图4-1的第三和第四象限）。然后，我们用"确认程度"来比较共情对角线内的两个象限（图4-1的第一和第二象限）。

二、人机合作共情回应不一致的负面影响

我们预计，与一致的共情回应不同（图4-1的第一和第二象限），酒店智能客服--一线员工不一致的共情回应（图4-1的第三和第四象限）将对其客户保留产生不利影响。在经历服务失败后，客户会期望在人际服务补救互动中获得共情待遇，并且智能客服共情将涉及与人际对话一样的社会规范。因此，在由智能客服、客户和一线员工组成的服务补救三重关系中，客户将期望智能客服的共情回应与一线员工的回应一致。EDT表明，在开始服务补救过程之前，客户最初将期望共情回应的一致性。

如果智能客服和一线员工的共情回应水平不同（图4-1的第三和第四象限），客户将在提供的服务中体验到不一致。根据EDT，期望与经验之间的这种差异将触发客户的期望失验感，从而导致不满和负面反应。相反，如果智能客服-一线员工的共情回应是一致的（图4-1的第一和第二象限），客户将认识到这种一致性，他们的初步期望将得到满足。EDT表明，这种期望确认感对于满意度具有重要的影响，客户可能更愿意继续使用该服务。

三、人机合作共情回应一致的正面影响

我们预期，更高水平的共情回应（图4-1的第一象限）会导致比低水平（图4-1的第二象限）更高的客户保留率。EDT表明，客户的评估是由期望和经验之间的确认程度决定的，因此他们的满意度随着确认程度的增加而提高。共情回应，例如从客户的角度看待经验并理解他的需求，充分传达了情感特征和态度，从而提高了亲近水平。客户通常对智能客服能否像人类一线员工一样提供情感存在怀疑。如果智能客服-一线员工的共情回应非常一致（图4-1的第一象限），服务三重关系中的情感传递不仅有效缓解了客户的担忧，还显著增加了确认程度。然而，水平较低的一致性（图4-1的第二象限）则导致较低的确认程度，比高水平一致性的客户满意度和保留率更低。

本章小结

服务失败是消费者转投他处的主要因素。服务失败很可能导致消费者满意度降低和负面口碑传播，进而引发消费者流失以及对服务机构品牌形象的损害。为了维持消费者的忠诚度，服务机构需要对服务过程中的缺陷进行弥补，将服务失败变为有利的结果。服务补救是服务失败后，服务机构的本能反应。因此，需要努力纠正服务流程中的不足，以及将服务失败变为积极的结果。服务补救有助于减轻服务失败给消费者带来的损失，改善公司与消费者之间的关系，并增强消费者对公司的信任。

以往的服务补救研究表明，人类是服务补救的主要实施者。然而，如今的服务系统为基于人工智能的技术界面提供了参与服务补救的机会。作为自动化技术界面的代表，许多平台使用机器人参与服务补救。不同参与者处理服务失败的方式会影响消费者是否愿意再次使用平台。此外，通过比较消费者对人类和机器人进行服务补救的感知区别，研究发现机器人可以被视为人类的替代品，并在服务补救中具有与人类相同的责任。

在电子商务环境中，服务失败和补救与线下有所不同。特别地，当在线机器人在服务中失败时，它通过技术界面指导消费者处理服务失败，为消费者提供解决基本服务失败问题的方案。增强消费者在服务互动中对技术的掌控感是机器人参与服务补救的主要方式。当机器人服务失败发生时，大多数消费者仍然希望或需要与人类建立社交联系。人类可以通过向消费者道歉、重新回答消费者的问题，以及在服务失败后提供退款或实物补偿来进行服务补救。在基于技术的服务失败中存在非人类元素，因此补救过程更为复杂，补救策略的选择至关重要。

— 智能用户篇 —

隐私矛盾、算法厌恶与需求满足

第五章
隐私矛盾：如何提供个性服务

引　言

个性化-隐私矛盾对智能服务来说并不是无法调和的困难。相反，零售商可以关注这一矛盾，调整并部署最合适的智能服务策略。①

"个性化利益"是指用户从使用个性化服务中获得的利益。从个性化产品或服务中获得更大利益的用户通常不太愿意保留其私人信息空间的边界，因此更愿意分享关于自己的信息。"隐私风险"是指未经授权披露和使用个人信息的感知风险。认为隐私风险高的用户通常更倾向于保护其私人信息空间，他们不愿意与任何服务提供商共享个人信息。信息边界理论假设，每个用户都有一个确定边界的信息空间，他试图对其进行管理和控制。任何试图跨越一般信息和个人信息之间界限的行为（例如，营销人员试图收集消费者资料），都可能会让用

---

① Hua Fan, Bing Han, Wei Gao and Wenqian Li, "How AI Chatbots have Reshaped the Frontline Interface in China: Examining the Role of Sales–Service Ambidexterity and the Personalization–Privacy Paradox", *International Journal of Emerging Markets*, Vol. 17, No. 4(May 2022), pp. 967-986.

户感到不舒服和不满。

因此，需要获得个性化服务，同时保护个人信息，这是一个悖论。对这种个性化-隐私矛盾的研究，与服务提供商收集和使用个人信息越来越相关。隐私担忧是个性化服务的障碍，企业需要通过决策过程、建立信任策略、阐述概率模型、内容设计、视觉注意力、响应跟踪以及用户体验设计来应对隐私矛盾。隐私矛盾的研究和实践涉及营销学的多个领域，包括位置感知营销、在线广告、价值共创、定制化网络、电子健康、短信服务、个性化广告、在线购物、聊天机器人电子服务和在线病毒式营销活动等。

与人们普遍认为人工智能可以逐渐取代人类工作相反，用户接受度已成为人工智能发展的障碍。一个可能的原因是，人工智能算法引发了用户对隐私泄露的担忧。个性化-隐私矛盾是指个性化服务的益处与隐私保护需求之间的矛盾关系。这一矛盾在智能医疗的背景下尤其显著，因为使用人工智能算法提供个性化治疗建议需要访问敏感的医疗数据。一方面，用户愿意接受个性化的服务；另一方面，当用户开始寻求个性化服务时，隐私泄露的担忧也随之出现。因此，在人工智能的实践过程中，重要的是找到方法来平衡个性化利益和隐私风险保护的需要。

第一节　隐私矛盾相关理论

一、信息边界理论

信息边界理论提出，每个顾客都有一个具有明确边界的信息空间，他试图加以管理和控制。任何试图越过一般信息和个人信息之间边界的尝试（例如，市场营销人员试图收集消费者档案），都可能使顾客感到不适和不满。"个性化效益"指的是顾客使用个性化服务获得的好处。通常认为，从个性化产品或服务中获得更大好处的顾客更不愿意保护其私人信息空间的边界，并因此更愿意分享关于自己的信息。

"隐私风险"指的是未经授权的个人信息披露和使用的感知风险。通常认为，感知到隐私风险较高的顾客更有保护其私人信息空间边界的倾向，他们不愿意向任何服务提供商分享个人信息。根据信息边界理论，需要获得个性化服务同时保护个人信息，形成了一个矛盾。服务提供商收集和使用个人信息，与对这种个性化与隐私之间的矛盾进行研究变得越来越相关。在本章节中，我们运用个人信息边界的概念来考察个性化好处和隐私风险的相关效应。

二、理性选择理论

理性选择理论提供了个体在面临选择时如何做出决策的理论解释。理性行为出现在需要权衡特定行为的感知利益和风险时，因此理性选择理论展示了个体在权衡选择的利益和风险时做出决策的过程。在理性决策中，个体首先识别替代行动，并考虑每种行动的可能结果。每个结果都应该与成本或利益相关联，最终个体根据对成本和利益的整体评估确定最佳选择。因此，随着公司如何利用客户信息提供定制化利益和客户对隐私风险的担忧之间的紧张增加，理性选择理论成为解释客户在面对个性化隐私困境时反应的合适工具。

根据先前关于客户理性选择因素的研究，我们预期客户会从负面影响的角度形成对智能客服的初步信念，例如感知担忧、不利的期望和风险节点。具体而言，我们认为理性选择包括三个关键因素：非个性化的感知成本、隐私担忧和机会成本。非个性化的感知成本是指在没有智能客服支持的情况下购物的货币和时间成本，表明了个性化使用的有益因素。隐私担忧和机会成本与智能客服不利后果的期望相关，暗示了个性化使用的风险因素。隐私担忧说明当个人信息被提供给智能客服时，客户可能失去对个人信息的控制。机会成本存在于客户拥有更多的需求而资源有限的情况下，意味他们可能满足一个需求但无法满足另一个需求。

第二节 个性化服务需求

一、功能-关系双元导向与个性化服务需求

在智能客服与客户的互动中，如果客户感知到非个性化的成本较高，他在非个性化环境中做出购买决策时会承受多余信息和时间成本的负担。根据理性选择理论，客户不喜欢带来不良后果的行为。换句话说，如果客户感知到不执行某种行为会带来不利后果，他将对该行为产生积极的意向。因此，不提供个人信息（即非个性化的货币、努力和时间成本）的感知不利因素，会促使客户对服务提供商表现出较少的抵抗。相反，定制化的好处将鼓励客户使用个性化服务并披露更多个人信息。

"刺激-机理-响应"（SOR）框架提出，各种刺激共同影响个体的内部状态。随着感知的非个性化成本增加，为了获得与个性化、社交和财务奖励相关的好处，客户倾向于积极地向智能客服提供更多个人信息。因此，非个性化的成本感知作为另一个促进智能客服与客户之间沟通的正面刺激，使由平衡的功能-关系双元导向培育的一线互动更加有效。因此，功能-关系双元导向平衡的积极影响将被非个性化的成本感知放大，因为智能客服可以利用充分而有价值的客户信息来增强其智能服务能力。

至于功能-关系双元导向的不平衡，当非个性化的成本增加时，客户将较少受到不平衡的功能-关系双元导向对客户感知的智能服务能力的影响。根据理性选择理论，尽管客户无法实现对情感满意状态的需求，但如果客户权衡提供个人信息的好处超过成本，他仍可能更喜欢与智能客服互动。在从功能型或关系型以客户为导向的行为中记录私人信息之后，智能客服可以提供个性化的产品推荐、满足过程，甚至具体的消费激励。这将作为一个正向的刺激来唤起客户的积极心理状态，从而中和了不平衡的功能-关系双元导向对智能服务能力的负面影响。

二、销售-服务双元能力与个性化服务需求

在智能客服与顾客互动中，如果顾客感知到很高的个性化好处，通常会觉得他能够控制智能客服收集和分析个人信息的能力。根据信息边界理论，感到可以掌控信息的顾客通常更愿意透露关于他们兴趣和购买历史的更多信息。在这种情况下，智能客服可能能够利用丰富的信息来放大组合双元性的积极效果，并减轻不平衡双元性的负面影响。

我们预期，随着个性化好处的增加，智能客服的销售-服务组合双元性的积极效果会变得更加显著，因为个性化的好处有助于利用更多互补资源以满足顾客当前和未来的需求。当顾客提供个人数据时，智能客服可以通过数据挖掘和基于规则的匹配来预测顾客的兴趣与偏好。然后，除了提供销售-服务组合双元性外，智能客服还可以提供定制的整合销售方案和量身定制的服务解决方案，这不仅可以满足顾客的原始需求，还能够实现更多的目标。

然而，当销售-服务双元性不平衡时，随着个性化好处的增加，顾客体验受到的影响较小。尽管智能客服的销售和服务活动不平衡，但更高水平的个性化好处表明，无论是提供客户服务还是整合销售行为，都不会越过顾客个人信息的边界。因此，顾客愿意进一步与智能客服互动，以获取更多的好处，如优惠券、折扣、个性化信息和服务。尽管不平衡的销售-服务双元性可能危及顾客的体验，但通过增加个性化好处，负面影响仍然可以减小。

第三节 隐私保护需求

一、功能-关系双元导向与隐私保护需求

在智能客服与客户的互动中，如果客户的隐私担忧较高，他会感知到对个人信息的潜在失控，包括智能客服未经授权披露和使用私人

信息的风险。当客户感知到智能客服试图越过他的隐私界限时，客户通常会感到高度的不确定性，使他感知到更多的隐私风险而非潜在利益。根据理性选择理论，客户倾向于保留个人信息，表现出较低的可接受度和较高的对智能客服的反感。

智能客服的功能-关系双元导向平衡对智能服务能力的积极影响，将在隐私担忧增加时被削弱，因为隐私担忧是客户形成积极心理状态的明显障碍。在人机交互的背景下，智能客服依赖大量的客户个人数据来提供便捷和有针对性的服务。客户的私人信息可能会被服务提供商以有意甚至不道德的方式收集和控制。因此，客户的隐私担忧充当了可能导致心理不适状态的负面刺激。基于 SOR 框架，尽管智能客服的功能-关系双元导向平衡在增强客户对智能服务能力的感知方面起到了积极外部刺激的作用，但隐私担忧将限制并抵消这种积极影响的有效性。

至于功能-关系双元导向不平衡的影响，随着隐私担忧的增加，客户对智能客服的服务能力的感知将受到巨大的影响。客户因为担心服务提供商对他提交的个人数据的投机行为，将不愿意与智能客服互动，更愿意不提供个人信息。如果没有必要的个人数据，例如出生日期、当前位置、家庭地址、购物偏好、银行详细信息等，服务提供商将无法建立高质量的数据库，其智能客服因此将无法提供定制服务和个性化产品推荐。除了由于功能型和关系型以客户为导向行为不平衡而导致的负面心理状态外，客户还将感知到智能服务能力较低。

二、销售-服务双元能力与隐私保护需求

在顾客感知到高隐私风险的智能客服-顾客互动中，顾客通常非常重视隐私并对侵犯隐私感到极度担忧。根据信息边界理论，顾客保护其信息边界的意图与个人数据的披露呈负相关关系。在这种情况下，智能客服难以访问或使用有效的顾客信息来巩固组合或平衡销售-服务双元性的积极效果。

我们预期,当隐私风险增加时,智能客服的销售-服务组合双元性的积极效应将会减弱。顾客通常会因与智能客服系统对其个人信息的感知、收集和控制有关的隐私顾虑而感到不安。如果智能客服坚持要求顾客提供个人数据以促进其机器学习算法、应用其计算能力和扩展公司的数据库,那么顾客可能会将这些努力解释为跨越其信息边界的尝试。特别是在涉及频繁的销售和服务互动的情况下,顾客可能因担心失去对其信息边界的控制而感到不适。在这种情况下,积极效应可能会减弱。

在销售-服务双元性不平衡的情况下,随着隐私风险的增加,顾客体验往往会变差。如果顾客希望保护个人数据,但双元能力不平衡的智能客服侵犯了他的个人信息边界,那么顾客通常会感到不安甚至放弃接受服务。在这种情况下,隐私保护的丧失会加剧不平衡双元能力的负面效应,从而对顾客体验产生更多不利影响。

第四节 机会成本需求

一、功能-关系双元导向与机会成本需求

在客户感知到机会成本较高的智能客服-客户互动中,客户拥有的需求多于有限的资源,满足一种需求意味着不满足另一种需求。因此,服务提供商几乎无法提供所有可能的选项。特别是在数字服务的背景下,为了迎合客户的个人兴趣并提供定制的服务,智能客服将获取历史数据集并限制客户的选择范围。较少接触多样化的选择将削弱客户做出明智决策的能力,导致他们对智能客服产生负面反应,如消极的态度、较低的购买意愿和反抗。

随着感知的机会成本增加,智能客服功能-关系双元导向平衡对智能服务能力的积极影响将减轻。智能客服个性化服务的一个缺点是可能会过于智能地缩小选择范围。例如，在线上金融服务中，如果智能客服的算法确定某些客户较难购买金融产品，则将发送个性化建议，说服他们选择高息即时信用贷款或高风险贷款。因此，尽管面对一个既能发挥功能型又能发挥关系型角色的智能客服，感知机会成本较高的客户也可能会担心智能客服提供的选择不是最佳选择，从而降低对智能客服效率的感知。

智能客服功能-关系双元导向不平衡的负面影响将被机会成本放大，因为它是客户心理状态的另一个负面刺激。对机会成本的高感知将增加客户对智能客服的反感，降低购买时使用智能客服的可能性。也就是说，机会成本会引发客户不适的内部状态和随之而来的负面反应。根据 SOR 框架，高感知的机会成本和功能-关系双元导向的不平衡将共同作为负面刺激，使客户对智能客服能力的印象变得更糟。

二、销售-服务双元能力与机会成本需求

智能客服的销售-服务双元能力可以显著地弥补顾客的机会成本。在当今竞争激烈的商业环境中，时间被认为是最宝贵的资源之一。结合智能客服的双元能力，即智能服务和智能销售，能够最大限度地提供高效、便捷和个性化的服务，从而减少顾客在不同情境下的机会成本。

第一，智能客服系统具备 7×24 小时在线响应能力，不受时间和地点的限制，这意味着顾客可以随时随地获得所需的帮助和信息。与传统客服不同，顾客不需要在繁忙的工作时间排队等候，这显著减少了他们在等待中的时间机会成本。基于顾客的历史数据和行为，智能客服系统能够提供个性化的建议和产品推荐。这使顾客更容易找到感兴趣的产品或服务，减少了搜索和比较的时间成本。而且，这些个性化建议可以提高购物的满意度，因为顾客感到自己受到了特别关注和理解。第二，智能客服系统可以自动处理常见问题和任务，如账单查询、订单跟踪或产品信息提供。这降低了顾客在烦琐流程上的时间投入，他们不再需要花费大量时间来搜索最适合自己的产品或服务选项，从而减少了机会成本。智能销售方面，智能客服系统可以根据顾客的需求和偏好，提供实时的产品价格和库存信息。这有助于顾客更快速地做出购买决策，减少购物时的犹豫和比较成本。此外，智能销售还可以提供即时的促销和折扣信息，使顾客能够抓住最佳的购物机会。第三，智能客服系统通常提供自助服务选项，如在线常见问题解答（FAQ）、知识库或自助服务门户，使顾客能够自主解决常见的问题和任务，而无须等待或联系客服。这降低了顾客在处理这些任务时的机会成本，他们可以将时间和精力投入到更有价值的活动中。通过提供高效、个性化和便捷的服务，智能客服可以提高顾客的满意度和忠诚度。顾客更有可能重复购买并推荐品牌给其他人，这对于企业来说是一种宝贵的机会，因为客户忠诚度通常具有更高的生命周期价值。

因此，智能客服的智能服务和智能销售双元能力通过提供即时响应、个性化建议、自动化流程、实时信息和自助服务选项，以及提高客户忠诚度，显著地弥补了顾客的机会成本。这不仅提升了顾客的购物和服务体验，还有助于企业提高销售额、建立良好的品牌声誉，为客户和企业双方创造更多的价值。在数字化时代，这些能力越来越受到企业的重视，因为它们有助于提高竞争力并满足顾客的需求。

第五节　隐私矛盾与智能医疗

一、电子健康应用

随着人口的增长和城市化，现代社会出现了严重的健康问题。如今，全球十大死因中，有五个与不健康行为有关。除了公民不健康的生活方式外，国家人口正在老龄化，预期寿命的增加和慢性病护理需求的扩大导致全球医生短缺。因此，医疗部门逐渐无法满足患者与医生之间日益增长的一对一预约需求。特别是新冠疫情凸显了世界各地医疗保健系统的能力限制，以及大规模改善公民健康的预防性解决方案的必要性。因此，智能移动健康应用程序（即电子健康应用）在预防疾病、诊断和康复方面发挥着重要作用。

世界卫生组织指出，数字健康涵盖电子健康、人工智能、物联网以及应用于大数据和基因组学的计算方法等主题。因此，公民的健康将越来越多地与数据、分析和人工智能相联系，不仅在治疗期间和治疗后，而且在预防方面也是如此。电子健康应用可以鼓励公民采取更积极的生活方式；相反，不健康的生活方式引发的疾病已经是医疗保健部门面临的一个日益严重的问题。这些应用程序可以激励用户更多地锻炼、吃得更好、对自己的健康承担更多责任，并帮助他们倾听自己身体的声音，了解何时该休息。此外，在这些应用程序的帮助下，用户可以测量身体机能，而这以前只有在专业人员的支持下才能实现。电子健康应用可以从这些健康数据中识别身体状况，从而在早期阶段发现糖尿病、抑郁症等身体和精神疾病。这反过来又使用户能够更好地管理个人健康并预防疾病。电子健康应用还使医疗保健提供商能够创新疾病预防计划和慢性病治疗的解决方案。

电子健康应用可以分为六类：健康管理、疾病管理、自我诊断、用药提醒、电子患者门户以及物理医学和康复。这些健康应用程序旨在鼓励消费者采取更健康的生活方式，例如跟踪他们的睡眠、锻炼和饮食。电子健康应用种类繁多，包括智能手表和戒指、健身应用程序、正念和心理健康应用程序。电子健康应用还包括女性健康应用程序，为女性提供数字医疗保健解决方案，如孕产妇和月经健康。很多研究还将心理健康应用程序视为健康管理的一部分。在心理健康领域，有各种各样的应用程序，从一般的正念和冥想应用程序到将用户远程连接到真正的治疗师的应用程序。

大多数电子健康应用依靠人工智能为用户提供个性化服务。随着医疗保健数据的可用性不断增加，分析技术不断发展，人工智能一直在改变医疗保健领域。人工智能的优势之一是可以比人类的认知能力更有效地管理和解释信息。因此，人工智能正在加速医疗保健从通用方法向高度个性化、预防性和参与性的方法转变，其中主要关注点是个人和数据。通过为大量公民提供个性化服务，人工智能可以帮助他们改善疾病预防和康复，并最终降低医疗成本。然而，为了提供如此有价值的服务，人工智能移动医疗服务需要从用户那里收集越来越多的敏感健康信息。这给公民带来了隐私问题，也给医疗保健提供者和收集数据的公司带来了保密义务。人们发现，信息隐私和安全是将人工智能技术纳入医疗保健的主要问题与障碍，因为它们可能会阻碍公民接受数字医疗技术。

二、健康管理中的隐私问题

人们可以从各种电子健康应用——从可穿戴技术到女性科技和数字治疗应用程序——中受益。这些应用程序使用人工智能处理用户的生命体征和健康记录，为他们提供个性化建议。考虑到人工智能可以实现更快、更准确的决策和诊断，移动医疗应用程序可以帮助大规模治疗患者，为他们提供低成本、高质量、全天候的医疗保健服务。电子健康应用特别有利于为公民提供个性化服务，使他们能够积极参与医疗保健。然而，为了提供这种最佳且高度个性化的服务，移动医疗应用程序依赖于用户自行披露敏感的个人信息。考虑到泄露这些敏感的健康数据可能会给患者和公司带来不利后果，随着电子健康应用提供的个性化水平的提高，隐私问题也随之增加。尽管如此，之前的研究表明，许多移动医疗应用程序侵犯了用户的隐私。例如，最受欢迎的经期追踪应用程序之一 Flo，在 2019 年与谷歌、脸书共享了用户极其敏感和私密的数据。

跟踪和分析用户数据可以通过个性化服务给用户带来好处，但同时也会带来隐私风险。而且服务越个性化，隐私风险往往就越高。与个性化服务相关的隐私风险包括政府机构和私营公司的监视以及信息盗窃。因此，必须有合法的隐私保护。最近的一项研究表明，如果有强有力的隐私保护，68% 的受访者使用移动健康应用程序进行自我测量的动机将会增加。除了数据的敏感性之外，用户担心的另一个与隐私相关的问题是程序未经授权，将其数据分发给第三方。用户通常很难了解人工智能驱动的医疗服务将如何使用数据，以及它可能产生什么样的后果。向用户提供有关数据收集活动的透明解释可以使他们做出更好、更自信的选择。

此前的研究表明，用户越来越关注自己的隐私和数据安全。然而，这些担忧并没有直接转化为行动，因为人们继续以有争议的方式行事。这种有争议的行为被称为"个性化-隐私矛盾"。例如，用户可能表示他们非常重视个人数据隐私，但同时披露了太多个人信息，或同意应用程序隐私政策而不阅读它。最近的一份报告显示，4000 名受访者中大约只有一半熟悉他们所使用的移动医疗应用程序的使用条款。虽然这些有争议的决定可能是由于用户缺乏对隐私问题的认识，但目前还不清楚他们是否真的了解这些决定，是否了解所需访问个人数据的范围。加剧这一问题的一个因素是许多应用程序没有主动提高用户的配合意识，也没有就其数据收集和使用提供透明的解释。例如，有学者研究了 1000 多个移动应用程序对个人数据的请求与其订阅方式（即免费或付费）之间的相关性，并得出结论，免费应用程序比付费应用程序更广泛地请求访问个人数据。

三、隐私矛盾与用户行为

另一项研究明确建立了隐私矛盾与用户采纳电子健康应用行为之间的联系。他们发现，个性化-隐私矛盾经常出现在人工智能驱动的服务领域，例如移动医疗应用程序，这些应用程序收集有关用户及其日常生活的大量敏感信息。更有学者研究了智能手表用户的个性化-隐私矛盾，并确定了三类用户：一类对可穿戴设备的好处感兴趣（以利益为导向的用户）；一类担心其隐私风险（以风险为导向的用户）；用户群体最大的一类感知水平最高，他们会同时考虑利益和隐私问题（矛盾的用户）。

先前的研究认为，服务的感知好处通常超过用户的隐私问题或自我披露的感知风险。例如，一项研究关注了移动医疗用户的个性化-隐私矛盾，发现个性化的感知水平正面影响采用服务的意图，而隐私关注程度则负面影响采用意图。这个悖论表明了个性化和隐私问题之间的关系：随着个性化水平的提高，用户对隐私的关注程度也会提高。他们还发现信任可以帮助平衡个性化与隐私的悖论，这表明有隐私问题的客户不太可能采用服务，因为他们不信任服务提供商。另一项研究发现，智能医疗服务越个性化，消费者认为它越值得信赖。这是因为用户认为，更加个性化的服务可以更好地考虑他们个人的健康状况。学者们还发现，感知个性化增加了获得用户信任的可能性。基于这些观察，应用程序提供的个性化水平会影响用户的隐私担忧和信任，以及他们未来继续使用该应用程序的意图。

也有学者研究了健康可穿戴设备用户的信息隐私问题，发现许多用户已经接受了不断被监控的事实，他们觉得自己在隐私问题上无能为力。同时，用户在与保险公司打交道时看到了提供健康数据的潜在金钱收益，因此相信收益大于风险。一项研究表明，大多数移动健康应用程序用户都担心自己的隐私泄露，他们希望这些应用程序具有一组功能来减少他们的隐私担忧。此外，对于健身应用程序和可穿戴设备的感知优势和障碍，研究发现，隐私问题是用户感知的最大障碍之一。另一篇论文研究了可穿戴设备数据收集的隐私问题和敏感性，发现人们宁愿将可穿戴设备数据保留给自己，也不愿与社交网络或公司分享。

隐私问题会影响用户的自我披露意图。例如，研究发现，隐私问题对在线健康社区的信息披露意图产生负面影响。同样，隐私风险的增加会降低个人在移动设备上披露信息的意愿。此外，隐私问题和信任是相互影响的。用户可能不愿意分享个人信息，或者至少打算尽可能少地披露，这不符合开发移动医疗服务公司的最佳利益。如果用户认为他们的隐私受到应用程序的挑战，则会对应用程序的信任产生负面影响。

第六节 隐私矛盾与营销战略

尽管个性化-隐私矛盾在个性化营销实践中很重要，但由于缺乏巩固该领域知识结构的全面综述，有关个性化营销的文献仍然支离破碎。通过对383种出版物的全面回顾，前人研究揭示了引用趋势、最多产的作者、期刊等关注的六大主题（即个性化推荐、个性化关系、个性化-隐私矛盾、个性化广告、个性化概念，以及个性化营销中的客户洞察），都是个性化营销知识体系的特征。作为个性化营销的前进方向，既有研究鼓励关注涉及人工智能、大数据、区域链、物联网和可穿戴设备的新时代技术，探索新的方法来策划全渠道的个性化体验。

文献综述发现，约29%的对隐私矛盾的研究是在过去3年中发表的。一些研究人员观察到，目标用户尽管不愿分享他们的个人信息，因为个人信息的分享增加了目标用户的脆弱感和风险感知，但是用户数据的确增强了个性化服务效果。解决方案包括公开寻求信息，以减少个性化服务的恐怖谷效应；以及寻求策略，激励目标用户与营销人员用共享信息的方式促进个性化服务。该项综述发现，隐私矛盾的研究集中于隐私作为个性化障碍的问题,包括如何在决策过程中驾驭个性化-隐私矛盾、信任建立策略、阐述概率模型、内容设计、视觉注意力、响应跟踪和用户体验设计。研究和实践涉及营销学的多个领域,如位置感知营销、在线广告、网络个性化、电子健康、短信服务、个性化广告、在线购物、聊天机器人电子服务和病毒式营销活动等。

考虑到该项综述多集中于2019年以前的隐私矛盾文献,本章节特地选取了2019年至今的有关隐私矛盾的最新文献进行系统回顾(见表5-1)。尽管既有成果丰硕,但关于个性化-隐私矛盾的研究仍存在三个研究不足。首先,以往学者在多个研究情境下研究了个性化-隐私矛盾,例如智能家居服务、社交网络系统使用、电子商务、移动应用程序使用、线上/线下零售、广告和物联网服务。尽管个性化和隐私是人工智能医疗的两个重要决定因素,但在人工智能医疗诊断接受度的研究中,对个性化-隐私矛盾问题的关注十分有限。

第二,关于个性化-隐私矛盾影响因素的研究主要遵循两个研究流派:与人类相关的驱动因素和与技术相关的驱动因素。在第一个研究流派中,学者们确定了用户动机取向、使用互联网的愉悦、性格、自我推荐、信任、与智能技术互动和情感的影响作用。第二个研究流派侧重于技术因素,如智能监控能力、智能设备的个性化和人性化、服务机器人拟人化以及物联网的其他特征。根据服务机器人接受模型(sRAM),用户对机器人服务的接受程度高度依赖于智能设备的功能、社交和关系特征。然而,没有研究通过将sRAM与个性化-隐私矛盾观点相结合,来调查人工智能诊断的接受度。

第三,以往关于个性化-隐私矛盾的研究主要集中在个性化服务和隐私风险的直接影响上。众所周知,个性化-隐私矛盾可以通过利用情境因素来调和。然而,只有少数研究关注了用户特征的调节作用,如互惠性和信息敏感性;以及智能技术的情境效应,如人性化和

表 5-1　营销战略领域的隐私矛盾研究综述

研究	研究情境	研究模型中的变量			隐私矛盾变量	
		影响因素	作用结果	调节变量	个性化相关	隐私相关
Zhang 等（2023）	智能家居	智能监控能力	行为意愿		个性化服务	隐私担忧
Lavado-Nalvaiz 等（2022）	智能家居	个性化服务、人性化服务	感知服务价值、继续使用意愿	人性化服务	个性化利益	隐私风险
Ying 等（2023）	社交媒体	自我调节焦点（预防 vs. 促进）	允许 APP 开启定位追踪意愿		隐私分享意愿	隐私保护意愿
Cloarec 等（2022）	社交媒体	使用互联网的愉悦		分享频率	分享意愿	
Li 等（2020）	社交媒体	个性化服务、以往隐私泄露经历	自愿披露意愿、被迫披露意愿		个性化利益	隐私风险
Gouthier 等（2022）	电子商务		预期效用信息的披露意愿		个性化服务水平	隐私担忧
Chen 等（2022）	电子商务		信任或抗拒、网站忠诚度		网页个性化	隐私担忧
Lei 等（2022）	手机应用	自我推荐	采用意愿	内容相关度	感知个性化	隐私入侵

续表

研究	研究情境	研究模型中的变量			隐私矛盾变量	
		影响因素	作用结果	调节变量	个性化相关	隐私相关
Duan 和 Deng (2022)	手机应用	易用、创新、信任	采用意愿		个性化利益	隐私风险
Albashrawi 和 Motiwalla (2019)	手机银行		客户满意度、持续使用意向		个性化服务	隐私担忧
Xie 和 Lei (2022)	机器人服务	服务机器人拟人化	用户使用意图	信息敏感度	个性化服务	隐私担忧
Ameen 等 (2022)	智能零售	与智能技术互动	智慧商场忠诚度		个性化服务	隐私担忧
Liu 和 Tao (2022)	智慧医疗		信任、使用意愿		个性化服务	隐私损失
Zeng 等 (2021)	线下零售		购买、调查参与度		个性声明	隐私保证
Kim 等 (2019)	物联网服务	信息敏感性、信任度、物联网服务数量、感知临界质量、兼容性、互补性	信息披露意愿		个性化利益	隐私风险
Chen 等 (2019)	在线广告	广告所有权、消费者脆弱性	抗拒		非个性化服务成本	隐私担忧

内容相关性。先前的研究没有认识到，用户的技术焦虑度是个性化-隐私矛盾影响的潜在调节因素。

本章小结

随着互联网技术的发展和普及，越来越多的企业开始向个性化服务转型，以满足不同客户的需求。个性化服务能够更好地满足客户的需求，提高客户的满意度和忠诚度。然而，个性化服务与隐私风险之间存在着矛盾。一方面，个性化服务需要企业收集和分析客户的个人信息，以了解客户的需求和偏好，从而提供更加精准的服务。例如，客户在购买商品时，个性化服务可以根据他的搜索历史和购买记录来推荐相关商品，并且可以根据客户的购买记录和喜好来定制促销活动。这样的服务可以提高客户的购买体验和购买意愿，从而增加企业的收入。另一方面，个人信息的收集和使用也带来了隐私风险。客户的个人信息包括姓名、电话号码、地址、搜索历史、购买记录等敏感信息，如果这些信息被滥用或泄露，将会给客户带来严重的损失，例如身份盗窃、财产损失等。此外，个人信息的泄露还会导致客户的信任度降低，从而影响企业的信誉和声誉。

在这种情况下，企业需要采取措施来平衡个性化服务和隐私风险之间的矛盾。一方面，企业需要加强个人信息的保护，采取安全措施来防止信息泄露和滥用。例如，企业可以采用加密技术来保护客户的个人信息，采取严格的访问控制措施，限制员工对个人信息的访问和使用。此外，企业还可以采取匿名化技术来保护客户的个人信息，例如将客户的姓名和电话号码转换为随机的字符串。另一方面，企业也需要尊重客户的隐私权，遵守相关的法律法规和行业规范。例如，企业应在客户同意的情况下收集和使用个人信息，明确告知客户个人信息的收集和使用目的，并且应保证客户可以随时撤回同意。此外，企业还需要对个人信息的使用进行透明化，告知客户个人信息的使用方式和范围，以及个人信息被用于哪些目的。综上所述，个性化服务和隐私风险之间存在着矛盾，企业需要平衡两者之间的关系，在提供个性化服务的同时，保护客户的隐私权。企业需要加强个人信息的保护，遵守相关法律法规和行业规范，以建立客户信任和保护企业的声誉。

第六章
身份披露：如何缓解算法厌恶

引 言

　　值得注意的是，从消费者的角度来看，由于当前技术的进步，理解智能客服身份披露（或更广泛的人工智能披露）的后果变得更为重要。[1]

　　最近的人工智能发展鼓励越来越多的公司使用智能客服进行服务交付，并将其纳入前线。智能客服是基于文本的虚拟机器人，通过自然语言处理来模拟人与人之间的对话。它提供了全天候、高效的客户服务机会，因此对公司而言是至关重要的战略资产。最近的行业报告预测，到2025年，95%的消费者与公司的所有互动将由智能客服提供支持——即通过聊天机器人进行增强或替代。

　　与仅具功能性特征的传统自助服务技术不同，智能客服配备了额外的社交情感和关系元素。不仅自然语言界面提醒人们开起人际对话，智能客服还承担了其他由人类前线员工履行的职责，并根据复杂

---

[1] Nika Mozafari, Welf H. Weiger and Maik Hammerschmidt, "Trust me, I'm a Bot-Repercussions of Chatbot Disclosure in Different Service Frontline Settings", *Journal of Service Management*, Vol. 33, No. 2(February 2022), pp. 221–245.

的语音识别工具提供基于个性化的响应,创造了一种拟人对话。然而,智能客服技术的快速发展也伴随着一个挑战:随着智能客服变得越来越拟人,消费者发现,越来越难以准确区分人类和人工智能。

随着这一挑战引起更多关注,公司面临一个问题,即是否应披露智能客服的非人身份信息。早期研究试图解决这一问题,但一致发现,已披露的智能客服与未披露的智能客服相比,会引起消费者更大的负面反应(即认为其不够有同情心或知识渊博),因此强调了披露智能客服的不利影响。由于这些负面反应可能使顾客感到疏远,危及通过服务互动实现客户保留,因此本章旨在探索披露智能客服身份如何影响客户保留。

第一节 算法厌恶

智能客服披露机器人身份是一项重要的伦理问题,涉及在与顾客互动时是否应该明确告知其正在与机器人而非人类进行交流。这个问题引发了有关顾客算法厌恶的讨论,因为顾客可能会对智能客服的真实身份产生担忧或不满。下文将探讨智能客服披露机器人身份时的顾客算法厌恶,并探讨其影响、原因和应对策略。

一、智能客服身份披露的重要性

智能客服身份披露在智能客服和人工智能交互中具有极其重要的价值。它为顾客和服务提供商带来多重好处,包括提高交互的透明度、建立信任、有效管理用户期望以及保护隐私。首先,披露智能客服身份有助于增强透明度,让顾客清楚地了解他们正在与智能客服而非真人对话。这种透明性为交互提供了坚实的基础,确保用户在沟通中明白信息的来源。其次,透明性与信任密切相关,因为信任建立在坦诚和真实性之上。当顾客知道他们与智能客服互动时，他们更有可能信任服务提供商，因为他们明白不会受到欺骗或接收虚假信息。此外，披露智能客服身份还有助于管理用户期望。通过明确告知顾客智能客服的存在，可以避免他们不切实际地期望智能客服提供人类水平的情感支持或复杂决策能力。最后，智能客服身份披露还对隐私保护至关重要。它帮助降低用户对于信息隐私泄露的担忧，因为顾客了解他们的信息是由机器而非人类处理的，这有助于确保敏感信息得到妥善保护。综上所述，智能客服身份披露在智能客服中具有多方面的积极影响，包括透明度、信任、期望管理和隐私保护，这些因素共同为建立成功的智能客服体验提供了坚实的基础。

二、算法厌恶的产生原因

尽管智能客服身份披露在智能客服中具有诸多好处，如提高透明度和建立信任，但仍存在多种原因可能导致顾客对这一实践感到不满或担忧。这些原因涉及期望、交互体验、信任、情感支持需求以及技术陌生感等多个方面。

第一，一些顾客可能对智能客服身份披露感到不满，因为他们的期望与智能客服提供的服务不符。这些顾客可能期望获得更人性化、情感丰富的服务，而一旦知道自己正在与智能客服互动，他们可能降低期望，因为智能客服通常无法提供与人类同等水平的情感支持或个性化关怀。这种期望失验可能导致顾客感到失望，甚至产生不满情绪。

第二，不满的交互体验也是导致顾客担忧的原因之一。与智能客服的交互可能不如人际交往那样自然和流畅。智能客服可能在理解复杂问题、语言变化或情感表达方面存在限制，这可能导致顾客对智能客服的效能产生疑虑。不满的交互体验可能让顾客认为他们无法得到满足的解决方案，从而增加了他们的不满情绪。

第三，尽管智能客服身份披露旨在建立信任，一些顾客仍然可能不信任智能客服的能力。他们担心智能客服可能犯错、误解问题，或无法满足他们的需求。即使智能客服声称遵循特定的算法和规则，顾客仍然可能认为人工客服更值得信任，因为他们可以理解复杂情境并提供更加灵活的解决方案。

第四，某些服务领域，如心理咨询，对情感支持需求较高。在这些情况下，顾客可能期望与有情感能力的人互动，以满足他们的情感需求。一旦顾客知道他们正在与智能客服互动，他们可能感到不满，因为他们的期望与智能客服提供的服务水平不符。这可能引发对智能客服身份披露的担忧。

第五，一些顾客可能对人工智能技术感到陌生，对智能客服的存在感到不适应。他们可能担心智能客服不会理解他们的需求，或者担心自己无法有效地与智能客服交互。这种技术陌生感可能导致不满和不信任，因为顾客可能对智能客服的功能和能力了解不足。

三、缓解算法厌恶的方法

面对顾客对智能客服算法的厌恶，智能客服提供商可以采取多重策略来改善用户体验并减轻不满情绪：1.提供高质量的服务。确保机器人能够高效满足用户需求，提高用户满意度，从而减轻他们的不满。2.为用户提供人工干预选项。特别是对于需要情感支持或处理复杂问题的用户，这有助于满足他们的特殊需求。3.透明沟通。通过在交互开始时明确披露机器人身份，并清晰地解释其功能和能力，可以减少用户的不信任感。4.提供个性化服务。通过根据用户的需求和偏好定制服务，可以降低机器人不适应的感觉。5.用户教育对帮助用户理解智能客服和机器人的作用与局限性非常重要。强调对用户数据隐私的保护可以减轻用户对数据安全的担忧，建立信任。6.不断改进机器人技术以提高其自然度和效能。这有助于减轻用户的不满情绪，确保智能客服系统能够不断适应和满足用户需求,从而提供更好的服务体验。综合采用这些策略有助于智能客服提供商应对用户的算法厌恶,确保客户更愿意接受这一技术并提高其满意度。

在智能客服提供智能服务时,披露机器人身份是维护透明度和建立信任的关键措施。然而,因为用户期望、交互体验、信任等因素的复杂性,顾客算法厌恶仍可能存在。智能客服提供商需要认真考虑用户的需求,并采取策略来缓解算法厌恶,提供满意的服务体验。只有通过综合考虑用户的期望和担忧,才可以实现智能客服系统的成功实施。

第二节　智能服务不确定性

信息处理理论(IPT)首次出现在供应链管理研究中,最近已扩展到服务三重关系设置,以探讨酒店如何应对不确定性。信息处理理论建议公司必须努力平衡信息处理需求与应对不确定性的能力。一家酒店可以通过智能客服与一线员工的合作,来发展信息处理能力并处理客户投诉,因为这可以解决与智能客服和一线员工都相关的不确定性。因此,我们区分了酒店可能会遇到的两种不确定性形式:智能客服披露和双元性(智能客服方面的不确定性),以及一线员工对智能客服的接受度(一线员工方面的不确定性)。

一、智能客服不确定性

智能客服披露是指在智能客服与客户互动之前披露其机器人身份。智能客服双元性是指智能客服同时提供高效和灵活的前线服务的能力。有投诉的客户通常不愿与智能客服互动,因为他们认为,这些人工智能程序在执行涉及情感、主观性或直觉的任务时缺乏共情能力。然而,客户也需要更即时、低成本、准确和有效的基于人工智能的服务补救。这些要求导致公司对智能客服存在不确定性：是否应在开始服务补救之前披露智能客服的身份（即智能客服披露），以及在多大程度上智能客服应该既高效又灵活（即智能客服的双元性）。

在此背景下，智能客服披露变得至关重要。客户需要了解他们正在与一个机器人而非人类互动，以避免产生误解或不满意的感受。披露智能客服的身份可以建立透明度和信任，帮助客户更好地理解他们所经历的互动过程。这种披露可以通过明确的消息或语音提示来实现，以确保客户在与智能客服互动之前，就知道他们正在与一个机器程序对话。

然而，披露并不是唯一的关注点。客户也希望获得高效和灵活的服务，特别是在面临问题或投诉时。智能客服的双元性变得至关重要，因为它需要在提供快速解决方案的同时，能够灵活地适应不同的情境和客户需求。这需要智能客服系统具备高度的自动化和个性化能力，以满足客户的期望。例如，它可以自动解决常见问题，同时能够识别复杂情况并将客户转接给人类代表，以提供更具共情力的支持。

在决定智能客服披露和双元性的程度时，公司需要综合考虑客户的需求和期望，以及其自身的业务目标。适当的披露可以增强客户体验，同时有效的双元性可以提高客户满意度和忠诚度。然而，这需要公司不断改进和优化其智能客服系统，以平衡这两个关键因素。最终，成功的智能客服策略将有助于提高客户满意度，减少服务补救成本，并增强品牌声誉。

二、一线员工不确定性

一线员工以不同程度接受、监督、管理和与智能客服合作。一线员工拥有执行服务补救任务的资源、技能和知识有所不同，因此他们接受和与智能客服合作的意愿也会不同。在服务三重关系中，一线员工需要一个有用且易于管理的智能客服助手,为他们的工作表现做出贡献,从而促进其职业发展。这些要求导致一线员工是否能有效与智能客服合作以完成服务补救任务存在不确定性(即一线员工接受度)。

一线员工的接受度对于智能客服的成功实施至关重要。这涉及他们是否认可智能客服作为一个有用的资源,可以为他们提供支持。一线员工可能对智能客服的出现持不同看法,一些人可能担心它会取代他们的工作,而另一些人可能视之为一种有助于提高效率的工具。这种接受度受到员工资源、技能和知识的影响。拥有更强大技能和知识的员工可能更容易接受智能客服,因为他们能够更好地理解如何与其合作,而不必担心被替代。相反,那些资源较少或技能较弱的员工可能会感到威胁,因为他们担心自己难以适应这一变化。

然而,一线员工对智能客服的接受度不仅仅取决于技能和知识,还涉及他们的态度和情感因素。有些员工可能对智能客服持有积极态度,认为它可以减轻他们的工作负担并提供支持。另一些员工可能持怀疑态度,担心它可能引发问题或导致服务质量下降。这种情感因素也会影响员工是否愿意与智能客服合作。

服务三重关系理论进一步强调了一线员工需要一个有用且易于管理的智能客服助手,以完成任务和促进职业发展。这意味着一线员工需要智能客服是一个协助工具,而不是一个竞争对手。这要求智能客服系统被设计得易于监督和管理,以确保它与一线员工的合作是有序的,并且有助于完成任务。这也需要为一线员工提供培训和支持,以确保他们能够充分利用智能客服的潜力,从而提高自身的表现。

综上所述,一线员工对智能客服的接受度与合作意愿受多种因素影响,包括技能、知识、态度和情感。这些因素共同塑造了他们是否能够有效地与智能客服合作,以完成服务补救任务。管理和监督智能客服与一线员工的合作以确保其顺利实施,是一项复杂的任务,需要综合考虑这些因素，以提高服务质量和员工满意度。此外，公司还需要制定策略来确保一线员工能够充分利用智能客服的潜力，以促进他们的职业发展。这对于实现服务三重关系的平衡和共融至关重要。

第三节 共情回应与服务不确定性

一、智能客服身份披露的不确定性

大多数研究发现，客户对智能客服披露的反应是负面的，因为客户通常认为智能客服不能像人类一样感受或体验，并且人工智能共情无法与人类共情相比。一旦披露，智能客服就很可能被评价为不够有说服力、不值得信任和不够社交，从而降低客户愿意合作或购买的可能性。因此，在服务三重关系中，智能客服的披露代表了一个不利的不确定性，可能会危及服务补救的成功。

基于信息处理理论，我们认为，对于智能客服存在更高水平的不确定性，将需要更多以智能客服为重点的举措，以提高企业的信息处理能力。如果酒店打算披露智能客服的身份，则必须投入资源来满足客户对其共情回应的期望，例如提供高度的支持和考虑客户的兴趣。高度一致的智能客服——一线员工共情回应不再是最有效的方式。智能客服主导的不一致服务（即智能客服提供比一线员工更高水平的共情）可以有效应对智能客服披露带来的不断增加的不确定性。因此，随着一致性的好处减少，当披露智能客服的身份时，智能客服——一线员工共情回应对客户保留的影响将减小。

二、智能客服双元能力的不确定性

智能客服配备了自然语言处理工具和高级语音识别技术，因此可以高效地处理各种服务请求。它的算法还可以建议客户可能感兴趣的替代解决方案，因此可以灵活满足不同的需求。智能客服的两栖性可以满足客户对即时、简单、低成本和有效的人工智能服务补救的期望。不利的结果（如客户不满意和疏远）也不太可能发生。因此，通过高效和灵活地解决问题，两栖性可以有效降低关于智能客服的不确定性水平。

信息处理理论表明，当这种不确定性减少时，酒店就不需要部署不一致的服务，可以将更多资源分配给智能客服的信息处理需求。既高效又灵活的智能客服可以协助一线员工处理更复杂的任务。更多的智能客服－一线员工整合将突显共情回应一致性的好处。高度一致的智能客服－一线员工共情回应进而成为确保客户满意度、参与度和忠诚度的最有效方法。因此，随着一致性的好处显现，智能客服的两栖性将增加共情回应对客户保留的影响。

三、员工接受智能客服的不确定性

一线员工对智能客服的接受度指的是一线员工接受、管理、监督和与智能客服合作的程度。更接受智能客服的一线员工将更清楚地意识到，这种形式的人工智能并不打算完全取代他们，而是可以创造合作机会并实现他们提升技能的目标。一线员工对智能客服接受度更高的服务三重关系，将更不太可能面临不利的结果，例如一线员工流失、服务质量不佳和缺乏创新。因此，对智能客服的更高接受度可以有效降低基于一线员工的不确定性。

对智能客服的接受度表明，一线员工可以在服务补救过程中监督、管理和与智能客服合作，他们可以毫不费力地确保由智能客服执行低技能的接待任务，从而使他们可以专注于需要人类智能的任务。按照信息处理理论的逻辑，这种基于一线员工不确定性的减少，意味着酒店无须分配更多资源来满足一线员工的信息处理需求。酒店可以分配等量的资源来同时提高智能客服和一线员工的服务质量。这时，一致的智能客服——线员工共情回应的好处变得更加突出，共情回应（不）一致对客户保留的（消极）积极影响将增加。

第四节　实证研究一

一、研究摘要与结果综述

人工智能技术在服务补救中的应用正在改变旅游业的前线界面，因为智能客服现在被设计成能够表现出共情。企业实践中通常会遇到两个主要问题：1.酒店在服务补救期间应该提供来自智能客服和一线员工的共情回应，还是只专注于一种方法？2.酒店如何处理嵌入在服务补救情境中的不确定性，无论是在智能客服还是在一线员工方面？本章节采用了多种研究方法，结合从酒店客人获得的调查、实验和现场数据，探讨了智能客服与一线员工合作的共情回应对不同服务补救背景下客户保留的影响。研究发现，在智能客服与一线员工的共情回应中，一致性（与不一致性相比）以及更高水平的一致性能更有效地保留客户。此外，当智能客服的身份被披露时，一致性和不一致性对客户保留的影响减弱；但当一线员工接受智能客服时，影响会变得更大。只有当智能客服的效率和柔性（双元性）增加时，共情回应不一致的负面影响才会相应增加。这些发现表明，旅游从业者可以依赖智能客服与一线员工的合作来完成服务补救任务，但应关注服务三角中智能客服和一线员工两方面的不确定性，特别是智能客服的双元性。

我们的研究做出了三个主要贡献。第一，我们丰富了服务补救文献，调查了智能客服和一线员工的共情。我们确定了酒店如何通过整合智能客服和一线员工的共情回应来提高客户保留，因此回应了前人关于确定顾客在智能客服-一线员工协作方面偏好因素的呼吁。第二，我们通过比较不同配置的智能客服——线员工共情回应，为期望失验理论做出了贡献。我们遵循前人的研究，探讨了人类与人工智能共情之间互动的复杂性。我们确定了共情回应可以是一致的或不一致的,并区分了高级一致性和低级一致性。第三,我们的研究通过提出智能客服披露、智能客服多面性和一线员工对智能客服的接受程度是服务补救背景下的三个关键因素,为信息处理理论做出了贡献。这项研究强调了服务三元体中智能客服和一线员工两方面不确定性的有条件作用,回应了以往研究对进一步探讨客户-智能客服-一线员工三元互动背景因素的呼吁。

二、研究模型与假设提出

我们进行了三项实证研究以解决这些研究目标。基于信息处理理论,我们提出如图 6-1 所示的研究模型,并提出以下假设:

H1:随着智能客服和一线员工的共情回应变得更不一致,客户保留减少。

H2:如果智能客服和一线员工的共情回应更一致,客户保留会增加。

H3a:当智能客服身份披露增加时,人机合作共情回应不一致对客户保留的负面影响较弱。

H3b:当智能客服身份披露增加时,人机合作共情回应一致对客户保留的正面影响较弱。

H4a:当智能客服双元能力增加时,人机合作共情回应不一致对客户保留的负面影响更加明显。

H4b:当智能客服双元能力增加时,人机合作共情回应一致对客户保留的正面影响更加明显。

H5a:当一线员工对智能客服的接受度增加时,人机合作共情回应不一致对客户保留的负面影响更加明显。

H5b:当一线员工对智能客服的接受度增加时,人机合作共情回应一致对客户保留的正面影响更加明显。

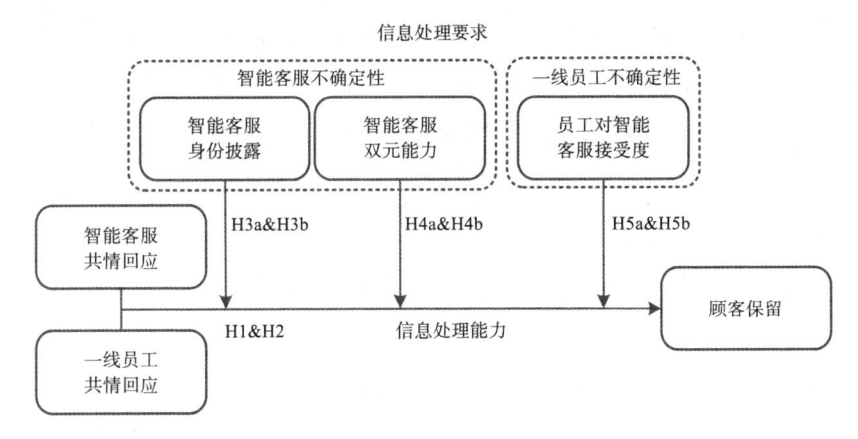

图 6-1 实证研究一的理论模型

三、研究过程与假设检验

我们进行了三项不同情境和样本的研究来全面测试假设。子研究一采用在线调查，用于研究智能客服－一线员工共情回应对客户保留的复杂影响（H1 和 H2）。为了揭示智能客服披露的调节作用，子研究二设计了一个基于情境的实验，以验证智能客服披露增加时，共情回应不一致的负面影响和共情回应一致的正面影响都较弱（H3a 和 H3b）。我们在子研究三中使用了一项实地实验，以测试子研究一和二的稳健性，并调查所有服务补救情境的调节效应（H1 至 H5）。

（1）子研究一：人机合作共情回应的主效应——问卷调查

该调查是通过研究平台问卷星（https://www.wjx.cn/，于 2022 年 5 月 3 日访问）进行的，这是一个类似于亚马逊机械土耳其人（Mechanical Turk）的大型在线众包平台。问卷星根据受众的人口统计学特征选择参与者，并已成功应用于收集关于智能客服的数据。为了提高我们研究结果的普适性，我们提出了有关智能客服的一般性调查问题，而不是专注于任何特定类型的智能客服。我们通过向参与者提出一个筛选性问题来仔细选择参与者，该问题涉及他们是否曾经经历过既包含酒店智能客服又包含一线员工的实际互动。受访者被要求选择他们最熟悉的服务补救事件,包括客房相关(例如设施损坏、卫生用品短缺)、餐饮相关(例如食物质量差)、设施相关(例如关于游泳池、健身房、免费停车的投诉)和场地租赁相关(例如会议、婚礼)事件。然后,他们需要回忆与前线代表交谈的经历,并在测量尺度上指出一个分数。我们最终的样本包括来自中国不同地区的 1471 份可用答卷(东北 6.1%,北部 15.6%,中部 13.8%,东部 33.9%,南部 13.3%,西北部 5.6%,西南部 11.8%)。更详细的参与者人口统计信息总结在表 6-1 中。

测量和效度。所有变量都是使用先前研究使用的多项尺度来测量的(见表 6-1)。我们使用了三项尺度来测量共情回应和客户保留。我们进行了多项测试来评估测量效度。首先,我们验证了项目间一致性,因为所有变量的克朗巴赫系数值都很高。其次,确认性因子分析的适配指标显示了数据的良好适配(χ^2=68.27,Df=24,均方根误差逼近[RMSEA]=0.04,比较适配指数[CFI]=0.99,Tucker-Lewis 指数[TLI]=0.99),证实了每个构建都是单一维度的。最后,我们检查了测量尺度的收敛效度,并发现所有项目的因子载荷都大于 0.83,每个尺度的平均方差抽取值超过了 0.69。作为替代测试,我们测试了构建的区分效度。每个构建的平均方差抽取值(AVE)都超过了构建对之间的相关性的平方,证明了潜在变量之间的区分效度。为了测试共同方法偏差,我们首先检验了单因子模型的适配性,结果显示适配性不佳(χ^2=1856.47,Df=27,RMSEA=0.22,CFI=0.61,TLI=0.48,标准化均方根残差[SRMR]=0.13)。然后,我们根据最低的正系数(R=0.01)来调整所有相关系数,如表 6-1 所示。结果表明,原始相关性的显著性没有改变。总的来说,共同方法偏差在本章节中并不是一个严重的问题。

分析方法与结果。通常在计算一致性和不一致性的效应时,会采用直接的研究方法,其中会计算差异分数。然而,差异分数可能会导致以下问题:1.结果被过度简化,因为两个组成部分(即智能客服和一

表 6-1 实证研究一子研究一统计数据

A：人口统计学数据

变量	定义	百分比（%）			
1. 性别	用户性别（0：女性，1：男性）	女性：46.1	男性：53.9		
2. 年龄	用户年龄	≤25：28.4	26—30：24.6	31—35：23.2	36—40：12.3	≥41：11.5
3. 月收入	月收入（以人民币计算，千元）	≤3：16.7	3—6：26.0	6—9：28.7	9—12：17.5	≥12：11.1
4. 受教育程度	教育背景（1：初中，2：高中，3：高职，4：本科，5：研究生）	1：1.4	2：4.3	3：10.6	4：75.6	5：8.1

B：变量信度与效度

题项	因子载荷
共情回应 （Lv 等，2022；智能/人工客服 α=0.78/0.80；CR=0.87/0.88；AVE=0.69/0.71）	
1. 我感觉在线智能客服/客服代表在回复我的时候考虑了我的具体需求	0.83/0.84
2. 我感到在线智能客服/客服代表在回复我时给予了我特别关注	0.84/0.83
3. 我感到在线智能客服/客服代表很便利，并且对我来说是可用的	0.83/0.86
顾客保留 （Mozafari 等，2022；α=0.82；CR=0.90；AVE=0.75）	
在与酒店的在线智能客服和客服代表交谈之后，	

续表

题项	因子载荷
1. 我会继续成为该酒店的顾客	0.87
2. 如果我的现有酒店会员资格到期，我会考虑延长它	0.86
3. 如果必须做出决定，我会再次选择这家酒店	0.86

C：变量间相关系数

变量	1	2	3	4	5	6	7	8	均值	标准差
1. 性别									0.54	0.50
2. 年龄	0.14**								31.00	8.51
3. 月收入	0.12**	0.36**							2.80	1.23
4. 受教育程度	-0.07*	-0.18**	0.24**						3.85	0.68
5. 顾客接受度	-0.01	-0.11**	-0.08**	-0.04					3.97	1.65
6. 智能客服共情回应	0.01	0.01	0.11**	0.06*	0.01	0.83			4.64	1.04
7. 一线员工共情回应	0.02	-0.02	0.01	0.08**	0.01	0.20**	0.84		5.67	0.97
8. 顾客保留	-0.03	0.01	0.09**	0.01	0.01	0.48**	0.23**	0.87	4.88	1.09

注：*$p<0.05$。**$p<0.01$。α=克朗巴赫系数。CR=组合信度。AVE=平均方差提取。对角线上的数字是AVE值的平方根。

线员工的共情回应）与结果（即客户保留）之间的三维关系被简化为二维关系；2. 可能会提供混淆的结果，因为结果变量与自变量中的一个或两者之间的关联不明确；3. 可能会对一致性方程施加未经测试的限制。作为一个有效的替代方法，本章节使用了多项式分析（见表6-2）以及响应曲面方法（见图6-2），避免了差异分数的局限性。这是在先前研究的基础上进行的，目的是计算一致性和不一致性，并评估其影响。

表6-2 实证研究一子研究一多项式回归结果

变量	顾客保留			假设接受/拒绝
	模型1	模型2	模型3	
截距项	4.88**	2.02**	1.61**	
多项式变量				
智能客服共情回应（C）		0.47**	0.47**	
一线员工共情回应（E）		0.17**	0.30**	
C^2			-0.05*	
C×E			0.03	
E^2			-0.06*	
控制变量				
性别	-0.08	-0.10*	-0.09	
年龄	-0.01	-0.01	-0.01	
月收入	0.10**	0.05*	0.06*	
受教育程度	-0.03	-0.08	-0.09*	
顾客对智能客服接受度	0.01	-0.01	-0.01	
R^2	0.01	0.26	0.27	
ΔR^2		0.25	0.26	
不一致线（C=-E）				
斜率			0.17 [-0.02, 0.36]	

续表

变量	顾客保留			假设接受/拒绝
	模型1	模型2	模型3	
曲率			-0.13** [-0.23, -0.04]	H1: 接受
一致线(C=E)				
斜率			0.77** [0.61, 0.95]	H2: 接受
曲率			-0.08* [-0.16, -0.01]	

注：*$p<0.05$。**$p<0.01$。95%偏差校正置信区间。

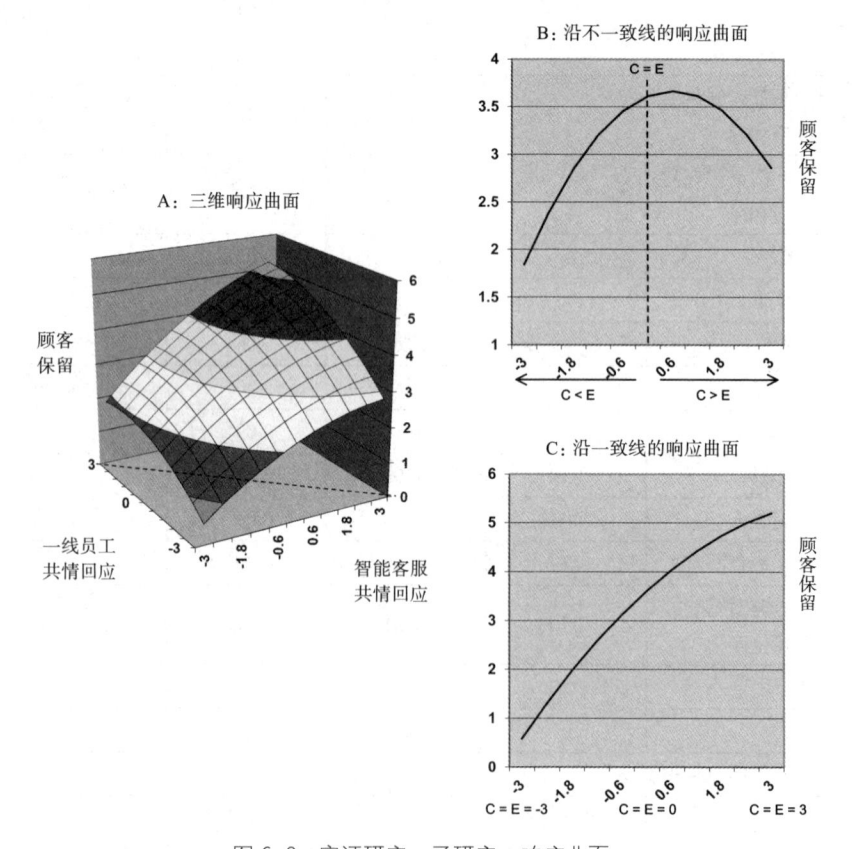

图6-2 实证研究一子研究一响应曲面

在多项式分析中，我们首先将因变量回归到两个组成部分的测量上（见表 6-2 中的模型 2）。结果表明，智能客服（C）或一线员工（E）的共情回应（分别为 C=0.47，$p<0.01$ 和 E=0.17，$p<0.01$）与酒店的客户保留呈正相关。为了确定两个组成部分之间（不）一致性的影响，我们随后将三个高阶项添加到回归模型中（见表 6-2 中的模型 3）。然而，五个多项式项（即 C、E、C^2、C×E、E^2）的系数并未直接用于测试（不）一致性假设。它们被用于计算不一致线及一致线上的斜率和曲率，这被称为"响应曲面方法"。我们计算了在不一致线（C=-E）及一致线（C=E）上预测客户保留时的斜率和曲率。表 6-2 中的第三列呈现了在预测客户保留时（不）一致线的斜率和曲率。

当不一致线的曲率为负且与零差距较大时，存在显著的不一致效应（H1）。如表 6-2 所示，不一致线呈现出向下的曲线形状（曲率=-0.13，95%CI=[-0.23，-0.04]），表明不一致线上的响应曲面呈倒 U 形状。图 6-2B 中的响应曲面也描绘了一个凹曲度，暗示当智能客服-一线员工的共情回应一致时，客户保留更高，而任何偏离一致性条件的情况都会降低客户保留水平，因此支持了 H1。

此外，如果一致线的斜率显著为正，我们可以得出结论，两个组成部分测量之间的更高一致性水平，将导致比较低一致性水平更好的结果（H2）。如表 6-2 所示，一致线呈现出向上的斜率（斜率=0.77，95%CI=[0.61，0.95]），表明一致线上的响应曲面向上倾斜（见图 6-2C）。这个正斜率意味着当智能客服-一线员工的共情回应一致时，高-高一致性条件比低-低一致性条件创造更多的客户保留，因此支持了 H2。

（2）子研究二：智能客服身份披露的调节作用——情景实验

在第二项研究中，我们采用了一项 2（智能客服的共情回应：高 vs. 低）×2（一线员工的共情回应：高 vs. 低）×2（智能客服披露度：高 vs. 低）的被试间设计来测试 H3a 和 H3b。我们从 Credamo 见数——一家用于前沿服务机器人研究的专业调查平台——的在线受试者库中招募了参与者，并通过筛选性问题仔细选择。只有那些与智能客服和一线员工都有互动经验的受访者，才被要求填写问卷。那些未完成问卷或未正确回答我们重点检查问题的受访者也被排除在外。最终样本包括400份可用问卷（其中女性234名；平均年龄=29.55，标准差=7.44），受访者被随机分配到2×2×2的八个条件中的一个。

智能客服和一线员工共情回应的操纵。参与者被要求想象一个情境：假设你为商务出差在一家酒店的官方网站上预订了一间房间，但由于新冠疫情政策取消了出差。因此，你想取消此订单，却发现网站一直提醒你有系统故障，无法取消。然后，你向在线客户服务中心咨询服务故障。接着，我们展示了智能客服与参与者之间的对话截图，其中包含智能客服和一线员工共情回应的操纵。我们使用了四个版本的对话来操纵共情回应：高共情智能客服/高共情一线员工（HC/HE）、高共情智能客服/低共情一线员工（HC/LE）、低共情智能客服/高共情一线员工（LC/HE），以及低共情智能客服/低共情一线员工（LC/LE）。其中，HC/HE（高一致性）和LC/LE（低一致性）是共情回应一致性条件，而HC/LE和LC/HE是共情回应不一致性条件。

我们通过来自样本池的160名参与者（其中女性86名；平均年龄=29.99，标准差=8.45），对智能客服和一线员工共情回应的操纵进行了预测试。我们随机分配他们到四种对话中的一种，根据与子研究一中使用的相同量表，测量了他们对智能客服和一线员工的看法。单因素方差分析（ANOVA）显示，与低共情回应相比，参与者对智能客服（$\alpha=0.88$）的看法明显更高[$M_{高}=5.21$，$M_{低}=4.51$，$F(1,159)=10.31$，$p=0.002$]。同样，他们对一线员工（$\alpha=0.93$）的看法在高共情回应的情况下明显更高[$M_{高}=5.22$，$M_{低}=4.61$，$F(1,159)=8.75$，$p=0.004$]。共情回应的操纵检验是通过智能客服和一线员工共情回应均值之间的分数差异来测量的。因此,感知到的智能客服和一线员工的共情越一致,两个分数之间的差异就越小。正如预期的那样,一致性条件中的参与者获得的均值分数差异低于不一致性条件中的参与者[$M_{HC/HE}$=-0.07 vs. $M_{HC/LE}$=0.68,F(1,156)=17.99,p<0.001;$M_{LC/LE}$=0.01 vs. $M_{LC/HE}$=-0.83,F(1,156)=13.95,p<0.001],表明智能客服和一线员工共情回应的操纵都是成功的。

智能客服披露度的操纵。我们采用了成熟的量表来操纵智能客服的披露度。在高披露度条件下,我们事先通知参与者聊天对话中的服务代理是智能客服。在低披露度条件下,参与者没有收到这个信息,而是直接阅读文本。

测量和操纵检查。在线服务情景之后,我们以与子研究一相似的方式测量了客户保留(α=0.92)作为因变量。智能客服披露的检查包括三个题项,与子研究一相同。我们还使用七点量表测量了参与者对服务情景的感知逼真程度(题项:"情景很逼真";范围:1="非常不同意",7="非常同意")。结果显示,情景被认为是逼真的(平均值=6.00,标准差=0.98)。

结果。智能客服披露检查分数的 t 检验结果表明,在知晓智能客服披露的情况下,显然更多的参与者认为他们的对话伙伴是一个智能客服,而不是在不知情的智能客服披露情况下[$M_{高}$=4.99,标准差=1.69;$M_{低}$=4.31,标准差=1.68;t(398)=4.06,p<0.001]。因此,智能客服披露的操纵是成功的。为了测试H3a,我们对客户保留率进行了一项智能客服——一线员工共情回应(一致性 vs. 不一致性)×智能客服披露度(高 vs. 低)的方差分析,其中 HC/HE 和 LC/LE 为一致性条件,HC/LE 和 LC/HE 为不一致性条件。结果显示了共情回应一致性的主效应[F(1,396)=4.64,p=0.03],确认了H1(即随着智能客服和一线员工的共情回应变得更不一致,客户保留率下降);还观察到共情回应一致性与智能客服披露之间的显著交互作用

[$F(1,396)=3.98$, $p<0.05$]。我们发现,低披露条件下的参与者(即最初不知道在与智能客服交谈)的客户保留得分,在共情回应不一致条件下低于在一致条件下[$M_{不一致}=4.49$,标准差=1.24 vs. $M_{一致}=5.01$,标准差=1.32,$F(1,396)=8.61$,$p=0.004$]。然而,高披露条件下的参与者(即在对话开始时知道对方是智能客服)的客户保留得分,在共情回应不一致和一致条件之间没有显著差异[$M_{不一致}=4.78$,标准差=1.28 vs. $M_{一致}=4.80$,标准差=1.24,$F(1,396)=0.01$,$p>0.10$]。因此,这些发现确认了H3a(即随着智能客服披露水平的提高,共情回应不一致对客户保留的负面影响减弱)(见图6-3A)。

为了测试H3b,我们将HC/HE和LC/LE视为关注条件,并考察了智能客服披露对共情回应一致性正面影响客户保留的调节作用。我们对客户保留率进行了共情回应一致性水平(HC/HE vs. LC/LE)×智能客服披露度(高 vs. 低)的方差分析。结果显示了共情回应一致性水平的主效应[$F(1,196)=7.28$,$p=0.008$],确认了H2(即当智能客服和一线员工的共情回应在较高水平上一致时,客户保留率增加)。我们还发现了共情回应一致性水平与智能客服披露之间的显著交互作用[$F(1,196)=4.54$,$p=0.03$]。我们观察到,在低披露条件下,参与者的客户保留得分在HC/HE条件下高于在LC/LE条件下[$M_{HC/HE}=5.44$,标准差=1.19 vs. $M_{LC/LE}=4.59$,标准差=1.31,$F(1,196)=11.66$,$p=0.001$]。然而,在高披露条件下,参与者的客户保留得分在HC/HE和LC/LE条件之间没有显著差异[$M_{HC/HE}=4.85$,标准差=1.22 vs. $M_{LC/LE}=4.75$,标准差=1.27,$F(1,196)=0.16$,$p>0.10$]。因此,这些发现确认了H3b(即随着智能客服披露水平的提高,共情回应一致性对客户保留的正面影响减弱)(见图6-3B)。

(3)子研究三:所有服务补救背景下的调节效应——现场研究

在这项研究中,我们在酒店连锁经营的服务补救流程背景下,全面审查了我们的理论框架。我们在中国一家连锁酒店的35家分店进

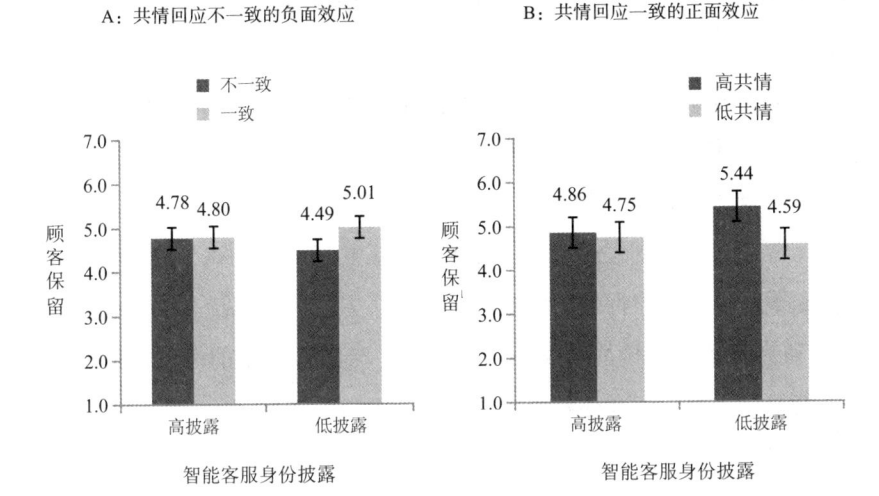

| A：共情回应不一致的负面效应 | B：共情回应一致的正面效应 |

图 6-3 实证研究一子研究二不同情境顾客保留的均值

行了为期 8 个月的现场研究，这些分店中，人类服务代表与智能客服在售后前线任务中进行协作。这家连锁酒店主要分布在中国大中型城市，提供住宿、餐饮、会议、婚礼等服务。

该连锁酒店的总部将其售后服务外包给专业的基于人工智能的客户服务系统提供商，旨在提高服务效率。由于系统提供商提供的不同产品包的成本差异很大，因此该连锁酒店的每个分店都有自主选择智能客服柔性水平的权利，包括标准版本，其中具有机械人工智能的智能客服只能进行普通对话；高级版本，其中具有分析人工智能的智能客服可以根据历史数据解决与订单相关的问题；专业版本，其中具有思维人工智能的智能客服可以利用数据科学语言来最大化回答问题的准确性。该连锁酒店的每个分店还可以决定是否在售后服务前披露智能客服的身份。尽管智能水平不同，但每个售后服务互动都遵循相同的流程：首先，智能客服被分配处理众多售后问题，如客户投诉、预订修改或取消以及升级请求。然后，只有当客户需要人工服务时，才会为其分配一线员工。因此，这家连锁酒店提供了一个理想的环境，用于研究智能客服和一线员工在售后服务补救过程中，保留客户时的共情回应角色。

数据收集。这项现场研究分为两个阶段进行。在第一阶段，从2021年8月到10月，我们为客户和一线员工开发了成对的问卷，以减少共同方法偏差的影响。客户方的问卷包括有关会员ID、口碑传播、智能客服接受程度、智能客服和人工共情回应感知、智能客服披露和柔性以及客户保留的问题。一线员工方的问卷包括有关一线员工ID和对智能客服接受程度的问题。除了与图6-1中的概念框架相关的变量外，双向问卷还收集了受访者的人口统计信息。

在第二阶段，从2021年10月到2022年3月，我们与连锁酒店建立了一个研究团队，从客户和一线员工那里收集了配对数据。为了增强研究的覆盖范围并避免在同一构建上进行重复测量，每个客户或一线员工只参与了一次实验。当客户与智能客服和一线员工交流完毕后，他们被要求填写客户端的问卷。成功提交后，相应的一线员工填写一线员工端的问卷。

每个客户--一线员工二元组评价了同一个智能客服同一功能的感知。例如，如果客户抱怨卧室设施的状况，智能客服首先会按照客房部提出的协议来安抚客户。然后，一线员工会提出并决定解决方案，并评价他们认为智能客服的工作是否可接受。类似地，如果客户坚持要取消或重新安排预订（或投诉礼品店的纪念品），智能客服和一线员工将轮流为客户提供服务，遵循商务部（或礼宾部）的协议。一线员工再次被要求根据智能客服在任务中的表现，来评价他们对智能客服的接受程度。在这个阶段结束时，我们收到了342份配对问卷（见表6-3）。

测量和分析。我们从文献中获取了所有测量题项，并对其中一些重新措辞以适应我们的研究背景。所有变量都使用七点李克特量表格式（7="非常同意"，1="非常不同意"）的多个题项来测量

表 6-3　实证研究一子研究三统计数据

特征	数量	百分比（%）
所有制		
直营	15	42.9
加盟	20	57.1
运营时长（月）		
≤24	7	20.0
25—36	20	57.1
37—48	6	17.1
≥49	2	5.8
营业收入（以人民币计算，百万元）		
≤3.0	5	14.3
3.1—4.0	9	25.7
4.1—5.0	10	28.6
5.1—6.0	7	20.0
≥6.1	4	11.4
营业区域		
北部	3	8.6
南部	3	8.6
西部	1	2.9
东部	26	74.2
中部	2	5.8

（见表 6-4）。我们使用与子研究一相同的题项来测量共情回应和客户保留。我们使用三个题项来测量智能客服披露，这三个题项涉及客户在服务交流之前对智能客服的机器身份的感知（例如，"在对话之前我会被告知智能客服的身份"）。我们遵循其他研究并使用交互项来衡量智能客服的柔性。我们先分别测量了智能客服的柔性和效率。这两个变量都是使用成熟题项来测量的。智能客服的柔性使用三个题

项来衡量，捕捉智能客服参与"提供最高质量的服务""确保最高客户满意度"和"使用创造性方式满足其客户需求"的程度；智能客服的效率也使用三个题项来衡量，捕捉智能客服参与"提高效率""降低成本"和"使用程序性回应"的程度。然后，根据这两个变量的乘积项来解释智能客服的柔性。一线员工对智能客服的接受程度是使用八个题项来测量的，涉及一线员工对智能客服的易用性、有用性、工作适合度和专业适合度的感知。

表 6-4 实证研究一子研究三变量信度与效度

题项	因子载荷
智能客服共情回应	
（Lv 等，2022；α=0.77；CR=0.87；AVE=0.68）	
1. 我感觉在线智能客服在回复我的时候考虑了我的具体需求	0.79
2. 我感到在线智能客服在回复时给予了我特别关注	0.85
3. 我感到在线智能客服很便利，并且对我来说是可用的	0.84
一线员工共情回应	
（Lv 等，2022；α=0.77；CR=0.86；AVE=0.68）	
1. 我感觉客服代表在回复我的时候考虑了我的具体需求	0.81
2. 我感到客服代表在回复时给予了我特别关注	0.81
3. 我感到客服代表很便利，并且对我来说是可用的	0.85
智能客服身份披露	
（Cheng 等，2022；α=0.74；CR=0.85；AVE=0.66）	
1. 在开始对话之前，智能客服的身份已被披露	0.75
2. 酒店对我隐藏了智能客服的身份	0.86
3. 在对话之前，我已经被告知了智能客服的身份	0.82
智能客服服务效率	
（Fan 等，2022；α=0.78；CR=0.87；AVE=0.69）	
1. 增加和改进互动效率	0.84

续表一

题项	因子载荷
2. 削减和降低时间成本	0.84
3. 依赖自动化和程序性响应	0.82
智能客服服务柔性	
（Fan 等，2022；α=0.65；CR=0.81；AVE=0.59）	
1. 提供最高质量的服务	0.77
2. 确保客户满意度最高水平	0.77
3. 使用创新方式满足客户的需求	0.76
一线员工对智能客服接受度	
（Fan 等，2022；α=0.94；CR=0.95；AVE=0.71）	
1. 我认为机器人对我来说是有用的	0.83
2. 我觉得这个机器人很容易使用	0.86
3. 使用机器人提高了我的工作效率	0.87
4. 使用机器人显著提高了我的工作质量	0.82
5. 使用机器人减少了我工作所需的时间	0.86
6. 使用机器人增加了我的职业中的多样性	0.82
7. 使用机器人增加了更有意义工作的机会	0.83
8. 使用机器人增加了我的职业挑战水平	0.87
顾客保留	
（Mozafari 等，2022；α=0.86；CR=0.91；AVE=0.78）	
1. 我会继续成为该酒店的顾客	0.89
2. 如果我的现有酒店会员资格到期，我会考虑延长它	0.87
3. 如果必须做出决定，我会再次选择这家酒店	0.89
顾客对智能客服接受度	
（Fernandes 等，2021；α=0.64；CR=0.82；AVE=0.60）	
1. 在未来，我会尝试使用智能客服	0.72
2. 我计划在未来使用智能客服	0.88
3. 我打算在未来使用智能客服	0.71

续表二

题项	因子载荷
口碑 （Gao and Fan 2021；α=0.89；CR=0.93；AVE=0.76）	
1. 我会向其他人说这家酒店的好话	0.88
2. 对于那些寻求我建议的人，我会推荐这家酒店	0.89
3. 我会鼓励朋友和亲戚使用这家酒店	0.87
4. 我会在互联网留言板上发布关于这家酒店的积极消息	0.85

注：α= 克朗巴赫系数。CR= 组合信度。AVE= 平均方差提取。

如表 6-4 所示，所有构建的组合信度均超过了 0.80 的截止值，表明可接受的可靠性。我们进一步检查了测量题项的收敛效度，并发现所有项目的因子载荷都大于 0.70，每个题项的平均提取方差值（AVE）也超过了 0.50 的满意水平。我们通过将各构建的 AVE 的平方根与所有变量对之间的相关性进行比较来衡量区分效度。如表 6-5 所示，每个构建的 AVE 的平方根均大于所有变量对之间的最高相关性，表明具有满意的区分效度。

表 6-5　实证研究一子研究三变量间相关系数

变量	1	2	3	4	5	6	7	8
1. 智能客服共情回应	0.82							
2. 一线员工共情回应	0.21**	0.82						
3. 智能客服身份披露	-0.38**	-0.23**	0.81					
4. 一线员工接受度	0.57**	0.11*	-0.58**	0.84				
5. 智能客服服务效率	0.37**	0.40**	-0.43**	0.52**	0.77			

续表

变量	1	2	3	4	5	6	7	8
6. 智能客服服务柔性	0.08	0.17**	0.03	0.12*	0.15**	**0.77**		
7. 智能客服双元性	0.20**	0.24**	-0.17**	0.34**	0.56**	0.77**	N/A	
8. 顾客保留	0.61**	0.11*	-0.49**	0.71**	0.58**	0.14**	0.36**	**0.88**
均值	4.78	5.80	3.20	4.58	5.35	4.90	1.35	5.17
标准差	1.02	0.88	1.08	1.19	0.84	0.98	1.78	1.13

注：*$p<0.05$。**$p<0.01$。N/A= 不适用。对角线上的数字是 AVE 值的平方根。

分析方法和假设检验。为了检验子研究一的发现的普适性，我们使用相同的分析方法来测试(不)一致的共情回应对客户保留的影响。如表 6-6 中的模型 1 所示，不一致线呈现为一个向下的曲线(曲率 =-0.24，95%CI=[-0.44，-0.04])，表明当智能客服和一线员工的共情回应一致时，客户的保留率较高，因此支持了 H1。一致线呈现出一个上升的趋势(斜率 =0.34，95%CI=[0.01，0.75])，表明当智能客服和一线员工的共情回应一致时，高-高一致条件会导致更高的客户保留率，因此支持了 H2。

为了测试服务补救环境的调节作用(H3 至 H5)，我们在多项式分析中采用调节回归方法。我们将每个多项式项和每个调节变量的交互项添加到原始多项式回归方程中(见表 6-6 中的模型 2 至模型 4)。然后，我们计算了另外两个以客户保留为因变量的方程：一个用于较低水平的调节条件(即替代均值下方一个标准差的值)，另一个用于较高水平的调节条件(即替代均值上方一个标准差的值)。图 6-4 和图 6-5 通过呈现在不同水平的调节条件下，沿着(不)一致线的响应曲面，为我们提供有关统计结果的更多详细信息。

表 6-6 中的模型 2 表明，当客户认为智能客服的披露程度较低时，不一致线的曲率显著为负(曲率 =-0.34，95%CI=[-0.55，-0.16])，而

表 6-6 实证研究一子研究三多项式回归结果

变量	模型 1	调节变量：CDC 模型 2	调节变量：CAD 模型 3	调节变量：EAC 模型 4
截距项	1.22	-1.77	0.64	1.17
性别	0.12	0.06	0.10	0.09
年龄	-0.01	-0.01	-0.01	-0.01
月收入	0.06	0.04	0.04	0.04
受教育程度	-0.04	-0.01	0.01	0.01
顾客对智能客服接受度	0.02	0.01	0.02	0.01
口碑	0.51**	0.25**	0.23**	0.22**
服务效率		0.36**	0.35**	0.34**
服务柔性		0.10	0.10	0.09
智能客服共情回应（C）	0.14	0.16	0.11	0.30*

续表一

变量	模型 1	调节变量: CDC 模型 2	调节变量: CAD 模型 3	调节变量: EAC 模型 4
一线员工共情回应（E）	0.21	0.05	-0.06	0.12
C^2	-0.06*	-0.04	-0.01	-0.05
C×E	0.10	0.07	0.09	0.02
E^2	-0.08	-0.08	-0.05	-0.10
智能客服身份披露（CDC）		0.40*	-0.05	-0.03
智能客服双元能力（CAD）		-0.02	-0.12	-0.02
一线员工对客服接受度（EAC）		0.21**	0.22**	-0.29
C×调节变量		-0.03	-0.04	0.07
E×调节变量		-0.48**	0.16	0.39*
C^2×调节变量		-0.01	-0.02	-0.02

续表二

变量	模型1	调节变量:CDC 模型2		调节变量:CAD 模型3		调节变量:EAC 模型4	
C×E×调节变量		-0.03		0.02		-0.03	
E²×调节变量		0.12*		-0.04		-0.05	
调节变量(±1SD)		低程度	高程度	低程度	高程度	低程度	高程度
不一致线(C=-E)	H1: 接受	H3a: 接受		H4a: 接受		H5a: 接受	
斜率	-0.07 [-0.59, 0.41]	-0.44 [-0.96, 0.02]	0.66 [-0.42, 1.17]	0.52 [-1.14, 1.16]	-0.19 [-0.89, 0.36]	0.56 [-0.44, 1.07]	-0.21 [-0.91, 0.39]
曲率	-0.24** [-0.44, -0.04]	-0.34** [-0.55, -0.16]	-0.03 [-0.38, 0.36]	-0.02 [-0.66, 0.42]	-0.29** [-0.51, -0.09]	-0.12 [-0.47, 0.23]	-0.21* [-0.44, -0.01]
一致线(C=E)	H2: 接受	H3b: 接受		H4b: 拒绝		H5b: 接受	
斜率	0.34* [0.01, 0.75]	0.68* [0.16, 1.24]	-0.27 [-0.79, 0.11]	-0.17 [-0.70, 0.77]	0.27 [-0.19, 0.84]	-0.13 [-0.74, 0.24]	0.97** [0.32, 1.62]
曲率	-0.04 [-0.18, 0.08]	-0.15 [-0.32, 0.01]	0.04 [-0.18, 0.21]	0.11 [-0.21, 0.29]	-0.04 [-0.21, 0.08]	-0.01 [-0.22, 0.17]	-0.24** [-0.44, -0.06]

注:*$p<0.05$。**$p<0.01$。95%偏差校正置信区间。

一致线的斜率显著为正（斜率=0.68，95%CI=［0.16，1.24］）。然而，当客户认为智能客服的披露程度较高时，不一致线的曲率变得不显著（曲率=-0.03，95%CI=［-0.38，0.36］），而一致线的斜率变为负值（斜率=-0.27，95%CI=［-0.79，0.11］）。如图6-4所示，在较低的智能客服披露条件下，不一致的智能客服——线员工共情回应对客户保留的负面影响是明显的，但在较高的条件下则不然。同样，图6-5表明，在较低的智能客服披露条件下，一致的共情回应对客户保留有积极影响，但当智能客服披露增加时，这种影响消失了。这些结果支持了H3a和H3b。

表6-6中的模型3显示，在智能客服的能力低水平下，不一致线的曲率（曲率=-0.02，95%CI=［-0.66，0.42］）和一致线的斜率（斜率=-0.17，95%CI=［-0.70，0.77］）都不显著。如果客户认为智能客服能力水平较高，则不一致线的曲率变得显著为负（曲率=-0.29，95%CI=［-0.51，-0.09］），而一致线的斜率仍然不显著（斜率=0.27，95%CI=［-0.19，0.84］）。图6-4显示，在智能客服能力水平较低的情况下，共情回应的不一致对客户保留有显著负面影响，但当智能客服能力增加时，这种影响消失了。因此，H4a没有得到支持。然而，当能力水平增加时，尽管共情回应一致对客户保留的影响从负面变为正面，但斜率变化的幅度并不显著。因此，H4b没有得到支持。这可能是因为由能力低的智能客服提供的服务质量非常高，以至于媲美甚至超过人工代理通过聊天提供的体验。在经历了这样的服务后，客户可能会认为后续的人工服务是重复或多余的，从而减少了共情回应一致性的正面影响。

最后，当一线员工对智能客服的接受程度较低时，不一致线的曲率（曲率=-0.12，95%CI=［-0.47，0.23］）和一致线的斜率（斜率=-0.13，95%CI=［-0.74，0.24］）都不显著。然而，当一线员工对智能客服的接受程度较高时，不一致线的曲率（曲率=-0.21，95%CI=［-0.44，-0.01］）和一致线的斜率（斜率=0.97，95%CI=［0.32，1.62］）都变得显著（见表6-6中的模型4）。如图6-4和图6-5所示，当一

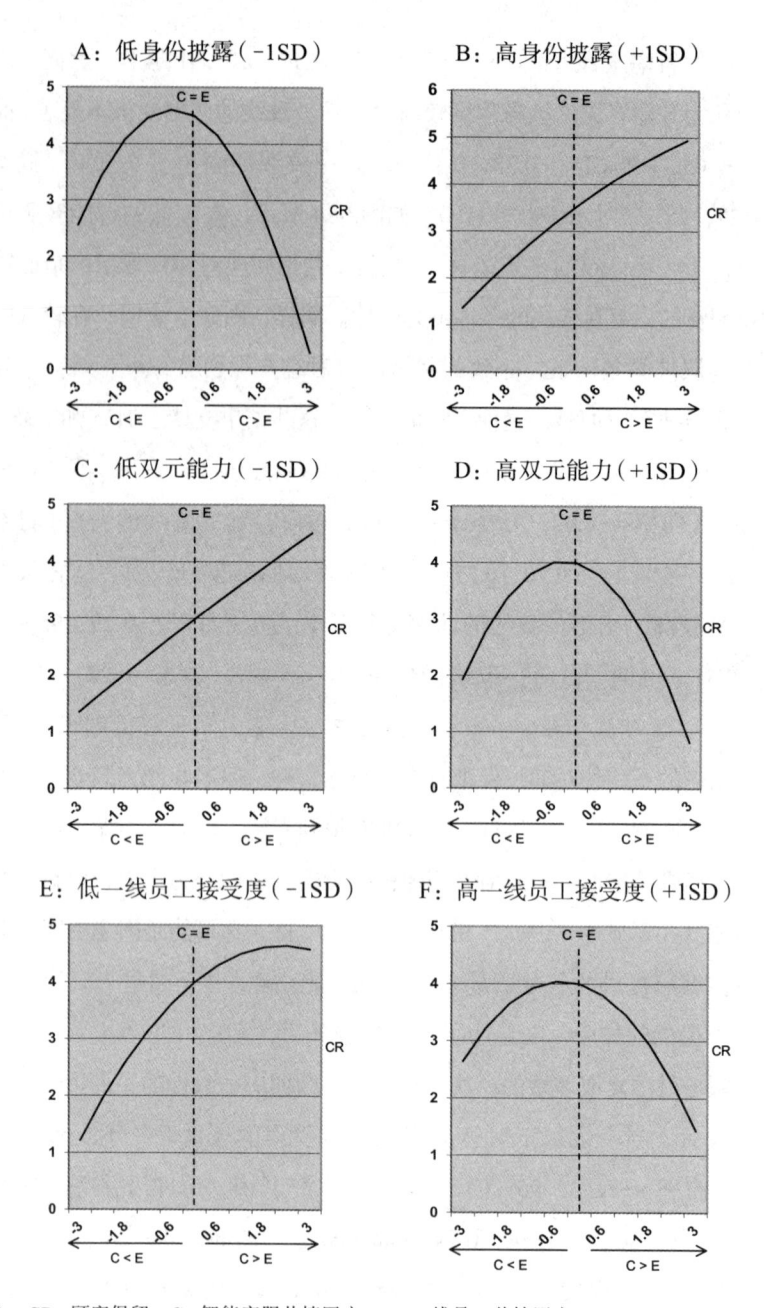

A：低身份披露（-1SD） B：高身份披露（+1SD）

C：低双元能力（-1SD） D：高双元能力（+1SD）

E：低一线员工接受度（-1SD） F：高一线员工接受度（+1SD）

注：CR=顾客保留。C=智能客服共情回应。E=一线员工共情回应。

图6-4 实证研究一子研究三沿不一致线的响应曲面

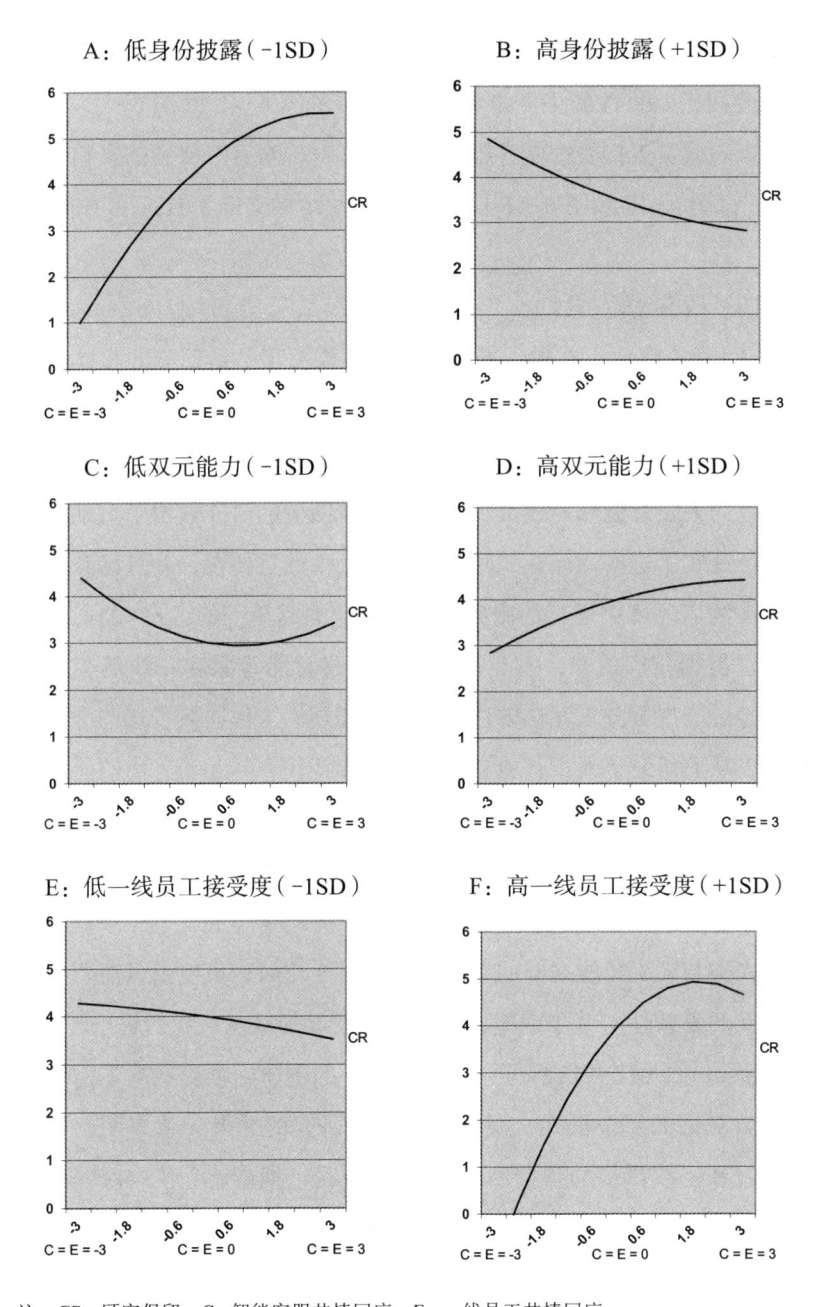

注：CR= 顾客保留。C= 智能客服共情回应。E= 一线员工共情回应。

图 6-5　实证研究一子研究三沿一致线的响应曲面

线员工接受智能客服的水平较低时,共情回应不一致性的负面影响以及共情回应一致性的正面影响都不显著(见图 6-4E 和图 6-5E)。然而,当一线员工接受智能客服的水平增加时,对客户保留的影响变得显著(见图 6-4F 和图 6-5F)。因此,这些结果支持了 H5a 和 H5b。

四、研究结论与讨论

(1)理论启示。首先,本章节通过提供关于共情回应的整体有效性的见解(解决研究不足 1),为服务补救文献做出了贡献。通过探索酒店如何综合智能客服和人工服务来安抚并留住不满意的客户,我们的研究为人工智能和一线员工提供的共情回应的研究做出了贡献。尽管已经证实了这些回应在成功的服务补救中的重要性,并且已有研究呼吁在酒店环境中进行的服务补救研究要超越单一的客户-公司二元关系,但据我们所知,没有研究同时考察智能客服和一线员工的回应。通过应用服务三元论方法,我们的开创性工作连接了这两个研究领域,从而研究了人工智能在社交环境和替代人际互动方面的使用结果,以及前线不同形式的共情回应的影响。

其次,我们的研究通过揭示共情回应更微妙的效果(解决研究不足 2),扩展了期望失验理论的应用。研究结果支持了前人的观点,即在人类与人工智能之间的共情成分同时变化时,可能引入需要进一步研究的复杂性。基于期望失验和失验幅度的概念,我们提出了"智能客服——一线员工共情回应(不)一致性"的概念,准确反映了前线服务补救对话的复杂模式。我们三个实证研究的结果一致表明,当智能客服和一线员工的共情回应(不)一致时,期望将(不)会被确认,从而提高了客户的保留率。当智能客服——一线员工的共情回应在较高(低)水平一致时,确认幅度将更大(小),进一步提高客户的保留率。

最后,我们通过识别酒店服务补救过程中的三个关键要素(解决研究不足 3)为信息处理理论做出了贡献。信息处理理论已经应用于开发智能客服——一线员工的整合，但很少用于服务补救的领域。基于信息处理理论，我们将智能客服的披露和多面性视为智能客服方面的不确定性，将一线员工对智能客服的接受度视为一线员工方面的不确定性。如果在服务补救中涉及智能客服和一线员工，酒店必须确定是否事先披露智能客服的身份，是否投资于开发高效灵活的智能客服，并了解一线员工对智能客服的态度。我们对智能客服多面性和一线员工接受度的积极作用，以及智能客服披露对客户保留的负面影响的识别表明，酒店应根据特定的服务补救情境来定制其前线互动。因此，我们探索了与顾客-机器人——一线员工三方互动背景相关的其他因素，并考虑了可能影响消费者对人工共情反应的因素。

（2）实践启示。首先，我们认为人工智能应用不一定取代人类一线员工，而是应该将人工智能和人类结合起来执行特定任务（例如涉及直觉和共情的服务）。我们发现在三个研究中，智能客服和一线员工的共情回应对客户保留的直接影响一直保持积极，表明前线服务补救需要人工智能和人类的结合。此外，我们发现两种共情回应类型越一致，客户保留水平越高。因此，酒店应平衡考虑智能客服和一线员工服务方面的投资与资源，以确保其前线回应既一致又富有共情。例如，它可以实施培训计划来提高一线员工的共情能力，同时加大信息技术系统开发的投资，以实现更高质量的人工智能服务。考虑到客户通常对人工智能互动不太热衷，与人类一线员工进行"真实"互动相比，旅游从业者和智能客服设计师应更加关注智能客服共情的发展。他们可以利用人工共情的三个维度（即视角采纳、共情关怀和情感传递）来缓解智能客服和一线员工在共情回应方面的差距。

其次，本章节的发现表明，服务补救实践并不是脱离情境的，共情回应一致性的有效性取决于酒店的服务补救背景。子研究二和子研究三的结果支持了其他研究，并一致证实智能客服的披露对客户保留有害。现实生活中的服务补救一旦披露智能客服的机器人身份，客户的互动意愿将大幅减少。因此,我们建议酒店客户服务经理应在对话之前,仔细评估是否披露智能客服身份,因为客户通常会直观地认为智能客服较缺乏共情或知识。然而,智能客服的披露又是一种酒店控制损失的可行方法。例如,一旦智能客服无法解决问题,酒店可以触发自动消息,通知客户智能客服的人工智能本质,以道歉并请求客户的原谅。

最后,子研究三的结果验证了智能客服多面性和一线员工对智能客服的接受度对保留客户的有益影响。因此,酒店的服务补救方法应该是适应性的,前线代理的共情回应应该与客户和一线员工的具体需求相匹配。例如,当需要简单但个性化的解决方案时,酒店可以确保其智能客服和一线员工的共情回应完全一致,此举可能是确保客户保留的最有效方式。对于不愿接受、监督、管理或与人工智能系统合作的一线员工,他们可能坚持要求直接与客户交谈,而不受智能客服的干预。作为雇主和旨在保留客户的企业,酒店有两个主要选择。他们可以建议一线员工参加与智能客服合作的培训课程,因为智能客服的接受度可以确保客户保留;或者替换一线员工,仅依赖智能客服的共情回应来提高客户保留。

(3)局限与展望。以下部分讨论了本章节的局限性,以及未来研究的一些值得注意的方向(见表6-7)。

表6-7 智能共情与挽留未来研究方向

研究主题	关键问题
区分人工智能共情回应和人类共情回应	• 一线员工的共情回应和智能客服的共情回应在概念上有哪些不同? • 在酒店和旅游管理研究中,如何将人工智能的共情回应进行操作化和测量? • 在今天的"情感经济"中,除了分析和机械化的服务补救任务之外,智能客服在酒店中还可以做哪些具有共情和情感的工作?

续表

研究主题	关键问题
探索不同模式的共情回应一致性或不一致性	• 不同水平的智能客服—一线员工共情回应一致性如何影响客户保留？ • 与高智能客服-低一线员工共情回应不一致性相比，低智能客服-高一线员工共情回应不一致性会增加还是减少客户保留？
测试具有理论意义的替代调节变量、中介变量和结果	• 是否还存在其他潜在的调节因素，如顾客对智能客服的接受程度、性别和交互方式，限定于酒店中的智能客服—一线员工协作？ • 智能客服—一线员工协作如何影响客户保留？可能的中介因素是什么？ • 共情回应的(不)一致性如何影响其他重要结果，如一线员工离职率、运营和财务绩效以及各种利益相关者的可持续结果？
考虑观光和旅游业中的其他服务背景	• 除了在购买后阶段的服务补救情境外，智能客服—一线员工协作的共情回应如何影响顾客旅程的预购买和购买阶段？ • 这些研究结果是否适用于除酒店以外的服务补救情境(例如旅游目的地、旅行社)？ • 基于语音的智能客服的研究结果是否也适用于基于文本的智能客服？
应用多种研究设计和数据集	• 除了基于调查和情境的实验之外，更多样化的研究设计(例如现场实验、准自然实验)是否会提供一致的研究结果？ • 在智能客服—一线员工协作的服务补救之后，实际发生了什么行为(即客观措施、次级数据集)？

区分人工智能共情回应和人类共情回应。在基于情境的实验(子研究二)中，操纵了人工智能和人类的共情回应水平，但其他两个研究(子研究一和子研究三)采用了相同的题项来衡量智能客服和一线员工的共情回应。尽管出现了"情感经济"，其中人工智能可以越来越多地超越机械和重复性任务，执行更多人际关系和共情服务，但人

类共情与人工智能共情之间仍存在重大差距。因此，尽管有学者测试了与人工智能共情回应相关的度量的可靠性和有效性，但他们的量表本质上根植于人类共情研究。这指明了研究人工智能共情回应与人类共情回应之间差异的重要方向。具体来说，可以探讨以下问题：一线员工共情回应与智能客服共情回应之间的概念差异是什么？在酒店和旅游管理研究中，如何将人工智能共情回应进行操作化和测量？在当今的"情感经济"中，智能客服在酒店中可以做什么共情和情感工作，超越分析和机械服务补救任务？

探索不同模式的共情回应一致性或不一致性。尽管我们成功区分了一致性和不一致性条件，以及更高和更低水平的一致性，但我们没有讨论与智能客服和一线员工的共情回应配置相关的其他条件。例如，子研究一和子研究三中一致线的显著负曲率（见表6-6中的模型1），意味着完全一致可能会适得其反。进一步研究智能客服和一线员工的共情回应之间各种程度的一致性，可能会揭示人类与智能客服互动的不太积极的一面。未来的工作可以研究不同水平的智能客服——一线员工共情回应一致性对客户保留产生的不同效应。此外，酒店通常资源有限，难以实现完全一致，因此研究人员可以关注不同模式的共情回应不一致性。例如，与高智能客服-低一线员工共情回应不一致性相比，低智能客服-高一线员工共情回应不一致性是否会增加或减少客户保留？

测试具有理论意义的替代调节变量、中介变量和结果。除了与智能客服和一线员工相关的不确定性之外，与顾客相关的变量还可以对服务成功产生重大影响。需要进行后续研究，以调查在酒店中限定于智能客服——一线员工协作构建的条件作用，例如顾客对智能客服的接受程度和人工智能-人类互动模式。这项工作还提供了多种机会，考虑共情回应协作对客户保留效应的替代中介变量。其他变量，如顾客的价值感知（例如感知易用性、有用性、愉悦度）和心理反应（例如流体体验、情感参与、满意度），可能解释了潜在机制。此外，考虑到酒店服务补救的目标是保留客户，这项研究遵循先前研究关注客户保留努力的结果。一个相关但更广泛的研究方向涉及在个体层面（例如一线员工流失率）、组织层面（例如运营和财务绩效）和社会层面（例如各利益相关方的可持续绩效）上，概述和具体化结果。

　　考虑观光和旅游业中的其他服务背景。尽管本章节的结果表明，智能客服的共情能力在解决酒店客户投诉中可以发挥重要作用，但如何使观光和旅游企业中的人工智能系统更具共情性，仍然是一个悬而未决的问题。尽管前人在一般市场营销活动中提供了几条操作人工共情的建议，但仍需要进一步研究如何在观光和旅游业中实现人工共情。例如，这项研究的发现是否适用于除酒店以外的服务补救情境（例如旅游目的地、旅行社）？除了购买后阶段的服务补救情境，智能客服－一线员工共情回应如何影响顾客旅程的预购买阶段（例如浏览、搜索和评估酒店）和购买阶段（例如房间预订、餐厅预订、旅游景点参观）？语音智能客服的研究结果是否也适用于文本智能客服？

　　应用多种研究设计和数据集。我们使用了多回答者调查和多研究设计来建立我们概念框架中的因果关系。尽管这些方法和一致的结果提高了我们发现的普适性，但研究方法受到了限制。因此，除了基于调查和情境的实验，未来的研究可以测试更多样化的研究设计（例如现场实验、准自然实验）是否提供一致的结果。此外，在现场研究中，我们只获得了顾客对返回意愿的自我报告数据，而服务补救后的实际行为是未知的。在未来的研究中，可以收集客户保留的客观衡量标准，并建立次生数据集。探索这些研究路径将极大地提高我们对智能客服－一线员工协作的理解，以及开发适用于预测客户保留的理论。

本章小结

在这项研究中，我们关注了基于期望失验理论和信息处理理论的智能客服--一线员工协作的效果，并研究了可能促进或阻碍智能客服--一线员工整合的各种组织内部背景。我们研究了智能客服和一线员工的共情回应与客户保留之间的复杂关系。我们发现，与通常的直觉相反，智能客服不一定是无感情和机械的，而可以在服务补救情境中表现出共情，并与人类一线员工合作。此外，一致的智能客服--一线员工共情回应（尤其是高度一致的回应）可以提高客户保留。

这项研究还揭示了在服务补救情境中，可能导致智能客服--一线员工协作产生不同效果的三个关键因素。第一，如果在服务互动之前向顾客披露智能客服的身份，共情回应（不）一致对客户保留的（负面）正面效应将减弱。第二，如果顾客认为智能客服具有高效率和柔性（双元性），智能客服--一线员工不一致共情回应的负面效应将被放大，而一致共情回应的效应将保持不显著。第三，当一线员工对智能客服接受度高时，智能客服--一线员工共情回应不一致和一致的效应都变得更加显著。

第七章
需求满足:如何提升服务质量

引 言

电子服务是两种趋势的融合:传统经济从商品向服务的转变,以及信息经济和数字网络系统的扩展。服务质量被认为比商品质量更为关键。[①]

在智能服务领域,满足顾客需求是提升服务质量的至关重要的方面。智能服务借助人工智能、大数据分析和自动化技术,已经广泛渗透到各个行业。无论是零售、金融、医疗保健还是客户支持,其核心目标始终是为顾客提供信息、支持决策和解决问题。在这个背景下,满足顾客需求的重要性不可低估。

首先,顾客满意度是企业成功的关键指标之一。只有当顾客对智能服务感到满意时,他们才会继续使用这些服务。满足顾客需求是提高满意度的关键因素。如果顾客得到了及时、准确和个性化的帮助,

---

[①] Thanh D. Nguyen, Uyen U. T. Banh, Tuan M. Nguyen and Tuan T. Nguyen, "E-Service Quality: A Literature Review and Research Trends", in Atulya K. Nagar, Dharm Singh Jat, Durgesh Kumar Mishra and Amit Joshi eds., *Intelligent Sustainable Systems: Selected Papers of WorldS4 2022*, Vol. 1, Singapore: Springer, 2023, pp. 47-62.

他们更有可能感到满意。智能服务的质量直接影响顾客的满意度。其次，在竞争激烈的市场中，提供卓越的智能服务可以帮助企业脱颖而出。如果一家公司能够更好地满足顾客的需求，提供更好的体验，那么它将获得竞争优势。这不仅吸引新顾客，还可以留住现有的顾客。满足顾客需求是建立竞争优势的关键。再次，顾客忠诚度是任何企业成功的关键因素，它与顾客的需求和满足度直接关联。当顾客发现他们的需求得到满足，他们更倾向于长期与企业保持互动。这意味着他们将继续使用企业的服务，并可能成为品牌的支持者，推荐服务给其他人，从而增加企业的声誉和客户基础。满足顾客需求是建立顾客忠诚度的关键。另外，满足顾客需求还有助于降低投诉和退货率。当顾客感到他们的需求得到满足，他们更不容易遇到问题或不满意的情况。这降低了他们提出投诉或要求退货的可能性，从而降低了企业的成本和管理负担。最后，满足顾客需求有助于口碑的传播。满意的顾客更有可能分享他们的积极体验，推荐企业的服务，这为企业带来了更多的潜在客户。用户口碑可以在社交媒体和在线评论中传播，影响更多人的购买决策。因此，满足顾客需求对于提升智能服务质量具有重要意义，不仅关乎企业的竞争地位，还关系到顾客的满意度和忠诚度，以及口碑的传播。

第一节　顾客苛刻度

在竞争激烈的市场中，满足顾客的需求和期望对于企业的成功至关重要。顾客的苛刻度反映了客户对产品或服务的各个方面，如质量、可靠性、交付、产品需求匹配等的要求和期望的程度。作为一种任务难度类型，客户的苛刻度具有特殊的意义，因为它提供了关于市场条件的总结，如竞争性产品、技术进步和定制要求的发展。当顾客对产品有高要求和（或）独特要求时，就表明它与客户对产品或服务提供的期望存在差距，或者智能客服对客户的了解还有待加强。这些看法促使智能客服"额外努力"来更多地了解客户，并为他们的问题设计量身定制的解决方案。换句话说，智能客服必须不断迭代学习以满足苛刻的客户需求。

一、顾客苛刻度的概念

顾客苛刻度，是指顾客对产品、服务或品牌的期望和要求的程度。这一概念是商业和市场中至关重要的因素，因为它反映了消费者在选择和评估产品或服务时的标准与期望。它包含多个方面，如产品性能、质量、价格、价值、用户体验、社会责任等。在智能客服的背景下，这些要素都需要被综合考虑。顾客可能期望通过智能客服获得高质量的支持和解决方案，同时希望这一服务是价格合理的，能够提供实际的价值以及出色的用户体验。

由这个概念的核心，我们看到了一个重要的观点：顾客的期望是不断演进的。随着时间的推移，他们对产品和服务的期望不断提高，对质量和性能提出越来越高的标准。这不再仅仅局限于满足基本需求，而且包括满足个性化需求和期望。顾客苛刻度的不断上升推动了企业不断创新，以满足这些不断变化的需求。例如，当顾客购买产品或服务时，他们可能会期望这些产品具有卓越的性能和质量，能够为他们提供实际的价值。他们可能会要求合理的价格，同时也期望产品提供用户友好的体验。此外，一些顾客可能更加注重企业的社会责任，他们希望支持那些对环境和社会做出积极贡献的品牌。

顾客苛刻度的核心思想在智能客服领域尤为重要。智能客服系统的设计和实施需要不断适应与满足顾客不断演进的期望。随着技术的发展，顾客对于智能客服系统的性能和质量提出了越来越高的标准。他们期望智能客服能够提供更加个性化的支持、更快速的响应时间、更高效的问题解决，以及更愉悦的互动体验。智能客服系统必须不断学习和改进，以满足顾客苛刻度的不断提高。通过机器学习和人工智能技术，智能客服系统可以更好地理解和满足顾客的需求，提供更高水平的支持。这也意味着企业需要不断投资于智能客服技术，以确保它的系统能够跟上顾客的期望，并在竞争激烈的市场中保持竞争力。

因此，了解和满足顾客苛刻度是企业成功的关键之一。它有助于提高客户忠诚度、增加市场份额、维护声誉，以及获得客户口碑的积极推广。企业必须不断努力，以适应这一不断演变的市场环境，确保它的产品和服务能够满足顾客的苛刻需求。顾客苛刻度的概念在智能客服领域具有深远的影响。它要求企业不仅要满足基本需求，还要不断改进和创新，以满足不断演进的顾客期望，提供出色的智能客服体验。这是建立强大客户关系和保持市场竞争力的关键之一。

二、顾客苛刻度的成因

在当今复杂多变的商业环境中，顾客的苛刻度不断提高，这受到多重因素的影响。这些因素涵盖了科技进步、社交媒体、全球化和可持续性等方面，而智能客服在这一趋势中扮演着关键角色。

科技的不断进步改变了消费者的期望和需求。现代消费者接触到更多信息和选择，这增强了他们对创新与高科技产品的需求。在智能客服领域，科技进步转化为更高的期望。顾客期待智能客服系统能够提供快速、准确的支持，具备个性化的能力，且能够随着时间的推移不断提升其性能，以更好地满足他们的需求。

社交媒体已成为消费者表达声音和分享体验的重要平台。通过社交媒体，顾客能够迅速分享他们的购物体验和意见，这对品牌的声誉和形象产生深远的影响。负面的评论或体验可以在瞬间传播，对品牌造成损害。智能客服必须积极借助社交媒体监控和参与，以便快速响应客户的需求和疑虑，维护品牌声誉。同时，通过社交媒体，智能客服也可以更好地了解客户的需求或反馈，从而改进和优化服务。

全球化使产品和服务的选择更加多样化。消费者不再局限于本地市场，他们可以轻松从世界各地选择产品和服务。这意味着企业必须竞争全球市场，并满足来自不同文化和地域的顾客的期望。智能客服在这一背景下要求更多的多语言支持和跨文化敏感性，以确保顾客在全球市场上都能获得出色的支持。

可持续性和社会责任已经成为消费者的重要关注点。他们越来越关心企业的环保政策、社会贡献和道德经营。消费者更愿意支持那些积极参与可持续性倡议和社会改善的品牌。在这一背景下，智能客服系统和企业必须能够提供信息和支持，以满足消费者对可持续性问题的兴趣。这可能包括提供有关产品的可持续性信息、支持环保倡议，或者提供社会责任报告。

综上所述，多种因素推动了顾客苛刻度的不断提高，这对企业，特别是智能客服领域，提出了新的挑战和机会。通过利用科技、积极参与社交媒体、适应全球市场和关注可持续性，企业可以更好地满足不断提高的顾客期望，建立强大的客户关系，并在竞争激烈的市场中脱颖而出。

三、顾客苛刻度的应对

在当今竞争激烈的商业环境中，顾客对产品和服务的期望不断升高，这就提高了顾客苛刻度。智能客服成为应对这一挑战的关键工具，能够提供更高效、个性化和便捷的客户支持。

首先，利用智能客服系统的数据分析和机器学习功能，可以更好地理解顾客的需求和偏好。通过个性化的互动，提供与每位顾客相关的建议和支持。这种定制化的服务能够增加顾客满意度、降低抱怨率，从而满足他们更高的期望。顾客苛刻度部分表现为他们对问题的快速解决和响应时间的高要求。智能客服系统可以实现 7×24 小时全天候的支持，无论何时何地，顾客都可以获得帮助。此外，系统可以自动识别和解决常见问题，减少等待时间，提高效率。

其次，顾客苛刻度的提高也意味着他们更愿意在多种渠道上寻求支持。智能客服系统可以整合各种渠道，包括社交媒体、网站聊天、电子邮件和电话。这使顾客能够根据自己的喜好选择最适合的交流方式，提高了便捷性。智能客服系统可以构建知识库，其中包含了常见问题的解决方案和指南。这些资源使顾客能够自助解决问题，而不必等待人工支持。这节省了时间，同时也降低了支持成本。智能客服系统可以追踪并分析大量数据，包括顾客的反馈和互动历史。通过不断学习和改进，系统可以提高解决问题的能力，减少错误，提供更准确的建议，适应新趋势。同时，系统积极收集顾客的反馈，以了解他们的需求，从而调整服务以满足他们的期望。

再次，智能客服系统不一定代替人工支持，而是可以与之协作。在处理更复杂或需要人类情感智能的问题时，系统可以将问题转移到人工代理。这种协作方式保留了人际互动的优势，同时确保了高效的支持。同时，企业可以在智能客服中强调他们的可持续性和社会责任政策。这包括提供关于可持续产品和服务，以及支持环保和社会改善倡议的信息。这能够满足越来越多顾客对可持续性问题的关注，提高品牌的声誉。

因此，智能客服是应对不断提高的顾客苛刻度的强大工具。通过个性化服务、快速响应、多渠道支持、知识库、持续改进、人机协作和关注可持续性等方法，企业可以满足顾客的高期望，建立强大的客户关系，从而在竞争激烈的市场中取得成功。

第二节　智能服务质量

一、智能服务质量的定义

智能服务质量是对虚拟市场中的服务质量进行评估。智能服务质量还决定了智能客服的成功和效果,以及客户满意度。A. 帕拉休拉曼(A. Parasuraman)等将电子服务质量定义为智能客服在购物、购买和交付方面,提供高效和有效支持的程度。[1]这一陈述表明,智能服务质量的概念根植于再次购买意向(例如易用性、产品信息、订单信息和个人信息保护),延伸到售后阶段(例如分销、客户服务和退货政策)。此外,帕拉休拉曼等提到了两种不同的衡量智能服务质量的尺度,包括基本的 E-S-QUAL 尺度和扩展的 E-RecS-QUAL 尺度。E-S-QUAL 包括系统可用性、隐私、履约和效率等不同的维度。值得注意的是,效率涉及评估和使用智能客服的便捷性与速度。履约意味着智能客服对商品交付的意向增长,以及货物的可用性在某种程度上得以满足。系统可用性与智能客服能否准确执行其技术功能有关。隐私涉及智能客服的安全性或不安全性,以及如何对客户信息进行保护。可以看出,E-S-QUAL 与智能客服的整体客户有关。E-RecS-QUAL 是 E-S-QUAL 的一个分支,专注于处理服务问题和咨询。E-RecS-QUAL 仅为客户提供与智能客服的非直接联系,该尺度包括三个维度,分别是响应性、补偿和联系。特别地,响应性意味着有效处理问题以及如何将其回馈给智能客服。补偿涉及智能客服如何为出现问题的购买者提供补偿。联系指通过电话或虚拟代理,为客户主动提供支持的过程。通过对相关研究的文献综述,可以总结和解释智能服务质量的概念包括导航的便捷性、智能客服美观性和定制性、可靠性、响应性、安全性以及信息质量。

对于顾客来说,高标准的智能服务质量是智能客服所能带来潜在好处的工具。此外,帕拉休拉曼提出了在线环境中的智能服务主

---

[1] A. Parasuraman, Valarie A. Zeithaml and Arvind Malhotra, "ES-QUAL: A Multiple-item Scale for Assessing Electronic Service Quality", *Journal of Service Research*, Vol. 7, No. 3(February 2005), pp. 213-233.

题，特别是积极的维度（例如灵活性、便利性、效率等）和消极的维度（例如安全故障、失控、过时风险等），这些因素在许多方面与服务质量密切相关。智能客服的交互性有助于有效地搜索和整合信息以满足客户的需求。此外，相比传统渠道，在线产品的技术特性和价格更容易进行比较，因此在线服务质量对顾客至关重要。在线顾客从而期望获得与传统提供商相同的服务质量。对于在线服务提供商来说，智能服务质量可以在业务发展中产生有价值的差异。智能客服的互动特性、各种媒体内容和可定制性吸引了电子商务领域企业的关注。此外，在线公司还提供比竞争对手更优质的服务，这是赢得客户忠诚度的决定性因素。因此，关注智能服务质量是电子商务的首要关切。如果正确使用智能客服，它将成为提升各行业整体服务质量并确立更高标准的强大工具。

二、智能服务质量的维度

高质量的智能服务将为公司提供长期的好处。总体的智能服务质量模型提供了一个全面的框架，它包括六个积极维度趋势和五个补救维度趋势。具体来说，补救维度被描述为如何合理地利用技术智能客服，以为顾客提供舒适的体验、智能客服的知识和吸引力的合适构想。补救维度中的大多数因素可以在推出智能客服之前进行改进，包括易用性、对齐性、外观、布局、结构和内容等。积极维度必须在智能客服的整个生命周期内保持一致。这些因素很可能会提升顾客的保留率，并增强口碑效应。此外，还有学者提出了一个与智能服务质量的各个要素相关联的概念框架，涵盖其结果，包括口碑、客户满意度和再次购买意向。该模型对智能服务质量的要素、顺序和调节因素提供了全面的理解，为未来的实证研究提供了理论基础。

以往学者已经使用了各种模型来评估智能服务质量。因此，在每个模型及其研究背景中都使用了特定的属性。有趣的是，一些属性，如智能客服设计和安全性或隐私性，在所有研究中都得到了展示；而像系统可用性和交付条件这样的属性，在研究中利用的可能性较小。此外，不同的模型存在理论上的重叠和区别。最近的研究甚至展示了智能服务质量的 16 个属性。起源于顾客的满意度和服务质量，多属性的研究方法提供了理解智能服务质量的理论基础。

三、智能服务质量的研究

旅游和酒店业中服务机器人快速发展，自动化和人工智能技术近来取得了巨大进展，许多酒店和旅游公司已经采用服务机器人来促进前线互动。特别是在突发的全球性危机下（例如新冠疫情），顾客对自动化服务的需求飙升。高效的服务机器人可以实现双重功能：自动化服务可以替代人类员工，接管重复和单调的服务请求；机器学习和深度学习可以通过帮助处理更复杂的任务来增强前线员工。例如，中国的在线旅行社平台携程和去哪儿都推出了客服机器人来回答基本的服务问题。而作为服务机器人的重大应用，谷歌 Duplex 可以帮助顾客在电话上进行预订，而不被识别为机器人。因此，服务机器人已成为旅游从业者降低运营成本和提高生产力的重要工具。

然而，成功将服务机器人整合到前线界面并不是一项简单的任务，而是服务提供者面临的重大挑战。一方面，较低水平的人工智能可能会降低顾客对机器人的信任和接受度。另一方面，更先进的服务机器人可能会让前线员工感到被低估和不被重视，因此更有可能不愿致力于工作，并有更高的离职意向。因此，旅游从业者面临着在平衡顾客对机器人的接受度和员工对机器人的接受度方面的困境。尽管机器人的接受度已经从顾客或员工的角度进行了研究，但很少有实证研究试图整合这两个研究方向。

此外，旅游从业者如何从两方对机器人的平衡或不平衡接受中受益仍然不清楚。先前的研究只提出，顾客或员工对机器人的接受度可以分别影响服务质量,但未能揭示不平衡的机器人接受与企业绩效之间的直接联系。在实践中,许多企业受到资源的限制,无法同时实现高水平的顾客和员工对机器人的接受,而必须在顾客需求和员工需求之间分配有限的资源。因此,需要调查顾客和员工之间对机器人的(不)平衡接受对酒店服务质量的影响。

信息处理理论表明,企业必须具备适当的信息处理能力来应对不确定性导致的信息处理需求。对于部署前线接口服务机器人的酒店来说,它必须应对来自顾客和员工两方面的不确定性。具体来说,一方面,与需求较低的顾客相比,需求较高的顾客对产品或服务有更高和更独特的要求。这些顾客通常给企业带来更高的需求不确定性,例如需求变化,行为和偏好的变化,这要求企业提高以顾客为中心的信息处理能力。另一方面,前线员工通常资源、知识和技能有限,难以处理服务销售多重任务,因此给企业带来更高的不确定性,包括角色冲突、较低的创造力、次优的表现和服务失误。因此,前线任务多重性水平需要企业提高以员工为中心的信息处理能力。因此,需要考察顾客的要求程度和前线任务多重性,如何调节机器人接受与服务质量之间的关系。

第三节 用户接受度与智能服务质量

机器人接受研究始于为通用技术使用开发的模型。早期的研究主要采用了技术接受模型(TAM)来解释个体对某种类型技术的使用,比如自动机器人和新信息系统。在TAM中,技术的使用意愿受到其被认为易用和有用的驱动。随后,后续研究扩展了TAM(例如TAM2、TAM3)来评估对各种技术的接受。有学者对先前的模型进行了概述,并通过添加四个技术使用的预测性构建——性能期望、努力期望、社会影响和促成条件，提出了技术接受和使用的统一理论（UTAUT）模型。

此后，服务机器人接受的研究分为两个研究方向。一个侧重于顾客对机器人的接受，另一个处理员工对机器人的接受问题。顾客对机器人的接受主要在三个概念框架内探讨：自动社交存在（ASP）、人工智能设备使用接受（AIDUA）和服务机器人接受模型（sRAM）。ASP模型认为，社会认知和心理所有权介导了ASP对服务结果的影响。AIDUA模型解释了决定顾客愿意接受或反对使用人工智能设备的顺序过程。基于TAM，学者们提出了一个更为综合的模型，即sRAM。该模型认为，顾客对机器人的接受不仅由TAM引入的功能性元素决定，还取决于社会-情感元素和关系元素。最新的研究通过增加一个新的顾客-机器人关系建立元素，并验证了一个全面的测量标准来补充sRAM。在本章节中，我们遵循调整后的sRAM，并将顾客对机器人的接受操作化为三个维度：功能性元素（知觉易用性、知觉有用性、主观社会规范）、社会元素（知觉人性化、知觉社交互动性、知觉社交存在）和关系元素（信任、关系）。

员工对机器人的接受在四个广泛问题内进行了探讨：服务员工潜在的益处和负面影响、员工与机器人合作的机会、工作不安全感和提升技能的需求。然而，先前的研究没有尝试提出员工对机器人接受的综合框架。有学者尝试通过将前线员工指定为用户，将服务机器人作为技术，对TAM进行了扩展，从而涵盖了关于服务机器人感知的两个维度：知觉有用性和知觉易用性。此外，他们指出，员工对机器人的接受还包括员工监督、管理和与服务机器人合作的程度。因此，员工对服务机器人的看法如何有助于提高他们的工作绩效和职业发展，成为接受的关键元素。因此，在本章节中，我们将员工对机器人的接受操作化为四个维度：知觉易用性、知觉有用性、工作适应度和职业适应度。

一、顾客-员工的接受度与服务质量

在探讨新技术采纳的影响时,资源基础视角(RBV)提供了一个有用且独特的视角,解释了企业内部资源和能力如何导致积极结果。RBV认为,通过稀缺、有价值、难以模仿和不可替代的资源与能力的结合,企业可以发展其可持续的竞争优势。特别是对于中小型企业,两个关键的能力来源是信息技术和员工技能。信息技术指的是所有具有计算能力的智能设备,支持组织信息处理,这使得优化业务流程以创造顾客价值成为可能。员工技能,尤其是与机器人合作和管理相关的专业知识,对企业的机器人战略成功至关重要。基于这个观点,我们假设对于资源有限的酒店,它可以使用一种不平衡的机器人策略,通过专注于一方面(顾客方面或员工方面)来确保服务质量和建立竞争优势。

实施以顾客为中心的不平衡机器人策略的酒店追求更高的顾客对服务机器人的接受度,而不是员工的接受度。为了向顾客表明酒店对顾客的认真态度,它可能会投入更大比例的资源来满足顾客的需求。顾客期望既有高效率的自动化服务,又有具备社交存在的拟人化服务。基于RBV,酒店将更多地投资于高质量、可扩展和适应性强的信息技术基础设施的发展,这可以帮助运营既具有自动化功能,又具有拟人化功能的服务机器人。自动机器人的顾客接受可以显著提高服务质量,因为它具有更高的效率和准确性,而拟人化机器人的顾客接受也可以通过改善社交互动来提高服务质量。

追求以员工为中心的不平衡机器人策略的酒店可能会投入更大比例的资源来满足员工的需求。员工期望提升技能,以便管理和与服务机器人合作,或者保持他们在服务交付能力方面更加出色。根据RBV,酒店将更多地投资于发展一个持续学习的文化,可以帮助员工使用新系统并获得新的知识和技能。通过学习管理和与机器人合作的相关技能,前线员工可以保护自己免受自动化工作的影响,减少离职率，并更愿意接受机器人。此外，通过学习直觉和情感智力、关键和创造性思维、社交理解和同情等软技能，前线员工可以专注于满足顾客的情感需求，这将显著提高服务质量。

相反，如果一家酒店选择通过同时关注顾客和员工对机器人的接受来实施平衡的机器人策略，它将尝试均匀分配其已经有限的资源来满足顾客和员工方面的需求。在这种情况下，由于资源不足，酒店面临无法满足任何一方需求的风险。因此，根据 RBV 的逻辑，不平衡的机器人策略足以确保顾客对机器人的接受或员工对机器人的接受，可以充分利用来自任何一方的机器人接受来获得更高水平的服务质量。

二、顾客苛刻度的影响

源自供应链管理研究的信息处理理论（IPT）最近已扩展到电子商务和服务交付市场，以解释企业如何应对需求不确定性。IPT 认为，企业必须努力使其信息处理能力适应信息处理需求，以应对源自环境和任务相关因素的不确定性。因此，我们确定了酒店可能会遇到的两种需求不确定性类型：来自顾客方面的顾客苛刻度，以及来自员工方面的前线任务双元性。顾客苛刻度是不确定性的环境因素，指的是顾客对产品和服务的相关要求与期望，涉及质量、可靠性、交付、产品需求匹配。前线任务双元性是不确定性的任务相关因素，指的是通过组织要求添加额外的销售职责，扩展了客户服务代表的正式角色责任。

在过去的十年中，尤其是新冠疫情期间，顾客已经开始对观光和旅游业务提出更多要求。这些要求反映了顾客偏好的波动和不可预测性，从而增加了预测顾客需求和创造不确定性的难度。基于 IPT，顾客方面的高需求不确定性需要更多以顾客为中心的举措，来提高组织的信息处理能力。高顾客苛刻度因此要求企业投入更多资源来满足顾客不断变化的需求，包括提高解决问题和提供价值的能力、更好地协调内部工作，以及适应程序和流程。通过将更多资源分配给信息技术能力，酒店以顾客为中心的不平衡机器人策略可以有效应对顾客苛刻度带来的不确定性增加。因此，当顾客苛刻度增加时，以顾客为中心的不平衡机器人策略对服务质量的积极影响将会增强。

相反，当顾客苛刻度很高时，酒店无须投入更多资源来满足员工方面的信息处理需求。此外，组织信息处理能力与需求之间的不匹配将导致次优结果。因此，满足苛刻顾客所需的资源可能会导致对顾客需求的过度满足和对员工需求的过度投资。因此，当顾客苛刻度增加时，以员工为中心的不平衡机器人策略对服务质量的积极影响可能会减弱。

三、服务-销售双元的影响

前线多面性能力正在旅游和酒店业成为一个引人注目的趋势。越来越多的公司要求其前线服务代表完成双重任务：客户服务提供和整合销售。前线员工在完成多面性任务时缺乏工作所需的资源，可能导致创造力降低，对服务质量和绩效的承诺降低。因此，除了与机器人一起工作的技能提升需求外，前线员工还需要组织提供更多资源来帮助他们完成服务-销售多面性任务。酒店的以员工为中心的不平衡机器人策略侧重于提升前线员工的知识和技能，这与员工的信息处理需求相匹配，提高了员工方面的信息处理能力。因此，再次基于 IPT 的原则，当前线任务双元性增加时，以员工为中心的不平衡机器人策略对服务质量的积极影响将增强。

相反，我们假设当前线任务双元性增加时，以顾客为中心的不平衡机器人策略对服务质量的积极影响可能会下降。这是因为从一个要求不断增加的员工那里汲取已经有限的资源，以满足顾客方面的信息处理需求，可能导致员工不满和对顾客需求的过度投资。这种组织信息处理能力与需求之间的不匹配，将导致次优的服务质量。

第四节 实证研究二

一、研究摘要与结果综述

旅游和酒店业中服务机器人日益普及，服务成功在很大程度上依赖于机器人的接受度。然而，大多数旅游从业者面临一个难题，即应该关注顾客还是员工对机器人的接受度。本章节试图回答以下问题：酒店是否应同时关心顾客和员工对机器人的接受，还是只专注于一方？酒店如何处理顾客或员工方面的需求不确定性？借鉴资源基础视角和信息处理理论，本章节探讨酒店采用的不平衡机器人策略（即顾客接受度高于或低于员工接受度）在顾客方面需求（即顾客要求的程度）和员工方面需求（即前线任务多重性）不确定下，对服务质量的不同有效性。通过对1066对匹配的顾客-员工数据进行多项式回归分析，研究发现，不平衡的机器人策略在提升服务质量方面优于平衡策略。此外，当顾客要求程度高时，以顾客为重点的机器人策略（即顾客接受度高于员工接受度）是改善服务质量的最佳选择。然而，当前线任务多重性高时，不平衡机器人策略对服务质量的积极影响会减弱。

这项研究从顾客-机器人-员工三方面的视角，为机器人接受度的文献和实践做出了重要贡献。首先，它通过整合顾客和员工的观点，为机器人的接受研究做出了贡献。本章节探讨了在资源有限的情况下，酒店如何通过选择适当的不平衡机器人策略来提高服务质量，从而考虑员工和顾客对机器人的接受如何决定服务前线的机器人自动化程度。其次，本章节通过提出顾客的要求程度与前线任务多重性，作为顾客和员工方面需求不确定性的两个重要来源，为信息处理文献增添了内容。本章节强调机器人的接受（即信息处理能力）与需求不确定性（即信息处理需求）之间的匹配的重要性，从而研究机器人服务影响的其他特征作为可能的调节因素。最后，从方法论的角度看，这代表了在一个实地实验中应用不同模型来测量顾客或员工对机器人接受的一次先驱尝试。通过这样做，本章节不仅超越基于场景的实验，研究通过实际的人机互动采纳服务机器人的问题，还验证和拓展了技术接受模型，将其应用于顾客-机器人-员工三方关系的背景中。

二、研究模型与假设提出

基于信息处理理论，我们提出如图7-1所示研究模型，并提出以下假设：

H1a：以顾客为中心的不平衡机器人策略（即顾客对机器人的接受度高于员工接受度）与服务质量呈正相关关系。

H1b：以员工为中心的不平衡机器人策略（即员工对机器人的接受度高于顾客接受度）与服务质量呈正相关关系。

H2：当顾客苛刻度增加时，(a)以顾客为中心的不平衡机器人策略对服务质量的积极影响更加显著；(b)以员工为中心的不平衡机器

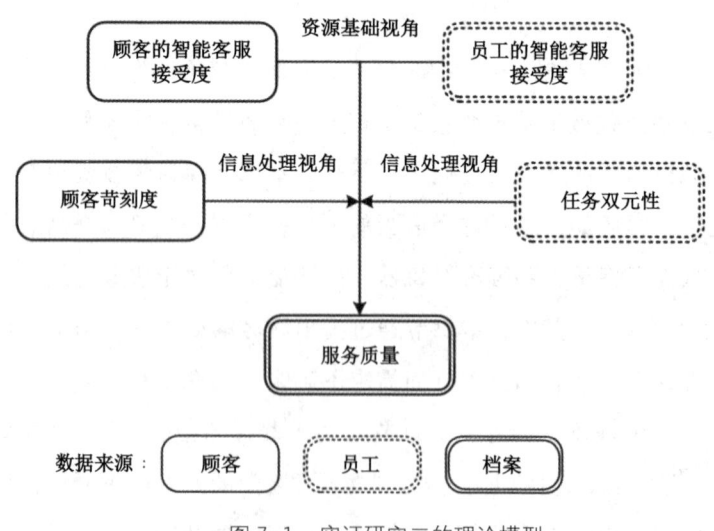

图7-1 实证研究二的理论模型

人策略对服务质量的积极影响更弱。

H3：当前线任务双元性增加时，(a)以顾客为中心的不平衡机器人策略对服务质量的积极影响更弱；(b)以员工为中心的不平衡机器人策略对服务质量的积极影响更强。

三、研究材料和数据收集

数据收集。为了测试概念框架，我们在中国一家连锁酒店的35家分店进行了为期六个月的实地实验。为了提高服务效率并减少在新冠疫情期间的人际接触，该酒店在前线互动中部署了多种类型的服务机器人。例如，配备了身份证认证、面部识别和在线支付功能的自助机器人，以缓解入住和退房过程中的排队问题。此外，还招募了送餐机器人来响应顾客对食品、床上用品和浴室用品的需求。总体而言，三种类型的服务工作在不同程度上由服务机器人协助或完成：接待服务，即前台接待员的办理入住/退房手续工作；送餐，即客房服务员交付已点餐品的工作；以及床上用品送达，即洗衣服务员交付床上用品和浴室用品的工作。

顾客–员工双向数据通过三个阶段从三个数据来源（见图7-1）收集。首先，我们为顾客和前线员工分别开发了双向调查问卷，用于收集与相关构建有关的自我报告分数。顾客方面的问卷涉及会员卡ID、顾客对机器人的接受度和顾客的苛刻度。员工方面的问卷涉及员工对机器人的接受度和前线任务双元性。除了与图7-1中的概念模型相关的项目外，问卷还要求受访者报告其人口统计信息（例如性别、年龄、收入、教育）。

其次，从酒店多家分店收集了顾客–员工配对数据。为了增强研究的覆盖范围，每个顾客或前线员工只参与了一次实验，并且每个顾客–员工双向对同一个服务机器人相同功能的感知进行了评分。具体来说，在服务发生之前，会问顾客是否愿意使用机器人服务，然后要求顾客在服务结束后填写顾客方面的问卷。如果顾客选择了自助办理入住/退房，本应接待该顾客的前台接待员将被要求填写员工方面的问卷。如果顾客选择了自动送餐，负责此项工作的客房服务员将被要求填写问卷。如果顾客要求无接触地交付床上用品和浴室用品，洗衣服务员将填写问卷。在此阶段结束时，共收到了1356份配对问卷。

最后一个阶段是确定客户在酒店的服务系统中的位置，并将他们与一组服务质量指标的数据库进行匹配。酒店的客户评价部门通过多种形式的回访研究，已经建立了一种综合的客户满意度调查机制。当客户退房时，将向客户注册的电话号码发送一条短信，要求客户对服务质量进行评分。为了获得相应参与者的服务质量得分，我们将这1356个客户ID提交给了酒店的联系人。由于并非每个客户都愿意回复短信并提供服务质量评级，因此我们无法与290名客户匹配，最终在我们的样本中留下了1066组顾客-员工双向数据，这些数据具有直接的服务质量匹配。受访者的人口统计信息总结在表7-1中。

表7-1 实证研究二的人口统计学数据

特征	客户数据		员工数据	
	数量	百分比（%）	数量	百分比（%）
性别				
女性	397	37.2	766	71.9
男性	669	62.8	300	28.1
年龄				
≤20	80	7.5	78	7.3
21—25	220	20.6	210	19.7
26—30	239	22.4	268	25.1

续表

特征	客户数据		员工数据	
	数量	百分比(%)	数量	百分比(%)
31—35	274	25.7	240	22.5
36—40	135	12.7	130	12.2
≥41	118	11.1	140	13.2
月收入(以人民币计算，元)				
≤3000	160	15.0	183	17.2
3001—6000	266	25.0	282	26.5
6001—9000	300	28.1	307	28.8
9001—12000	210	19.7	177	16.6
≥12001	130	12.2	117	10.9
教育背景				
初中及以下	13	1.2	16	1.5
高中	39	3.6	58	5.5
高职高专	119	11.2	122	11.5
本科	809	75.9	792	74.2
研究生及以上	86	8.1	78	7.3

问卷测量。所有潜在的测量指标都是根据先前研究中的多项量表进行调整的。对于所有独立构建，受访者使用七点李克特量表进行评分，分数范围从1="非常不同意"到7="非常同意"，以表示对项目中陈述的内容的同意程度。测量验证和描述性统计数据见表7-2和表7-3。

我们使用三个反映性元素中的八个项目来衡量顾客对机器人的接受度。功能元素由三个项目衡量，涉及顾客感知与机器人互动是否轻松、有益且符合他重要参照群体的愿望程度。社交元素由三个项目衡

表 7-2 实证研究二测量量表

题项	客户数据				员工数据			
	FL	α	CR	AVE	FL	α	CR	AVE
智能客服接受度		0.91	0.93	0.61		0.91	0.92	0.61
1. 我认为机器人对我来说是有用的	0.75				0.70			
2. 我觉得这个机器人很容易使用	0.79				0.82			
3. 他人认为我应该使用这个机器人	0.80							
4. 我能想象这个机器人就像一个有生命的生物一样	0.82							
5. 我感觉这个机器人能理解我	0.80							
6. 我经常觉得这个机器人就像一个真正的人一样	0.79							
7. 我相信这个机器人提供准确的信息	0.79							
8. 我觉得这个智能客服和我之间有一种"纽带"	0.70				0.82			
9. 使用机器人提高了我的工作效率					0.72			
10. 使用机器人显著提高了我的工作质量					0.81			
11. 使用机器人减少了我工作所需的时间					0.79			
12. 使用机器人增加了我的职业中的多样性					0.78			
13. 使用机器人增加了我更有意义工作的机会					0.78			
14. 使用机器人增加了我的职业挑战水平								

续表

题项	客户数据				员工数据			
	FL	α	CR	AVE	FL	α	CR	AVE
顾客苛刻度		0.78	0.82	0.60				
1. 我对服务和支持有很高的期望	0.75							
2. 我需要我的需求与产品或服务提供完美匹配	0.81							
3. 我期望得到最高水平的产品和服务质量	0.77							
智能服务						0.73	0.85	0.65
在与客户的对话中，智能客服：								
1. 识别客户在产品方面的问题并以可靠的方式解决它					0.80			
2. 认真倾听，以处理客户关于产品的顾虑					0.81			
3. 关注有关产品的问题，以正确回答它们					0.81			
智能销售						0.70	0.79	0.55
在与客户的对话中，智能客服：								
1. 提出问题以评估客户是否愿意购买额外的产品					0.72			
2. 充分利用机会向客户推荐一个他可能受益的产品					0.79			
3. 通常会提供一个最符合客户需求的额外产品					0.72			

注：FL=因子载荷。α=克朗巴赫系数。CR=组合信度。AVE=平均提取方差。

表 7-3　实证研究二相关系数与统计数据

变量	1	2	3	4	5	6	7	8	9
1. 客户年龄	N/A								
2. 员工年龄	-0.02	N/A							
3. 顾客接受度（CAR）	0.07*	0.03	0.79						
4. 员工接受度（EAR）	-0.04	0.06*	0.01	0.80					
5. 顾客苛刻度（DMD）	0.04	-0.06	0.08*	-0.39**	0.77				
6. 智能服务	0.01	0.01	0.03	0.55**	-0.25**	0.74			
7. 智能销售	0.03	-0.03	0.01	0.36**	-0.18**	0.36**	0.72		
8. 任务双元（AMB）	0.04	-0.02	0.03	0.48**	-0.26**	0.60**	0.63**	N/A	
9. 服务质量	0.01	0.02	0.46**	0.48**	-0.32**	0.47**	0.25**	0.36**	N/A
均值	31.08	31.47	4.83	4.90	4.21	5.29	4.97	1.51	5.05
标准差	8.42	8.77	0.90	0.93	2.30	0.85	0.86	1.76	0.76

注：*$p<0.05$。**$p<0.01$。N/A= 不适用。对角线上的数字是 AVE 值的平方根。

量，涉及顾客感知机器人的社会行为、情感和拟人化特质的程度。关系元素由两个项目衡量，涉及顾客感知机器人可靠性和愉快的程度。

如前文所述，除了知觉易用性和知觉有用性外，我们还应用了另外两个维度（即工作适应度和职业适应度）来衡量员工对机器人的接受度。工作适应度由三个项目量表衡量，涉及员工感知服务机器人是否有助于提高工作绩效的程度。职业适应度由三个项目量表衡量，涉及员工感知服务机器人是否有助于提高专业发展或长期职业机会的程度。顾客苛刻度由三个项目量表衡量，捕捉顾客对产品或服务相关要求和期望的看法。我们遵循大多数先前的研究，采用两步法来衡量前线任务双元性。第一步，我们分别衡量了两个多面性组成部分（即客户服务提供和整合销售行为)。服务提供和整合销售也都使用成熟量表进行衡量。具体来说,客户服务提供由一个涉及前线员工向顾客提供服务行为程度的三个项目量表衡量,整合销售行为也由一个涉及前线员工向顾客执行以销售为重点的行为程度的三个项目量表衡量。第二步,我们创建了一个交互项来解释多面性水平。

四、研究结果与假设检验

信度和效度。我们进行了验证性因素分析,以评估我们模型中的多项构建的信度和效度。适配指标显示,顾客数据和员工数据的拟合效果良好。如表7-2所示,每个构建的克朗巴赫系数和组合信度均超过了0.70的截止值,表明具有可接受的信度。我们进一步检查了测量量表的收敛效度,并发现所有项目的因子载荷均大于0.70,每个量表的平均提取方差(AVE)均超过了0.50的满意水平。我们通过比较各个构建的AVE的平方根与所有变量对之间的相关性来衡量区分效度。如表7-3所示,每个构建的AVE的平方根均大于所有变量对之间的最高相关性,表明具有满意的区分效度。

分析方法。在计算两个构建之间(不)平衡的影响时,以前的研究通常采用直接的研究观点,通过测量差异分数来衡量,但这一方法因引起方法问题而受到批评,如结果不明确和混淆、虚假和过于简化的相关性以及方差限制。作为一种替代方法,多项式回归代表了研究的最新进展,旨在计算(不)平衡并评估其影响。这种方法适用于我们的研究背景,其中酒店资源有限,难以实施不平衡的机器人策略,因为多项式回归允许在调查不平衡效应时控制顾客-员工双向数据中机器人接受度的总水平(CAR+EAR)。

在多项式建模中,依赖变量(即服务质量)在控制变量、顾客对机器人的接受度(CAR)、员工对机器人的接受度(EAR)以及三个高阶变量（即 CAR^2、EAR^2 和 $CAR×EAR$）的回归之后，对 CAR 和 EAR 进行了尺度居中（见表 7-4 中的模型 1）。为了测试多项式变量，我们使用每个多项式项的估计系数来计算不平衡线上的斜率和曲率。在本章节，我们计算了不平衡线（CAR=-EAR）上的斜率（CAR-EAR）和曲率（$CAR^2-CAR×EAR+EAR^2$）。当不平衡线上的曲率与零显著不同时，存在显著的不平衡效应（H1）。为了更好地解释我们的结果，我们还绘制了沿着不平衡线的响应曲面（见图 7-2A）。

为了测试需求不确定性的互动效应（H2 和 H3），我们遵循了多项式分析中的调节回归方法。具体来说，我们将调制变量和每个调制变量与每个多项式项的交互项添加到原始多项式回归方程中（见表 7-4 中的模型 2 和模型 3）。然后，我们计算了另外两个以服务质量为依赖变量的方程：一个用于较高水平的调制变量条件（即将值替换为均值以上一个标准偏差），另一个用于较低水平的调制变量条件（即将值替换为均值以下一个标准偏差）。图 7-2B 至图 7-2E 提供了我们统计发现的更多细节，在不同水平的调制变量条件下呈现不平衡线上的响应曲面。

实证结果。如表 7-4 中的模型 1 所示，不平衡线的斜率不显著（斜率 =-0.01，95%CI=［-0.11，0.09］），表明两种形式的不平衡机器人策略对服务质量的影响没有显著差异。图 7-2A 也通过呈现曲线两端的等效服务质量验证了这一结果。此外，不平衡线的曲率为正且显著（曲率 =0.12，95%CI=［0.05，0.19］），表明随着顾客和员工对机器人接受度之间的差异增大（即不平衡程度朝 X 轴的两端移动），顾客评价的服务质量得到改善。从另一个角度看，正曲率表明随着顾客和员工对机器人接受度之间的分歧减小（即不平衡程度朝 X 轴的中心点移动），服务质量会下降。如图 7-2A 所示，酒店的机器人策略越平衡（CAR=EAR），其整体服务质量可能越差。因此，H1a 和 H1b

表 7-4 实证研究二多项式回归结果

变量	模型 1	顾客苛刻度 模型 2	任务双元性 模型 3
截距项	4.45**	3.65**	3.33**
顾客年龄	-0.01	-0.01	-0.01
员工年龄	-0.01	-0.01	-0.01
智能服务		0.17**	0.23**
智能销售		0.03	0.01
顾客接受度（CAR）	0.32**	0.09**	0.33**
员工接受度（EAR）	0.33**	0.17**	0.27**
CAR²	0.06**	0.10**	0.06**
CAR×EAR	-0.01	0.07**	-0.04
EAR²	0.05**	-0.01	0.02
调节变量		-0.16**	0.01
CAR×调节变量		0.14**	0.03

续表

变量	模型 1	顾客苛刻度 模型 2		任务双元性 模型 3	
EAR×调节变量		-0.05*		0.01	
CAR²×调节变量		0.01		-0.01	
CAR×EAR×调节变量		-0.04**		0.01	
EAR²×调节变量		0.02*		-0.01	
R^2	0.44	0.64		0.50	
调节变量（±1SD）		低程度	高程度	低程度	高程度
不平衡线（CAR=-EAR）					
斜率	-0.01 [-0.11, 0.09]	-0.51** [-0.64, -0.40]	0.36** [0.24, 0.48]	0.02 [-0.12, 0.17]	0.11 [-0.06, 0.28]
曲率	0.12** [0.05, 0.19]	-0.14** [-0.22, -0.06]	0.18** [0.11, 0.26]	0.17** [0.07, 0.26]	0.08 [-0.02, 0.18]

注：*$p<0.05$。**$p<0.01$。95%偏差校正置信区间。

A：不平衡的智能客服接受度的主效应

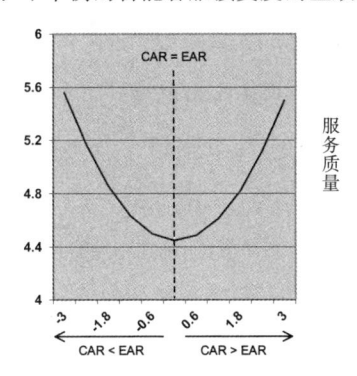

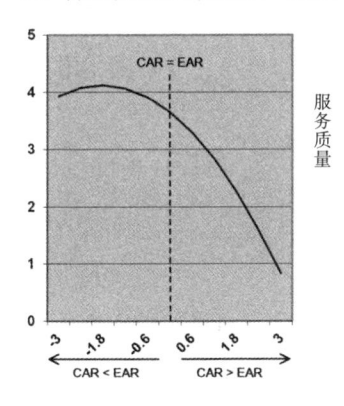

B：低程度顾客苛刻度（-1SD）　　　　C：高程度顾客苛刻度（+1SD）

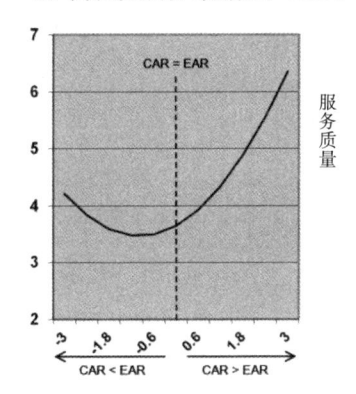

D：低程度任务双元性（-1SD）　　　　E：高程度任务双元性（+1SD）

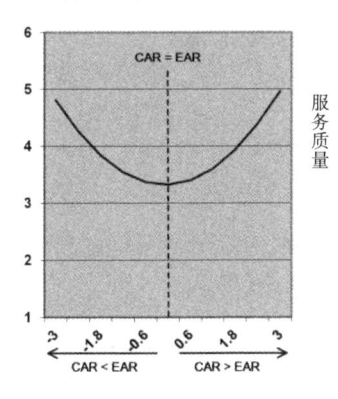

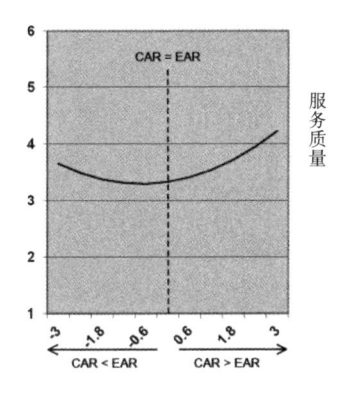

图 7-2　实证研究二沿不平衡线的响应曲面

均得到支持。

H2 关注了顾客需求不确定性（即顾客苛刻度）的调节效应。如表 7-4 中的模型 2 所示，当顾客苛刻度较低时，不平衡线的斜率和曲率均显著为负值（斜率 =-0.51，95%CI=[-0.64，-0.40]；曲率 =-0.14，95%CI=[-0.22，-0.06]）。这一结果得到了图 7-2B 中不平衡线的倒 U 形曲面的支持，表明随着不平衡的增加，酒店的服务质量也提高。然而，当顾客苛刻度较高时，不平衡线的斜率和曲率均显著为正值（斜率 =0.36，95%CI=[0.24，0.48]；曲率 =0.18，95%CI=[0.11，0.26]）。如图 7-2C 所示，当不平衡增加时，酒店的服务质量降低。这些结果表明，当顾客苛刻度增加时，以顾客为中心的不平衡机器人策略与服务质量呈正相关，从而支持了 H2a。然而，以员工为中心的不平衡机器人策略也与服务质量呈正相关，因此 H2b 未得到支持。

H3 关注员工一侧需求不确定性的调节效应，即前线任务二元性。如表 7-4 中的模型 3 所示，当顾客苛刻度较低时，不平衡线的斜率不显著（斜率 =0.02，95%CI=[-0.12，0.17]），而不平衡线的曲率为正且显著（曲率 =0.17，95%CI=[0.07，0.26]）。如图 7-2D 所示，当前线任务二元性较低时，随着不平衡的增加，酒店的服务质量也提高。然而，如图 7-2E 所示，当前线任务二元性较高时，不平衡线上的曲面的斜率（斜率 =0.11，95%CI=[-0.06，0.28]）和曲率（曲率 =0.08，95%CI=[-0.02，0.18]）均不显著。这些结果表明，当前线任务二元性增加时，以顾客为中心的不平衡机器人策略不再与服务质量呈正相关，从而支持了 H3a。然而，以员工为中心的不平衡机器人策略也不再与服务质量呈正相关，因此 H3b 未得到支持。

五、研究结论与讨论

在过去几年中，机器人服务的接受度一直是业界和学者们关注的重要话题。特别是在酒店业，顾客现在更需要无接触的服务，有些顾客更倾向于机器人员工的酒店而不是人类员工的酒店。然而，有关企业如何同时应对顾客和员工对机器人的接受度以实现最佳服务质量的研究，直到最近才开始出现。此外，这些最近的研究在性质上是概念性的，没有对顾客和员工对机器人的复杂关系进行经验性研究。因此，本章节通过对一家酒店进行实地实验得到的1066组顾客-员工成对数据，揭示了一些更有意义的经验性发现。具体而言，首先，最令人费解但合理的发现是，企业通常受限于资源。因此，不平衡的机器人策略对于酒店实现更好的服务质量，比平衡的机器人策略更有益（H1a 和 H1b）。

其次，我们发现，当顾客的苛刻度较高时，酒店追求以顾客为中心的不平衡机器人策略或以员工为中心的不平衡机器人策略都将获得更高的服务质量（H2a 和 H2b）。H2b 不成立的一个可能解释是，正如服务机器人接受模型所提出的，顾客不仅有功能需求，还有社交情感和关系需求，这些需求很难由服务机器人来满足。因此，随着顾客的苛刻度增加，高顾客需求不确定性需要更多的员工和机器人协作，以便前线员工能够与顾客建立关系并提供必要的心理安慰；机器人则可以提供高效、可靠和正确的服务来减少不确定性。基于服务机器人接受模型的概念，尽管顾客一侧的需求不确定性很高，以员工为中心的不平衡机器人策略可以帮助员工专注于顾客的情感需求，从而提供更高质量的服务。

最后，我们发现，当前线任务二元性增加时，无论是以顾客为中心还是以员工为中心的不平衡机器人策略，都会阻碍酒店的服务质量（H3a 和 H3b）。H3b 不成立的可能解释是，正如角色理论所提出的，从事多个工作的员工可能会遇到角色压力，从而导致工作绩效下降。前线任务二元性要求前线员工同时执行服务提供和整合销售等复杂且看似矛盾的工作要求。当前线员工感知到高水平的任务二元性时，这些复杂且似乎相互冲突的工作要求更有可能导致前线员工的角色压力,如角色冲突、角色过载和角色模糊,这肯定会危及最终的服务质量。因此,即使酒店选择以员工为中心的策略,投入更多资源来提高员工技能,也可能无法抵消角色压力对服务质量的负面影响。

(1)理论启示。首先,通过研究酒店如何通过有效的机器人策略,改善服务质量,本章节弥合了两个研究领域,即顾客对机器人的接受和员工对机器人的接受。尽管强有力的证据表明,无论是顾客还是员工对机器人的接受都对业务成功至关重要,但大多数经验性研究都集中在分别研究顾客和员工对机器人的接受。通过连接这两个研究领域,我们发现,在确定服务前线机器人自动化程度时需要考虑其他因素,包括员工对机器人的接受度以及消费者的接受度。因此,本章节为我们对机器人接受的整体有效性的理解增添了新的知识,从而为机器人接受文献做出了贡献。

其次,我们的研究丰富了资源基础视角的应用,提出了关于顾客对机器人的接受、员工对机器人的接受和服务质量之间关系的更加细致入微的观点。尽管以前的概念性研究已经揭示了顾客-机器人-员工三者关系的一些特点,但它们忽视了一个组织可能遇到的资源限制。因此,这些概念性框架不容易适用于资源有限的酒店,无法满足顾客和员工的需求。通过引入将有限资源同时投入到顾客和员工中的权衡,本章节提出了机器人接受的(不)平衡概念,反映了酒店机器人策略的复杂而真实的结构。通过多项式回归分析,本章节提供了为什么在资源不足的情况下,不平衡的机器人策略对酒店来说是更优选择的强有力证据。由此,本章节的结果有助于更清晰地描绘在顾客-机器人-员工三重环境中的机器人部署。

最后,本章节丰富了信息处理理论,引入了两种需求不确定性,即顾客一侧的苛刻度和员工一侧的前线任务二元性。虽然信息处理理论已广泛用于供应链管理、电子商务和服务交付研究中,但这些研究主要关注企业如何应对顾客需求不确定性。考虑到不确定性源于环境和任务相关因素,我们考虑了前线任务二元性作为酒店经常面临的员工一侧的需求不确定性。在顾客-机器人-员工三重环境中,酒店将同时面临来自顾客和员工的需求不确定性,从而复杂化了酒店采用的机器人策略。本章节的发现表明,当顾客需求不确定性较高时,不平衡的机器人策略对酒店的服务质量更有益(见图7-2C)。而当员工需求不确定性增加时,这种积极效应消失(见图7-2E)。这些结果解释了为什么酒店应该根据不同的不确定性调整其机器人策略,从而为信息处理研究提供了新的视角。

(2)实践启示。首先,我们同意前人观点,即顾客对机器人的接受和员工对机器人的接受是机器人采用与服务质量的两个关键影响因素。顾客对机器人的接受和员工对机器人的接受对服务质量的正直接影响(见表7-4中的模型1)表明,机器人接受是酒店实施和提高整体服务质量的重要策略。此外,酒店经理应关注有限的组织资源分配,因为不平衡的机器人策略通常比平衡的机器人策略更有效地改善服务质量。具体来说,忽略顾客或员工需求不确定性的影响,酒店应不成比例地分配有限资源,以实现更高水平的顾客对机器人的接受或员工对机器人的接受。两种不平衡的机器人策略都是最佳选择,这由不平衡线上的响应曲面的不显著斜率表明(见表7-4中的模型1和图7-2A)。例如,酒店可以投资更多的IT能力来提高服务机器人的人工智能(例如机器学习和深度学习、分析智能和直觉智能),使顾客更有可能接受;或者投资更多的技能升级和培训计划,以促进员工与机器人的合作,使员工更愿意接受。

其次,研究结果强调了在不同需求不确定性下,(不)平衡机器人策略的效果差异。因此,我们建议酒店经理要仔细评估环境不确定性,并将机器人策略与具体情况匹配。特别是在遇到苛刻的顾客(即顾客一侧的不确定性较高)时,酒店应分配资源来实施以顾客为中心的不平衡机器人策略。如图7-2C所示,更高的顾客对机器人的接受度使酒店拥有更好的信息处理能力，以应对顾客需求，这对于酒店满足顾客一侧不确定性引发的信息处理要求至关重要。然而，尽管以员工为中心的不平衡机器人策略也优于平衡的机器人策略，但响应曲面沿不平衡线的显著正斜率（斜率=0.36，95%CI=[0.24，0.48]）表明它仍然比不上以顾客为中心的不平衡机器人策略。

最后，当员工报告前线任务二元性过载的反馈（即员工一侧的不确定性较高）时，无论是以顾客为中心还是以员工为中心的不平衡机器人策略都不适用于酒店改善服务质量。尽管前线任务二元性是当前旅游和酒店业引人注目的趋势，但我们发现，前线任务二元性会削弱不平衡机器人策略对服务质量的积极影响（见图7-2E）。因此，我们提醒酒店经理不要过分追求前线任务二元性。作为替代方案，我们建议这些酒店应安排前线员工专注于顾客服务提供，因为这比整合销售更有助于提供高质量的服务（见表7-4中的模型2和模型3）。

（3）局限与展望。我们的研究还存在一些其他限制，应在未来的工作中加以解决。首先，尽管我们通过一项实地实验对机器人接受量表进行了检验和验证，取得了先驱性的成果，但这些度量是主观和感知性质的，可能更容易受到偏见的影响。客观的度量，比如在实际互动过程中的人机眼神接触，可能更理想地反映机器人接受度。未来的研究可以通过引入神经心理学的视角，开发机器人接受研究中的客观测量。其次，我们使用了酒店的档案数据来衡量服务质量。尽管这一方法与以前的研究一致，但对服务质量的一维概念化可能过于简单。未来的研究可以包括更多形成指标以发展服务质量构建，或采用其他数据，如账户余额、支付、交易等来测量结果。最后，我们遵循了信息处理理论来研究顾客一侧和员工一侧不确定性的调节效应。未来的研究可以探讨与顾客-机器人-员工三者交互背景相关的其他因素（例如自动化社交存在、顾客或员工技术准备度、品牌资产等）。

本章小结

在本章中,我们深入探讨了智能服务质量以及与之相关的顾客苛刻度、用户和员工对智能客服的接受度等重要议题。它们共同构成了提升服务质量的关键要素。

首先,我们讨论了顾客苛刻度。现代顾客对于服务的期望日益苛刻,他们渴望个性化、高效和准确的解决方案。这种苛刻度反映在他们对智能服务的需求上,因为智能服务可以根据顾客的需求和偏好提供个性化的支持。了解并满足顾客苛刻度是提升服务质量的第一步,因为只有满足顾客的期望,服务才能够真正成功。

其次,我们深入研究了智能服务质量。智能服务的质量涵盖多个方面,包括可用性、响应时间、准确性和安全性。高质量的智能服务需要随时可用、快速响应用户需求、提供准确的信息,同时确保数据的安全和隐私。这些因素直接影响着用户对服务的满意度。因此,不断提高智能服务质量是至关重要的。

再次,我们研究了用户和员工对智能客服的接受度。用户的接受度取决于他们是否认为,智能客服能够满足他们的需求并提供有价值的帮助。在提高用户接受度方面,个性化和友好的用户界面以及清晰的沟通都起着重要作用。同时,员工的接受度也很重要,因为他们是提供智能服务的关键角色。培训员工以充分利用智能客服工具以及提供支持和反馈,是提高员工接受度的关键。

最后,本章的总结强调了满足顾客需求的重要性。顾客苛刻度的增加、智能服务质量的提高以及用户和员工的接受度,都是为了更好地满足顾客的需求。只有满足了这些需求,服务质量才能够真正得到提升。在这个信息时代,不断迭代和改进智能服务是确保企业在市场竞争中立于不败之地的关键。因此,为了提升服务质量,我们需要不断关注并适应这些关键因素。

― 人机关系篇 ―

顾客对智能客服的接受、体验和购买

第八章
顾客接受：人机关系的开端

引　言

消费者对智能服务的接受度不仅应该取决于其功能性能，还应取决于它们是否能够满足社会情感和关系需求。①

人工智能服务已经成为当今商业环境中不可或缺的一部分。这些技术可以在各种领域提供自动化和智能化的解决方案，从自动驾驶汽车到智能客服和医疗诊断。然而，无论人工智能应用的领域如何，其成功与否都在很大程度上取决于顾客的接受度。第一，人工智能服务的顾客接受度对企业至关重要，因为它可以提高效率并降低成本。自动化和智能化的智能系统可以执行重复性任务，不受工作时间限制，减少了对人力资源的需求。这意味着企业可以在人工成本方面实现显著的节省，从而提高盈利能力。如果顾客接受并喜欢这些智能服务，他们更有可能使用它们，从而增加企业的利润。

第二，人工智能服务能够提供即时响应。无论是在线聊天机器

---

① Teresa Fernandes and Elisabete Oliveira, "Understanding Consumers' Acceptance of Automated Technologies in Service Encounters: Drivers of Digital Voice Assistants Adoption", *Journal of Business Research*, Vol. 122(January 2021), pp. 180-191.

人、虚拟助手还是自动客服系统,它们都能够在任何时间为客户提供支持。这对于现代消费者来说尤为重要,因为他们希望在需要时能够立即获得帮助和答案。如果智能服务能够快速、准确地响应客户的需求,那么客户更有可能满意,并愿意继续使用这些服务。

第三,人工智能服务的顾客接受度还与客户体验的改善紧密相关。通过个性化的建议和推荐,智能系统可以帮助客户找到他们所需的产品或信息。此外,它还可以分析客户的历史数据,以更好地了解他们的需求和偏好。这种个性化支持能够增强客户体验,使客户感到受到特别关注。如果客户感到他们的需求得到了满足,他们更有可能成为忠实的顾客。

第四,人工智能服务的成功与否直接影响客户满意度。如果智能系统能够提供准确、高效、个性化的支持,客户更有可能感到满意,并对企业产生积极的印象。高满意度的客户通常更愿意回购产品或服务,并向其他人推荐。因此,提高顾客接受度可以直接促进客户满意度的提高,有助于企业建立稳固的客户关系。

第五,人工智能服务的成功也可以增强企业的品牌形象。如果企业能够提供先进的智能技术,以改善客户体验并提供卓越的服务,这将塑造出一个创新和客户导向的形象。这对于吸引新客户、留住现有客户以及在市场竞争中脱颖而出都非常重要。客户更有可能信任那些利用最新技术来提供服务的企业。

第六,人工智能服务的顾客接受度对于数据分析和战略决策也具有关键性意义。智能系统可以生成大量的数据,这些数据可以用于深入了解客户行为、趋势和需求。通过分析这些数据,企业可以更好地调整其产品和服务,以满足客户的期望。这种数据驱动的决策可以帮助企业更有效地运营,并在竞争激烈的市场中脱颖而出。

因此,人工智能服务的顾客接受度在当今商业环境中具有极其重要的地位。它可以提高效率、降低成本、改善客户体验、提高客户满意度、提升品牌形象,并为数据驱动的战略决策提供基础。企业需要关注和满足客户对这些技术的期望,以确保其成功并保持竞争力。随着技术的不断发展,智能服务将继续在商业领域发挥关键作用,对企业和社会产生深远的影响。因此,理解和重视人工智能服务的顾客接受度是至关重要的。在本章中,我们将深入探讨为什么人工智能服务的顾客接受度如此重要,以及它对企业和社会的影响。

第一节 顾客接受度早期研究

一般机器人接受度的研究主要关注用户的心理反应,例如对机器人的负面态度(例如焦虑)、机器人的社会影响、与机器人的情感互动、对机器人沟通能力的焦虑、机器人行为能力以及与机器人的对话。由于这些研究侧重于机器人用户的心理状态(焦虑和恐惧),而没有解释诱导这种状态的影响因素(例如性格特征或缺乏熟悉感),因此它们没有解决在服务环境中机器人的使用问题。在这种环境中,与服务机器人的互动与常规一线员工的互动类似,这是以用户积极参与具体的互动任务为前提的。

早期关于创新接受度的研究提供了对个人如何采用新技术的较完整解释。其中,技术接受模型、技术接受和使用的统一理论、期望确认和满意度模型,以及创新扩散理论是理解创新接受的常见理论方法。但是,由于服务机器人在实用性和易用性的功能维度上表现优异,因此,服务机器人相关的技术不同于非智能的自助服务技术。迄今为止,据文献回顾所知,仅有两个理论框架来解释服务机器人的用户接受度。第一个模型依赖于自动社交存在的概念,定义为技术使用户感觉到另一个社交实体存在的程度。第二个模型称为服务机器人接受模型,它建立在更广泛的方面,以了解用户如何感知和接受服务机器人。

一、技术接受模型

随着新技术的不断发展,技术接受或拒绝的决定是技术成功实施和利用的重要因素。在过去的几十年里,研究人员开发了几种模型来探索人们决定接受或拒绝一项技术的原因,并确定这种技术接受的先决变量是什么。最著名且应用广泛的是弗雷德·戴维斯(Fred D. Davis)提出的技术接受模型(TAM)。[①]这是解释技术接受度最广泛认可的模型之一,它采用了理性行动理论,代表了信念影响态度进而导致意图和行为的观点。TAM利用"信念-态度-意图-行为"的关系来解释用户对技术的接受程度。戴维斯的理论确定了激励用户技术采用的两个主要因素,即感知有用性和感知易用性。感知有用性和感知易用性,即TAM的因变量影响使用技术的态度与意图,进而影响实际使用。戴维斯将感知有用性定义为一个人的主观信念,即个人的工作绩效可以通过使用特定技术来提高。感知易用性被定义为个人认为操作特定系统很容易并且需要更少的努力。戴维斯认为,用户认为新技术难以使用意味着该用户倾向于拒绝使用该技术,即使该技术提供了更多的实用性。

最初,TAM是为员工在工作中接受技术而开发的,适用于组织环境。由于TAM在解释用户对新技术的接受程度方面发挥了非常有意义的作用,因此它被扩展到各种非组织情境。例如,一个新的扩展和修改模型考虑了新的外部变量,以解释新技术的接受程度。在这个扩展的TAM中,研究了外部因素,例如个人特征(例如自我效能、风险、信任和创新)、系统特征(例如屏幕设计)和组织特征(例如培训),并研究了感知有用性和感知易用性对态度和行为的影响。这两个关键的TAM变量已在酒店环境中进行了实证,以检验许多技术的

[①] Fred D. Davis, "Perceived Usefulness, Perceived Ease of Use, and User Acceptance of Information Technology", *MIS Quarterly*, Vol. 13, No. 3(September 1989), pp. 319-340.

接受程度，例如酒店前台系统、脸书商务、用户生成的内容采用、无现金射频识别支付系统、自助酒店技术、移动旅游应用程序、酒店平板电脑应用程序、颠覆性移动钱包以及音乐节上的生物识别技术等。

尽管 TAM 在酒店和旅游业的技术接受度方面经常受到验证，但迄今为止，对其在人工智能医疗诊断机器人服务中的应用的研究还很有限。大多数关于技术接受度的研究已经确认，感知的易用性直接影响感知的有用性以及用户的使用意图和实际使用。例如，前人提供了经验证据，证明了共享交通工具 APP 的感知易用性对用户感知到的有用性产生了积极影响。也有学者将 TAM 应用到在线评论的旅行 APP 使用意图上，研究表明，感知有用性和感知易用性对使用意图有持续且直接的影响。因此，消费者对机器人使用的有用性和易用性的积极认知，会促进对机器人服务的持续使用意愿；并且消费者越多地认为服务机器人易于使用，他们就越会感知它一样有用。

二、技术接受和使用的统一理论模型

除了技术接受模型，技术接受和使用的统一理论（UTAUT）是另一个被广泛用于解释用户对技术接受的理论模型。UTAUT 是维斯瓦特纳·文卡特什（Viswanath Venkatesh）设计的一个框架，用来预测组织环境中的技术接受度。[1]UTAUT 的成功建立在整合八个先前流行模型主导结构的基础上，这些模型的范围从人类行为到计算机科学。这八个模型是：理性行动理论、技术接受模型、动机模型、计划行为理论、组合的技术接受模型和计划行为理论、PC 使用模型、创新扩散理论，以及社会认知理论。

---

[1] Viswanath Venkatesh, Michael G. Morris, Gordon B. Davis and Fred D. Davis, "User Acceptance of Information Technology: Toward a Unified View", *MIS Quarterly*, Vol. 27, No. 3(September 2003), pp. 425–478.

UTAUT 提出了影响信息技术使用意图的四个主要因素。一是绩效期望，指个人相信使用该系统将帮助他提高工作绩效的程度。二是努力期望，是与系统使用相关的难易程度。三是便利条件，是个人相信组织和技术基础设施存在以支持系统使用的程度。四是社会影响力，这是个人认为其他人觉得他应该使用新系统的程度。

绩效期望被定义为个人相信使用该系统将帮助他在工作中获得收益的程度。该变量的理论背景来自于有用性认知（技术接受模型）、外在动机（动机模型）、工作适合度（PC 使用模型）、相对优势（创新扩散理论）和结果期望（社会认知理论）。影响绩效预期的三个因素是感知有用性、外在动机和工作契合度。绩效期望、任务技术适合性、社会影响力和便利条件对用户采用有显著影响。此外，任务技术契合度对绩效预期有显著影响。结果表明，感知有用性、感知享受、信任、成本、网络影响力和信任对消费者的移动商务采用意愿有显著影响。因此，在线购买意愿受到以下因素的积极影响：预期交易的绩效、努力水平，以及用户的创新水平。

努力期望被定义为与系统使用相关的轻松程度。该因素源自技术接受模型提出的感知易用性因素。人们认为更容易使用的应用程序更有可能被接受。因此，以努力为导向的期望在新技术采纳行为的早期阶段更加突出，此时过程性问题代表着需要克服的障碍，而后来又被工具性问题所替代。绩效期望和努力期望都是使用基于网络的问答服务意图的重要预测因素。

便利条件被定义为个人相信基础设施的存在以支持系统使用的程度。便利条件的基本结构包括旨在消除使用障碍的技术和组织环境的各个方面。UTAUT 中便利条件的变量由来自感知行为控制的多个条目组成，并在理论上连接起组织克服使用障碍的尝试与潜在用户的使用意图。

社会影响力是指用户认为重要人士觉得技术重要的程度。它类似于扩展技术接受模型中定义的"主观规范"因素。虽然主观规范和形象有不同的表述，但都包含明确或隐含的相似内核，即个人的行为受到他认为其他人会因使用该技术而看待自己的方式的影响。主观规范通过内化过程显著影响感知有用性，即人们将社会影响纳入自己的有用性感知和识别中。人们使用系统在工作组中获得地位和影响力，从而提高他们的工作绩效。学习动机和社会影响对行为意图有积极影响，而便利条件对线上学习门户网站的使用没有影响。例如，一方面，不会因为同行和上级社会影响力的胁迫压力，北美审计师就转向使用持续审计；另一方面，如果上级强制要求，中东审计员更有可能使用该技术。因此，社会影响力也影响着人们对信息技术的接受程度。

考虑到 UTAUT 被广泛接受，学者们进一步将其他三个结构纳入 UTAUT：享乐动机、价格价值和习惯，由此将 UTAUT 扩展为 UTAUT2。数据揭示，享乐动机对行为意向的影响受年龄、性别和经验的调节；价格价值对行为意向的影响受年龄、性别和习惯的调节；用户习惯对技术使用有直接和间接影响，并且这些影响受到个体差异的调节。与 UTAUT 相比，UTAUT2 中提出的扩展变量在行为意图（56% 到 74%）和技术使用（40% 到 52%）解释的方差方面产生了实质性改进。但是，由于服务机器人在实用性和易用性的功能维度上表现优异，因此，服务机器人相关的技术不同于非智能的自助服务技术。服务机器人的采用可能受到不同于非智能自助服务技术因素的影响，使得一些被以往学者普遍接受的创新接受驱动因素在服务机器人接受度研究中不适用。在潜在技术和用户认知方面，服务机器人和非智能自助服务之间的显著差异要求更深入的研究，以确定是否存在独特的、特定背景的因素，促使个人选择与服务机器人互动。

三、自动社交存在模型

新技术将持续改变客户的一线体验，未来的客户服务体验将特别取决于技术在社会层面上与客户互动的程度。这一概念强调了服务机器人的工作和先前关于自助服务技术的研究之间的一个重要区别：绝大多数现有的自助服务技术研究（例如银行的自助服务终端）缺乏与消费者进行社交互动。因此，能够真正参与有意义的社交活动并与人类建立持久关系的技术，对客户体验具有重大影响。范多恩（Jenny van Doorn）提出了一个带调节的中介框架——自动社交存在（ASP）模型。根据该框架，用户的技术准备程度、关系导向（社交与交换）和感知的拟人化影响了 ASP 感知，继而 ASP 刺激用户的社会认知（热情和能力）和心理所有权（接受性、吸引力、可操作性），最终导致接受意愿和满意度。[①] 这种模型使得激励因素在鼓励服务机器人接受度方面可能更加突出。

现有的服务营销研究隐含地假设，为消费者提供服务的一定是其他人类（即一线员工或其他消费者）。范多恩通过这样的观念丰富了这一观点：提供服务的社会主体不必是人类，而是可以由技术产生。例如，计算机科学中的社会智能研究有着将机器智能技术应用于社会现象的历史，努力使机器人能够与人类伙伴建立有效、动态的情感交流。因此，范多恩借鉴了"社交存在"的概念，它广泛地指与他人在一起的感觉。

关于社交存在的早期研究主要集中在人与人之间的面对面互动，并将其与媒介互动（例如电话会议）进行比较。然而，随着技术的发

[①] Jenny van Doorn, Martin Mende and Stephanie M. Noble, et al., "Domo Arigato Mr. Roboto: Emergence of Automated Social Presence in Organizational Frontlines and Customers' Service Experiences", *Journal of Service Research*, Vol. 20, Iss. 1(February 2017), pp. 43-58.

展，研究关注的焦点已经转移到人类越来越多地与新形式的人工智能实体（例如计算机）建立的准社会关系。值得注意的是，此类技术通常是故意设计来创造社交存在感，概念化为对另一个存在或智能的共存的意识。范多恩借鉴了上述对社交存在的理解，但她特意在服务中提及 ASP，因为自动化被定义为由机器代理（通常是计算机）执行以前由人类执行的功能。因此，形容词"自动化"强调技术取代人类成为服务提供者。

当然，服务组织仍然可以决定是单独使用 ASP 还是与人类提供者联合使用来服务其客户。范多恩特地设计了一个 2×2 的矩阵（见图 8-1）。该矩阵具象化地强调了自动社交存在和人类社会存在之间的相互作用，并解释了已经存在的技术与可能很快成为服务一部分的新兴技术。

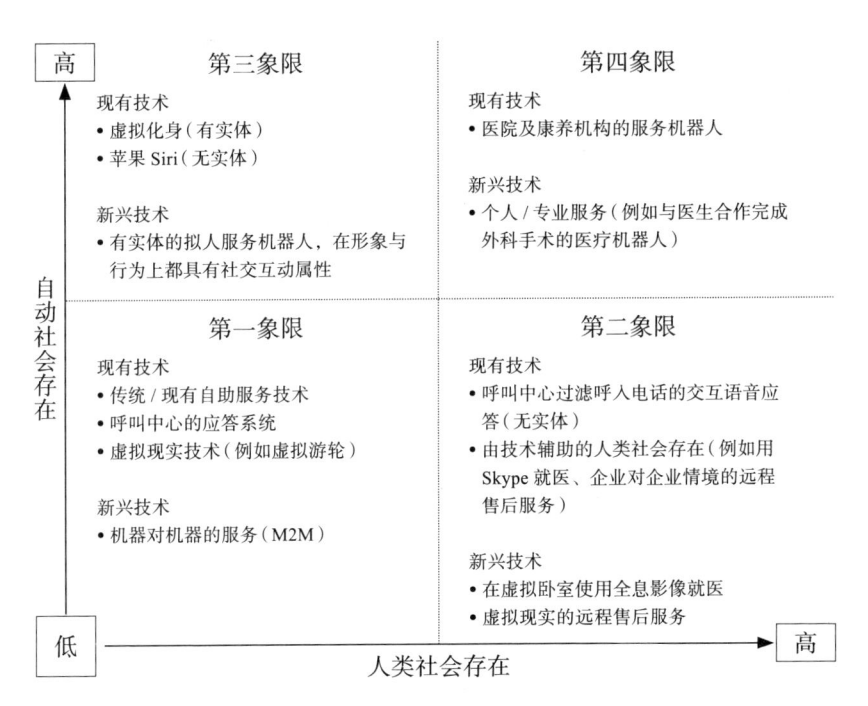

自动社会存在 高	**第三象限** 现有技术 • 虚拟化身（有实体） • 苹果 Siri（无实体） 新兴技术 • 有实体的拟人服务机器人，在形象与行为上都具有社交互动属性	**第四象限** 现有技术 • 医院及康养机构的服务机器人 新兴技术 • 个人/专业服务（例如与医生合作完成外科手术的医疗机器人）
自动社会存在 低	**第一象限** 现有技术 • 传统/现有自助服务技术 • 呼叫中心的应答系统 • 虚拟现实技术（例如虚拟游轮） 新兴技术 • 机器对机器的服务（M2M）	**第二象限** 现有技术 • 呼叫中心过滤呼入电话的交互语音应答（无实体） • 由技术辅助的人类社会存在（例如用 Skype 就医、企业对企业情境的远程售后服务） 新兴技术 • 在虚拟卧室使用全息影像就医 • 虚拟现实的远程售后服务
	人类社会存在 低 → 高	

图 8-1　自动社会存在与人类社会存在

第一象限代表 ASP 和人类社会影响力均较低的服务一线体验。相应的示例包括传统的自助服务技术，例如自动柜员机或自助入住／退房终端。机器对机器的交易（例如与物联网相关）能够以最少的人为干预实现完全自动化的服务，这代表着第一象限内服务交互的下一个前沿。例如，特斯拉（Tesla）汽车要求需要维修的车辆可以自行下载所需的软件，并且当需要其他维修时，向客户发送邀请，让服务人员来接车并将其开往特斯拉的维修工厂。

第二象限包含具有较高人类社会影响力但较低 ASP 的服务一线体验。除了没有任何技术注入的传统客户与一线员工互动之外，第二象限还包括以技术为媒介的社交互动。例如，通过 Skype 或在不久的将来通过虚拟现实促进的服务交易（例如患者与医生的会面）。

第三象限包含 ASP 较高但人类社会影响力较低的服务一线体验。这些体验与第一象限中的体验不同，因为它们采用了在社交层面上有意且有效地吸引客户的技术。例如，虚拟化身和苹果的语言用户界面 Siri。未来，外观上真正具有社交性、行为上具有互动性的人形服务机器人能够成为 ASP 较高的一线服务的一部分。值得注意的是，为了实现更有效的人机交互，社交机器人领域致力于开发能够帮助人类，并采用与其社会角色相关的规范和行为的机器人。这一领域的发展表明，人类和社交机器人很快就会以真正协作和丰富社交的方式进行互动，这样双方在合作时就能从彼此的学习中受益。在这些交互过程中，机器人可能会形成用户能力、意图和信念的表征。因此，服务协作不再是机器人作为无情感机器的场景，而是成为可以与人类伙伴建立社交和情感联系的实体。

第四象限代表高人类社会影响力和高 ASP 的结合。此类配置包括两个社会实体（人类雇员和自动化服务代理）共同提供服务。值得注意的是，在老年护理领域，服务机器人已经被用来补充人类医护人员提供的护理。未来，人类和社交机器人一线员工能够协作提供更多服务，例如医疗保健和酒店服务。

然而，在关注服务机器人接受度的新兴社会关系方面的同时，ASP 模型没有考虑服务机器人使用的主要公共特征，忽略了用户绩效导向对于其他用户的激励作用，以及自发社会影响的潜在作用。ASP 模型通过技术创造存在感和社会联系，通常使用自然语言处理和对话界面。因此，ASP 模型只关注服务机器人的社会情感方面，而不能刻画用户接受度的所有方面。

第二节 服务机器人接受模型

研究表明，优质的核心服务是必要的，但不足以实现企业的竞争优势。在服务过程中，顾客通常非常看重与服务员工之间的愉快关系——有时被描述为融洽、参与和信任，从而提供情感和社会价值。然而，预计将来 85% 的客户互动将在没有人工客服的情况下进行。根据技术接受模型，客户使用新技术的意图取决于对其感知有用性和易用性的认知评估。然而，服务不仅必须提供核心元素（有用性和易用性），而且通常还必须提供社交情感和关系元素。此外，角色理论为考虑客户如何评估服务机器人提供了更稳固的理论基础。角色是一组功能、社会和文化规范，决定交互各方（即服务提供商或服务机器人和客户）在给定情况下应如何行动。角色理论认为，互动双方都应该按照社会定义的角色行事，才能出现角色一致性；如果一方不符合规定的角色，就会出现角色不一致。

因此，可以合理地假设消费者对服务机器人的接受程度，取决于机器人能否很好地满足功能需求以及社交情感和关系需求，以实现角色一致性。武耀恒（Jochen Wirtz）借鉴了技术接受模型和角色理论，指出服务机器人的功能维度、社交维度和关系维度将影响用户感知的服务机器人角色一致性，并最终影响使用意愿。[①] 因此，服务机器人接受模型（sRAM）是先进的，它在原始技术接受模型的基础上添加了社交情感和关系需求（见图 8-2）。

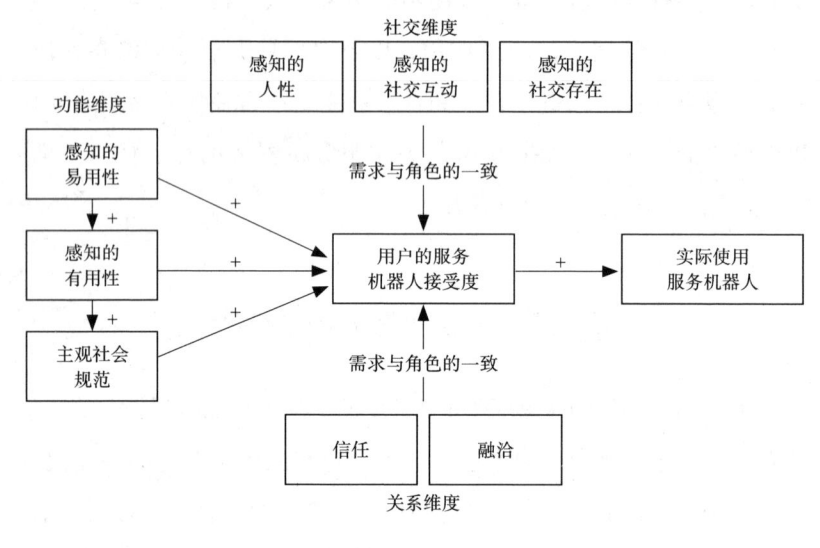

图 8-2　服务机器人接受模型

一、服务机器人接受模型的功能维度

技术采用的功能维度很好理解，它代表了技术接受模型的核心。武耀恒依靠功能维度来展示服务机器人接受模型的核心。感知的易用性代表了用户认为可以不用任何努力就能使用机器人的方式，而感知的有用性则对应于用户认为与机器人互动对自己有益的程度。主观社会规范与人们对某一情况下，重要的参考对象认为他们应该（或不该）做什么的信念有关。这些规范可能与新技术的接受有积极的关

[①] Jochen Wirtz, Paul G. Patterson and Werner H. Kunz, et al., "Brave New World: Service Robots in the Frontline", *Journal of Service Management*, Vol. 29, No. 5(November 2018), pp. 907-931.

系，因为如果人们知道使用某项新技术更被社会接受，人们通常会选择采取行动。功能维度在服务机器人接受度研究中举足轻重的原因是，相比于非智能自助服务，机器人有能力引导和安抚消费者。

　　服务机器人如果能在功能维度上表现良好，用户不会拒绝采用。如前文所述，服务机器人与传统的自助服务技术有巨大差异，这是客户在服务环境中接受技术程度的一个重要区别。具体来说，传统的自助服务技术经常面临较长的客户采用期，他们常常担心自己不知道如何操作自助服务技术，可能会陷入困境并无法完成交易（例如在售票机或应用程序上）。因此可以假设，服务机器人的采用将比大多数自助服务技术更快、更顺利。为此，武耀恒比较了自助服务技术和服务机器人（见表8-1）。

表8-1　自助服务技术和服务机器人比较

类别	自助服务技术	服务机器人
服务脚本和角色	・客户必须学习服务脚本，并严格遵循 ・理想情况下是不言自明且直观的，但客户仍然需要通过交互使用导航	・支持灵活的交互和脚本 ・可以像服务人员一样引导客户完成服务流程
客户错误容忍度	・当客户错误使用时，通常无法正常工作 ・通常不能有效地纠正客户错误	・能够容忍一定程度的客户错误 ・可以纠正客户错误并指导客户
服务补救	・当服务出现故障，服务流程容易崩溃，在技术范围内不太可能恢复	・可以通过提供替代解决方案来恢复服务，就像服务人员

　　服务机器人具有非结构化界面，可引导客户完成整个流程。即使客户出现错误，也可以由机器人纠正，这使得机器人提供的服务比现有的自助服务技术更加可靠。也就是说，由于顾客输入错误或不理解说明而被困在机器前的情况将不复存在。客户将能够像与服务人员一

样与机器人进行交互，此类交互无法由自助服务技术实现（例如"我需要一张两人的往返机票，并希望用这张信用卡付款"）。在大多数情况下，自助服务技术的实用性和易用性似乎是给定的，但如果未按照客户的要求提供弹性的服务，则自助服务技术将成为障碍。

此外，功能元素和客户接受度之间的关系是正向的，因为易用性、实用性以及与社会规范的一致性的增加，会导致客户接受度的提高。然而，对于社会情感和关系元素来说，越多并不总是越好。客户可能不希望与售票机器人进行社交互动或建立融洽关系。因此，服务机器人根据客户的需求和愿望提供这些元素非常重要，正是这种需求一致性和角色一致性，而不是这些元素的高低水平推动了用户接受度。

（1）感知易用性与隐私矛盾

武耀恒依靠功能维度来展示服务机器人接受模型的核心。感知的易用性代表用户认为他们可以毫不费力地使用人工智能服务。智能客服的易用性是指使用该技术进行智能服务的方便程度和良好的用户体验，具体包括：简单的操作界面，高易用性的智能客服具备简单易懂的人机交互界面，让用户不需要太多专业的技术知识就能够操作使用；以及快速高效的服务，例如人工智能技术在医疗诊断上能够快速、准确地分析大量数据，为医生提供可靠的参考意见，缩短诊断时间、提高诊断效率，并为病人提供更快捷的治疗方式。通常，用户更偏好能够最大效率解决问题的，且用户友好的技术。其中，新技术的"最大效率"可以帮助缓解用户的非个性化担忧，新技术的"用户友好"可以帮助解决隐私担忧。因此，智能客服的易用性可以调和个性化-隐私矛盾。

智能客服的高易用性可以降低用户非个性化担忧。智能客服的应用逐渐得到普及，但是用户对于易用性和个性化服务的需求也越来越高。首先，作为一种新兴技术，智能客服系统的操作界面往往比较复杂，这使得用户可能会感到困惑和不适，但高易用性的智能客服代表着更优化的操作界面,更加直观、简单易懂,并提供详细的使用说明和指导,可以提升个性化服务体验。其次,为了提供个性化服务,智能客服需要收集用户的个人信息,并将这些信息存储在数据库中。然后,智能客服系统可以根据这些信息来定制更加个性化的服务,为用户提供更精准的建议和方案,并提高服务的可靠性。最后,虽然智能客服系统可以自动进行服务,但是它并不能完全代替人类的角色。因此,在特定的情境下通过人机协作的方式,在智能客服系统的基础上,人工客服根据自己的经验和判断力进行辅助方案的制定,从而提供更加个性化的服务。因此,感知的易用性可以缓解用户的非个性化担忧。

智能客服的高易用性也可以降低用户隐私担忧。为了提供更好的个性化服务,智能客服会鼓励用户积极参与到服务过程中来。用户可以通过提供反馈、评价和纠正智能客服结果等方式参与到服务中。这不仅有利于提高服务准确性,也能够增强用户的信任感和满意度。此外,智能客服的易用性意味着后台算法遵循严格的制度约束。智能客服会遵循相关法律法规,保证数据的安全性和隐私性;智能客服将承诺实现数据最小化原则,只收集和使用必要的信息进行诊断;智能客服通常使用数据加密技术,将数据存储在安全的服务器上,并限制数据访问权限;智能客服也会采用匿名化或伪装化技术,对敏感信息进行脱敏处理,以保障用户的隐私安全。因此,感知的易用性也可以缓解用户的隐私担忧。

针对调和个性化-隐私矛盾的相对有效性,我们认为智能客服的易用性对缓解用户的隐私担忧更有效。这是因为智能客服的高易用性并不意味着隐私保护过程的缩减;相反,感知的易用性意味着智能客服将隐私保护措施更清晰地展现在用户面前。例如,智能客服会向用户解释数据处理和隐私保护的流程,包括哪些数据被收集、如何存储、用途和处理方式等,并且确保用户理解这些信息;智能客服会提供用户选择是否愿意共享他们的数据,包括匿名数据和个人身份数据,同时向用户明确表述数据分享的目的和方式。此外,先前的研究已经证实,在电子商务、在线支付和移动应用程序采用等多种情况下,易用性对缓解隐私担忧有更显著的影响。

(2)感知有用性与隐私矛盾

感知有用性是指用户认为智能客服可以提高任务完成率的程度。提高准确率体现在人工智能技术能够通过大数据分析和机器学习算法,对用户的数据等进行精准处理,从而提高服务准确率。自适应性体现在人工智能技术能够根据不同用户的特点进行自适应调整,提供个性化的方案,提高服务效果。智能客服的有用性可以增加用户对能力和激情的感知。一方面,能力感知对应于可以克服非个性化成本的效率、金钱和利益的价值;另一方面,激情感知与用户的兴趣相对应,可以克服隐私风险。因此,智能客服的易用性也可以调和个性化-隐私矛盾。

智能客服的高有用性可以降低用户非个性化担忧。智能客服的高有用性是基于大量的数据和算法分析得出的,确实可以提供高效、准确的服务结果;但是,也确实存在用户担心得不到个性化服务方案的情况。高有用性的智能客服通过如下方式降低用户对此的担忧:第一,强调智能客服的辅助作用。智能客服的目的是为人类提供更全面的信息支持,而不是取代人类的判断和能力。在进行服务时,人工客服应该综合考虑用户的具体情况,从而制定个性化的服务方案。第二,人工客服向用户解释智能客服的原理和应用范围,并鼓励用户积极参与服务的过程。通过与用户充分沟通,人工客服可以更好地理解用户的需求和偏好,从而制定更加符合用户实际情况的解决方案。第三,持续优化人工智能算法。智能客服技术仍处于不断发展阶段,其准确性和可靠性会随着时间的推移不断提高。通过持续优化人工智能算法,并及时调整服务标准和解决方案,用户可以得到更好的个性化服务。因此，感知的有用性可以缓解用户的非个性化担忧。

智能客服的高有用性也可以降低用户隐私担忧。智能客服需要访问大量的个人数据，因此用户会担心自己的隐私受到侵犯。高有用性的智能客服通过如下方式降低用户的隐私担忧：第一，高有用性的智能客服会提高流程透明度，向用户清晰地介绍智能客服技术的运作原理和流程，包括哪些数据被使用以及如何处理这些数据。智能客服也会解释服务结果如何产生，并鼓励用户参与解决方案的决策过程。第二，高有用性的智能客服会注重数据共享。虽然用户可能担心个人信息被泄露，但是只有在足够多的数据被共享时，智能客服才能得到更好的训练和进一步提升。因此，高有用性的智能客服会通过获得用户的明确同意，对数据进行非敏感化处理，以确保其安全性并促进共享。因此，感知的有用性可以缓解用户的隐私担忧。

针对调和个性化-隐私矛盾的相对有效性，我们认为智能客服的有用性对缓解用户的非个性化担忧更有效。用户感知的智能客服的有用性取决于多个因素，包括人工智能算法的准确性和可靠性、用户对人工智能技术的信任程度以及用户的需求和偏好等。一方面，为了提供个性化的服务，智能客服会收集用户反馈，通过用户调查、意见反馈等方式获取用户对智能客服的使用体验和满意度，了解他们的需求和偏好，并据此进行优化和改进。另一方面，智能客服会根据用户的个体差异和需求特点，提供个性化的智能服务。通过普及智能客服的知识和技能，帮助用户更好地理解和使用智能客服技术。因此，让用户感知到有用的智能客服，势必会涉及用户的隐私数据。尽管智能客服采取了多种措施强化数据隐私保护，增强用户对智能客服的信任感，但由于有用性代表了用户相信与智能客服互动对他们有利，因此它更能产生个性化的好处，而不是消除隐私风险。

（3）主观社会规范与隐私矛盾

主观社会规范指的是，对用户重要的人认为该用户在特定情况下应该做什么。新技术的采用受到个人主观社会规范的影响，这些规范是基于用户对特定情况下重要人物的期望而形成的。如果一个人认为自己的行为将得到其他人的支持，他就更有可能采用新技术，这表明社会规范与技术采用之间存在正相关关系。人工智能医疗诊断的日益流行可以被理解成，它被用作提高一个人的社会地位和在同龄群体中的重要性的一种手段。通过遵守内化规范的机制，用户将倾向于采用智能客服，因为大多数对他们很重要的人认为他们应该寻求智能客服的支持。

用户的主观社会规范可以降低用户非个性化担忧。这些规范在缓解非个性化担忧方面是有效的，因为用户认为推荐人一定已经接受过个性化和成功的智能服务。武耀恒认为，在功能维度下，人工智能服务的接受度受到用户主观社会规范的影响，主观社会规范代表了一组应用于人工智能服务机器人的社会价值观和规则。主观的社会规范会触发用户对人工智能服务能力的感知，从而增加对人工智能服务的认知评估，并形成情感态度。可以假设，如果智能客服照用户所期望的那样从事社会期望的行为，那么智能客服会被认为更有能力和社会互动性。当人们与智能客服进行社交时，他们倾向于将社会规范应用于服务机器人。因此，高主观社会规范的用户会倾向于认为智能客服的服务是独一无二的，从而缓解了用户的非个性化担忧。

用户的主观社会规范也可以降低用户隐私担忧，因为用户信任同类群体中的推荐人。信任的人推荐使用智能客服是基于他们自己的经验和感受，认为这是一种有效、快速、准确的方式来获取医学诊断。并且，用户认为推荐人已经选择了可信的智能客服和服务提供商。这些机构或公司势必经过认证和审查，可以保证它们遵守相关法律规定并采取必要的安全保护措施，以防止数据泄露和滥用。此外，在使用智能客服时，用户需提供必要的个人信息，如姓名、性别、年龄等。如果用户信任的推荐人已经成功得到了准确、保密的智能服务，用户也因此相信智能客服会妥善收集、使用和保护他们的个人信息。因此,用户的主观社会规范可以缓解用户的隐私担忧。

针对调和个性化-隐私矛盾的有效性,我们认为用户的主观社会规范对缓解用户的非个性化担忧更有效。源于对重要推荐人的信任,用户的主观社会规范可以帮助其迅速产生对智能客服的信任。推荐人认为智能客服可以快速处理大量数据,从而生成个性化的服务计划。推荐人也认为智能客服全面考虑多种因素,从而制定符合用户个性化的服务方案。推荐人还认为智能客服可以提供实时建议,根据用户现有数据,及时给出建议和方案,让其在最短时间内获得帮助。同时,推荐人也相信智能客服可以持续跟踪用户的状况,并不断地更新个性化的服务方案。由于主观社会规范与用户获得的好处密切相关,主要作用在于为用户带来收益而非减轻风险,因此它在提供个性化利益方面比减轻隐私担忧更有效。

二、服务机器人接受模型的社交维度

客户对机器人的接受程度不仅取决于其感知的功能,还取决于社会情感元素,例如感知的人性化、社交互动和社交存在。因此,武耀恒提出的服务机器人接受模型中包含的社交维度是感知的人性化、社交互动和社交存在。

感知的人性化与用户在机器人中发现的拟人品质(无论是形式还是行为)相对应。这一维度尤其重要,因为很多情况下机器人几乎无法与人类区分开来,尤其是在电话和文本交互方面。例如,最近的一项研究发现,38%的聊天用户不确定他们是在与人类互动还是在与聊天机器人互动,其中18%的人猜错了互动对象。对于面对面的服务接触,社交机器人很可能与人类密切相关,并具有足够的拟人化程度。为了在人类和机器人之间发生有意义的社交互动,必须在形式或行为上设计拟人化品质。然而,强烈的拟人化特质导致人们对机器人的能力抱有过于乐观的期望，最终可能会失望。也就是说，机器人的脸越真实，人们就越期望它表现得像真人一样。这一论点也得到了恐怖谷理论的支持，该理论认为，人造面孔在与人类的面孔几乎无法区分之前，越接近人类，就越受欢迎。此时，面孔开始看起来奇怪地熟悉，但同时不自然和令人毛骨悚然，可能会令人不安，并可能阻止人们愿意与机器人互动。因此，与人性的微小偏差可能会产生很大的差异。

感知的社交互动可以定义为机器人根据社会规范表现出适当的动作和情绪的感知。因此，用户可能会感觉到，他们可以与人工智能交互，就像他们与其他人类交互一样，以响应类似人类的提示，如声音、对话和传统人类角色。武耀恒认为，机器人的设计不必像人类一样才能被视为在社交场合中具有能力。如果机器人具有一定的社交智能，那么它就是可信的。然而，人类在与服务机器人互动时，通常会应用社会模型，其中包括认为机器人的行为背后有意图。因此，为了使人类和机器人能够有效地互动，机器人需要遵守公认的社会规范，包括表现出适当的动作和情绪。对于服务机器人的广泛采用来说，客户的需求与他们对机器人社交技能和性能的看法保持一致非常重要。

感知的社交存在可以被描述为机器人使个体感觉自己好像处于另一个社交实体存在中的程度。在与机器人互动时，用户可能会认为机器人确实"存在"，这可能会影响其被感知和接受的方式。社交存在感是指人们相信某人"真正存在"的程度。在服务机器人的背景下，自动社交存在被定义为客户感觉他们与另一个社交存在在一起的程度。社交存在已被证明会影响信任的建立，因为当人与人面对面交互时，个人更有可能对另一个人建立信任。可以假设，社交存在或"有人在照顾"的感觉会影响接受度，从而影响客户的行为。

（1）感知的人性化与隐私矛盾

智能客服的社交维度是人性化、社交互动和社交存在。人性化是指用户在智能服务中发现的智能客服形式上和行为上的拟人化品质。拟人化的智能客服可以缓解非个性化担忧，因为它可以向用户提供更加人性化的交互方式，以及用简单易懂的语言解释问题和方案。这种交互方式可以帮助用户更好地理解和接受服务方案，从而减轻他们的不安和担忧。同时，拟人化的智能客服也可以缓解用户的隐私担忧。通过使用加密技术保护用户数据，并且告知用户哪些信息需要被共享以实现正常的服务，可以使用户对于数据的使用感到更加透明和明确。此外，使用人性化的交互方式也可以帮助建立用户与人工智能系统之间的信任关系，进一步减轻用户的隐私担忧。智能客服的人性化可以唤起用户对能力和温暖的感知。其中，能力与高效完成任务的能力相呼应，温暖与社交、仁爱和关爱相呼应。在智能服务中，用户可以将智能客服拟人化为个人助理以及克服孤独的朋友，从而成功地调和个性化-隐私矛盾。

智能客服的人性化可以降低用户非个性化担忧。通过语音识别技术，人性化的智能客服可以利用自然语言处理和语音识别技术来与用户进行交互，并根据其语音、语调等信息了解用户的情感状态。通过情境感知技术，人性化的智能客服可以通过传感器和监测设备获取用户的生理和环境数据，从而全面了解用户的身体状况和日常活动。通过自适应学习，人性化的智能客服可以根据用户的反馈和数据更新模型，并在实时中不断优化自己的算法和方法，以更好地适应用户的需求。通过多模态交互，人性化的智能客服可以通过多种交互方式（如语音、图像、触摸等）与用户进行沟通，使得用户可以按照自己的喜好选择最舒适的交互形式。因此，智能客服的人性化能够提供个性化服务。

智能客服的人性化也可以降低用户隐私担忧。拟人化的智能客服可以与用户建立信任关系，通过语言和交互方式使用户感到舒适和理解。人工智能系统可以使用简单易懂的语言来解释问题和方案，以及解答用户可能存在的疑惑和不安。这种人性化的交互方式可以帮助用户放松警惕心态，减轻他们的隐私焦虑。另外，拟人化的智能客服可以通过减少用户数据的共享来缓解用户隐私焦虑。具体来说，人工智能系统可以使用加密技术将用户数据保护起来，并且限制对这些数据的访问权限。人工智能系统还可以告知用户哪些信息需要被共享以实现正常的服务，以及哪些信息不需要被共享。这种透明度可以帮助用户更好地理解他们的数据如何被使用，从而减少隐私焦虑。

针对调和个性化-隐私矛盾的相对有效性，我们认为智能客服的人性化对缓解用户的非个性化担忧更有效。人性化的智能客服具备以下特征：1.专业性。人工智能应该具备足够的专业知识和技能，可以进行准确、全面和及时的服务。2.同理心。人工智能应该能够理解和关注用户的情感和需求，并给予适当的支持和安抚。3.透明度。人工智能应该能够清晰地表达其结果和推理过程，以帮助用户理解。4.可信性。人工智能应该是可靠和可信的，其结果应该经过充分验证和审查。5.个性化。人工智能应该能够根据用户的不同情况和需求，提供个性化的建议。6.人性化交流。人工智能应该能够以自然且易于理解的方式与用户交流，并为他们提供必要的支持和指导。因此，与享乐态度相比，人性化对用户的功利态度的影响更大，从而能更有效地解决非个性化担忧。

（2）感知的社交互动与隐私矛盾

社交互动是指智能客服根据社会规范表达的情绪和适当行动。智能客服的社交互动可以理解为在智能服务领域中，人工智能系统与用户、员工或其他相关人员之间的互动与沟通。这种互动可以通过多种方式实现，比如语音聊天、视频会议、电子邮件等。例如，在医疗诊断方面，人工智能系统可以帮助医生更快速、准确地做出诊断，同时也可以提供更好的治疗方案和预后预测。在这个过程中，用户和医生可以通过社交互动的方式进行交流和协作，以确保获得最佳的医疗结果。此外，人工智能系统还可以与用户进行社交互动，例如通过聊天机器人来回答用户的问题，提供健康建议或提醒他们服药等。这样可以使用户更好地了解自己的健康状况，并在日常生活中更好地管理自己的健康。智能客服的社交互动可以调和个性化-隐私矛盾。

智能客服的社交互动可以降低用户非个性化担忧。首先，高社交互动属性的智能客服可以提供更加个性化、针对性的建议和方案。通过与用户进行沟通和交流，人工智能系统可以更好地了解用户的具体情况和需求，并给出更加适合他们的方案和建议。例如，当用户向聊天机器人咨询问题时，人工智能系统可以基于用户提供的信息、历史等数据，快速准确地给出相应的结果和建议，从而让用户感到自己的问题得到了重视和关注。其次，高社交属性的人工智能系统还可以在员工和用户之间充当桥梁，协调双方的意见和建议，确保服务过程更加顺畅和高效。这样可以使用户更放心地接受智能服务，减少担忧和不确定性，从而提高智能体验和满意度。最后，具有的社交互动属性的智能客服可以显示类似人类的线索，如对话、语音和传统的人类角色。因此，具有更高社交互动水平的智能客服可以用人性化的方式解决用户的查询，减少他们对非个性化的担忧。

智能客服的社交互动也可以降低用户隐私担忧。第一，高社交互动属性的智能客服会明确通知用户数据的使用目的，例如提醒用户数据只会用于帮助智能客服做出准确的决策，并不会分享给其他第三方。第二，高社交互动属性的智能客服会强调数据安全保护措施，例如描述平台采用了加密技术来保护用户的个人信息及匿名化处理等措施。第三，高社交互动属性的智能客服会提供可靠的隐私政策，以便用户能够清晰了解。许多用户对于数据隐私问题非常关注，因此提供详细的隐私政策将有助于降低他们的担忧。在隐私政策中，包含平台如何收集、使用以及保护用户的个人数据等方面的信息。第四，高社交互动属性的智能客服会向用户提供选择权，用户有权利选择是否共享他们的个人数据。这意味着智能客服让用户可以自行管理他们的个人信息，包括随时撤回他们的数据使用权等。第五，有更高社交互动水平的智能客服也可以模仿社会规范来密切服务，从而提高其社交吸引力，减少用户的隐私担忧。

针对调和个性化-隐私矛盾的相对有效性，我们认为智能客服的社交互动对缓解用户的非个性化担忧更有效，因为它能够通过与用户进行自然、人性化的交互来建立信任和情感联系。这种交互可以让用户感受到人工智能系统具有一定的"社交感情"，从而降低他们对于机器学习算法和自动化技术的不安与担忧。相反，当涉及隐私问题时，即使人工智能系统具有高度的社交互动属性，也可能无法完全缓解用户的担忧。这是因为隐私问题往往比非个性化担忧更加敏感，用户需要确保其个人数据得到充分保护。在这种情况下，人工智能系统需要采取特殊措施来保护用户的隐私，例如采用端到端加密或匿名化等技术手段，以建立用户对系统的信任。但是，社交互动的属性显然无法直观展现这些特殊的隐私保护措施。鉴于社交互动的主要用途是通过解释当前事件来响应用户的命令，它将更有效地提供个性化服务和减轻用户的非个性化担忧。

（3）感知的社交存在与隐私矛盾

社交存在是指用户相信智能客服在互动过程中确实存在。在这种情况下，人工智能技术可以作为一种辅助工具，帮助专业人员更好地了解用户的状况，并提供更加精准和个性化的建议与方案。同时，在智能服务过程中，人工智能技术也可以提供一种随时可用、实时响应的交流渠道，使用户与客服之间的交流更加高效、互动更加紧密。但是，对于某些用户来说，与人工智能技术打交道可能会导致焦虑或担忧。因此，需要确保人工智能技术与人工服务和用户之间的交流透明和安全，以构建一个良好的社交存在环境。与他人联系和陪伴的感觉（即社会归属感）是人类能力的一个核心维度。通过创造这种感觉或感受，社交存在可以满足用户对"有人在照顾"的期望，从而缓解与身份相关的威胁，包括非个性化服务和隐私风险。

智能客服的社交存在可以降低用户非个性化担忧。智能客服的社交存在可以通过提供更加个性化的智能体验来帮助缓解用户对非个性化的担忧。这是因为人工智能技术能够分析大量数据，并根据个人的情况提供量身定制的建议。例如，人工智能医疗机器人可以向用户询问有关其症状和病史的具体、有针对性的问题，然后根据收集到的信息提供个性化的建议和治疗方案。这可以为用户带来更高效和有效的医疗保健体验，因为他们会收到针对他们需求和偏好的指导。此外，智能客服的社交存在还有助于在智能服务提供者和用户之间建立信任，因为它提供了持续沟通和支持的渠道。用户可能会更愿意向人工智能驱动的虚拟助手或聊天机器人提问和共享信息，这可以带来更准确的服务和更有效的解决。总体而言，智能客服的社交存在可以通过提供更加个性化和量身定制的智能体验，以及在用户和智能服务提供者之间建立信任来帮助解决非个性化问题。

智能客服的社交存在也可以降低用户隐私担忧。智能客服的社交存在可以通过确保以安全和透明的方式收集、存储及使用数据，来帮助缓解用户的隐私担忧。这意味着用户会被告知他们的数据是如何被使用的、谁可以访问这些数据，以及采取了哪些措施来保护他们的隐私。例如，人工智能驱动的医疗机器人或虚拟助手可以设计为符合《健康保险流通与责任法案》等相关法规，该法案为保护敏感的用户健康信息制定了标准。此外，智能客服的社交存在有助于在智能服务提供者和用户之间建立关于使用其数据的信任。通过提供有关如何收集和使用数据的清晰透明的信息，用户可能会更愿意分享他们的个人信息并参与人工智能支持的智能服务。因此，智能客服的社交存在可以调和个性化-隐私矛盾。

针对调和个性化-隐私矛盾的相对有效性，我们认为智能客服的社交存在对缓解用户的非个性化担忧更有效。高社交存在属性的智能客服可以通过更加亲切、温暖、人性化的方式与用户进行沟通，从而帮助用户缓解非个性化担忧。这种方式可以让用户感觉他们得到了真正的关注和关心，并获得了针对自己的个性化建议和方案。这种关心与关注可以减轻用户的紧张和焦虑情绪，提高他们对智能服务的信心，从而更积极地参与服务过程。然而，当涉及用户隐私时，高社交存在属性的智能客服并不能直接解决用户的隐私担忧。尽管高社交存在的人工智能可能能够提供更加人性化的交互体验，但是它仍然需要收集用户的个人信息等敏感数据来进行智能服务。此外，社交存在结合了与用户的心理亲近和身体接近，使得用户将智能客服视为人类代理，而不是机器人工智能代理。因此，社交存在带来了更多的功能利益，它将更有效地减轻用户的非个性化担忧。

三、服务机器人接受模型的关系维度

服务机器人接受模型还考虑了关系元素——信任和融洽。信任反映了人们愿意依赖信任的交换伙伴。同样，在服务机器人接受模型中，信任指的是用户对服务机器人工作可靠的信念，即在服务遇到时唤起信任感。这一维度非常重要，不仅因为人工智能经常处理用户数据，还因为用户普遍厌恶算法。

信任是对信任目标的感知能力（即可信度）和仁慈。信息系统文献将情感信任添加为第三个维度，指一个人对依赖受托人（即我们上下文中的机器人）感到安全和心理舒适的程度。具有类人属性的机器人似乎更容易激发信任，但由于恐怖谷理论，只能达到一定程度的人性。事实上，研究表明，人们对机器人存在着恐惧、不安和不信任的感情。善意信任是指受托人（机器人）对另一方（客户）真实福利的关心。服务机器人能够在多大程度上表现出情感（同理心、同情心）和行为，从而给人留下真正将客户利益放在心上的印象，这可能是一个

挑战。客户似乎更容易相信人类员工理解他们、与他们感同身受并站在他们一边（有时甚至会改变公司规则来适应客户）。机器人是否能够提供相同的情感联系和由此产生的信任，并且不被视为组织机器的延伸（即人们对传统自助技术的看法），还有待观察。此外，人们普遍厌恶算法，尤其是当他们看到算法犯错误时，即使这种错误不可避免地会发生。在基于证据的算法始终优于人类的情况下，算法厌恶仍然存在。人们似乎会原谅别人，但很快就会失去对人工智能的信任。因此，服务机器人越被认为值得信赖并且将客户的最大利益作为优先考虑，被采用的可能性就越高。

融洽通常被定义为两个互动者之间的个人联系，可以在服务机器人接受模型中理解为用户认为与机器人的互动是愉快的，并且用户与机器人之间存在个人联系（例如通过语音识别和个性化治疗）。融洽关系可以描述为客户对与服务机器人愉快互动的感知（即关心和友善的感觉、机器人激发好奇心和满足客户成就需求的能力），以及客户与机器人之间的个人联系。当社会亲密性和归属感是服务的核心时，建立融洽关系似乎至关重要，教育、老年护理和高风险金融服务等通常就是这种情况。

有效的机器人设计有助于建立融洽关系。例如，手势和口头确认都可以改善人机关系。在其他研究中，当参与者与机器人进行协作任务，以及与机器人的互动个性化时，参与者的融洽关系、合作和参与度都会得到增强。这些发现与老年护理机构的一项研究一致。在该机构中，居民接受与机器人的日常互动，包括康复援助、玩游戏、交谈和参加由机器人主持的锻炼课程。正如一位居民指出的，"即使我们只是看着它们，它们也会让我们开怀大笑并感到更快乐"；另一位居民则将机器人称为"他们的朋友"。总而言之，对于某些服务，机器人的接受度取决于服务机器人能够在多大程度上满足消费者的融洽需求。

（1）信任关系与隐私矛盾

智能客服的关系维度是信任和融洽。信任表示用户愿意承受智能客服操作的影响。智能客服在近年来得到了越来越多的应用，但是用户对其信任程度与接受程度仍存在差异。一方面，智能客服具有较高的精度和效率，例如在某些疾病的早期诊断和筛查方面表现出色，因此可以获得人们的信任。另一方面，人们对于人工智能技术是否可以完全替代人工的看法存在分歧，也有人担心隐私或数据泄露等问题。如果用户相信智能客服在保护个人信息方面是可靠的，他们就愿意向智能客服提供商披露自己的状况，以换取更精确的服务。因此，信任度较高的用户更有可能减少隐私担忧，并获得更大的个性化服务优势。因此，用户的信任可以调和个性化-隐私矛盾。

具体而言，用户对智能客服的信任可以降低用户非个性化担忧。用户对智能客服的非个性化服务的担忧可以通过多种方式解决，最终目的都是帮助他们建立对该技术的信任。用户对智能客服的信任可以突出人工智能提供个性化服务的能力。通过强调这一优势并展示人工智能算法如何根据每位用户的具体需求定制服务计划，用户可能会更信任该技术。用户对智能客服的信任可以让用户了解人工智能的局限性，用户可能担心智能客服在提供个性化服务方面无法取代人类。用户对智能客服的信任会加强其与智能服务提供商的合作，智能服务公司与用户之间的合作有助于建立用户对该技术的信任。通过共同努力，他们可以确保以合乎道德和有效的方式使用该技术，并确保用户得到最好的服务。

显而易见地，用户对智能客服的信任可以降低用户的隐私担忧。如果用户相信这项技术能够提供准确、可靠的服务，那么他们可能更愿意分享自己的个人信息，以便得到更好的服务。当用户对于智能客服技术产生信任时，他们通常会认为该技术使用了最新的算法和数据，可以提供更加准确和精细的结果。此外，用户还可能觉得智能客服技术可以提高人类的工作效率和服务水平,并能够帮助人类更好地制定服务方案。这些都可以增强用户对于智能客服的信任感。然而,隐私担忧是影响用户对智能客服信任的主要问题之一,因为数据通常包含大量的个人信息。如果这些信息泄露或被不当使用,将会对用户的隐私造成严重威胁。因此,只有当用户相信智能客服可以安全地管理和使用他们的个人数据时,他们才会放心使用该技术。

针对调和个性化-隐私矛盾的相对有效性,我们认为用户对智能客服的信任对缓解用户的隐私担忧更有效。用户对于智能客服的信任是非常重要的,因为这关乎他们的身体健康和生命安全。相比于非个性化担忧,用户对智能客服的隐私担忧更加实际。一方面,智能客服需要涉及用户的大量个人信息。如果这些信息泄露或被不当使用,将会对用户的隐私造成严重威胁。因此,用户对智能客服的隐私担忧更容易引起他们的恐慌和焦虑。另一方面,对于非个性化担忧,例如机器出错、误诊等问题,可以通过一些技术措施来解决,例如增强机器学习算法的准确性和稳定性等。而对于用户隐私担忧,除了技术手段之外,还需要采取更多的政策、法规来确保用户数据的安全和隐私。除智能客服领域之外,研究已经表明,信任对消除隐私担忧具有极好的效果。例如,用户的信任可以显著消除他们在使用酒店应用程序、物联网服务、生物识别技术等过程中的隐私担忧。因此,我们认为用户对智能客服的信任在消除隐私担忧方面,比非个性化担忧有更强的作用。

(2)融洽关系与隐私矛盾

融洽指的是用户认为与智能客服的互动是愉快的,用户与智能客服之间存在个人联系。用户与智能客服之间的融洽关系指的是用户对该智能客服的信任度和满意度高,并且能够充分利用该智能客服提供的各种功能来获取更好的智能服务。在这种融洽关系中,用户会愿意分享自己的数据,接受智能客服提供的建议和方案,同时也会提供反馈和建议以帮助智能客服不断改进并优化服务。

融洽通过需求一致性和角色一致性的机制发挥作用。一方面，通过满足用户的特定需求，用户对智能客服的融洽关系实现了需求一致性，这有助于缓解用户的非个性化担忧。由于智能客服能够提供基于数据的个性化服务，用户会更愿意信任和使用这样的智能客服。通过对用户提供的数据进行分析，智能客服能够提供更准确、更针对性的建议和方案，从而有效缓解用户的担忧。相比传统服务体系中的非个性化服务，智能客服可以更好地满足用户的需求，提高服务效果和满意度。同时，随着智能客服的发展，它还能不断地学习和优化算法，提高服务准确率和个性化服务质量，进一步增强用户的信任感和满意度。因此，用户对智能客服的融洽关系可以降低用户非个性化担忧。

另一方面，通过满足用户与服务提供商建立愉快的互动关系的需求，用户对智能客服的融洽关系实现了角色一致性，这有助于缓解用户的隐私担忧。由于智能客服需要获取用户的数据进行分析和处理，很多用户可能会对其数据的安全性和隐私保护感到担忧。然而，如果智能客服能够采取有效的隐私保护措施，并利用企业与用户间的融洽关系，通过透明公开的方式向用户说明数据采集和使用的目的、范围以及流程等信息，就可以有效建立起用户与智能客服之间的信任关系，进而缓解用户的隐私担忧。因此，融洽关系可以调和个性化-隐私矛盾。

针对调和个性化-隐私矛盾的相对有效性，我们认为用户对智能客服的融洽对缓解用户的隐私担忧更有效。需要注意的是，即使用户与智能客服之间建立了融洽关系，也不能完全消除非个性化担忧。在发现智能客服无法解答的问题时，仍然需要人工干预和决策。因此，在任何情况下，用户应该对智能客服提供的建议和方案进行合理的评估与判断。相反，融洽关系让用户相信智能客服具有应该具备的必要功能

(例如温暖和细心),智能客服提供商有能力保护用户信息免受未经授权的二次使用和不当访问,这在处理隐私担忧方面具有更强的影响力。

四、服务机器人接受模型与早期模型的比较

尽管数字语音助手研究和酒店环境的部分研究支持经典模型,但由于服务机器人技术的特殊性,技术接受模型及其衍生模型可能不是研究服务机器人接受度的最佳理论框架。服务机器人的特点是高易用性、可用性和服务质量(有用性),以及良好的互动性、公共消费环境和用户互动作用。最近的研究延伸了服务机器人接受模型和自动社交存在模型,越来越强调机器人相关因素、个人相关因素、社会和背景因素在服务机器人接受度中的更大作用。例如,研究发现,信任与经验的情境属性可以改变服务机器人接受度;拥挤对旅游业采用服务机器人有积极影响;利用机器人的心理所有权和可信度感知,可以解释采用服务机器人后的用户行为。

迄今为止,只有极少研究关注了人工智能技术采用的动机驱动因素,它应用认知-动机-情感框架来检验享乐动机与人工智能接受度之间的关系。然而,它将享乐动机定义为与人工智能设备交互产生的感知享受,却没有考虑个人对服务机器人接受程度的动机驱动因素。尽管自动社交存在和服务机器人接受模型都涉及技术与人类互动,但前者侧重于通过技术创造社交存在,而后者侧重于从更全面的角度理解用户对服务机器人的感知和接受。因此,服务机器人接受模型更好地阐明了哪些因素在鼓励服务机器人接受方面变得更加突出。

第三节 顾客的技术焦虑

为了探讨服务机器人接受度的关键驱动和障碍因素,可以将技术焦虑度纳入用户行为的预测因素。技术焦虑度被定义为一组复杂的情绪，如与使用或学习使用技术相关的紧张、不确定性和恐惧。技术焦虑度是指用户在使用特定技术时感受到恐惧的程度。这些感觉通常是由于缺乏熟悉度和操作技术创新的难度增加而产生的。如果用户对使用服务机器人感到害怕，他们就会避免与之交互，并对其使用产生抵制。因此，技术焦虑度是预测用户对服务机器人使用行为反应的关键因素。

现有文献表明，对技术的任何忧虑、恐惧或负面反应都属于焦虑度研究，或对技术/数字/计算机的抵制研究的范畴。同样，"技术焦虑症"一词被学者定义为，对使用现代技术和复杂技术设备（尤其是计算机）感到恐惧、厌恶或不适。这些术语通常描述反对使用或采用技术的情感和心理反应。本章节中，技术焦虑将用作一个总称，表示阻碍用户使用人工智能医疗诊断的心理反应。但在提出研究假设之前，对技术焦虑相关概念进行系统回顾和具体界定是十分必要的。在一篇文献回顾[1]中，作者使用PRISMA标准进行范围界定，选择并分析了24篇技术焦虑相关文献。综述显示，以往文献使用了不同的术语来分析用户在是否使用技术方面表现出焦虑、紧张和犹豫。

一、技术焦虑的相关概念

与技术压力的概念不同，技术焦虑度定义了一种由环境动荡（如全球紧急情况新冠疫情的出现）产生的暂时状态，并允许深入观察个人对技术的心理反应，而不是分析更普遍的行为反应。出于这个原因，它似乎是一个更容易概括的概念。此外，技术焦虑度允许通过评估个人的情绪状态而不是技术本身的接受和使用（例如技术接受模

---

[1] Ha-Neul. Kim, Paul P. Freddolino and Christine Greenhow, "Older Adults' Technology Anxiety as a Barrier to Digital Inclusion: A Scoping Review", *Educational Gerontology*, Vol. 49, No.12(April 2023), pp. 1021-1038.

型),来探索负面情绪或恐惧的发展,作为引入特定技术的后果。技术焦虑度的概念与对使用技术的负面后果的担忧有关,例如丢失重要数据或犯错误。这既包括用户客观上缺乏技术技能,也包括主观上对他们使用专业工具的能力信心不足。此外,技术焦虑度可能与用户对通用技术工具的心理状态有关,也可能与隐藏的社会和心理因素有关,如成本问题、依赖性问题、对技术提供商和组织采用技术的信任、隐私担忧。

(1)一般焦虑度

在大多数研究中,使用"一般焦虑度"一词来描述用户对技术的情绪和心理反应,而不是技术焦虑或抵抗。此外,研究中提到焦虑的术语略有不同(例如计算机焦虑、技术焦虑和数字焦虑)。尽管这些术语因研究而异,但它们都有一个共同的焦点,那就是对技术的担忧。

(2)计算机焦虑度

文献回顾[①]发现,九篇论文使用"计算机焦虑"来描述使用或考虑使用计算机时感受到的忧虑和焦虑。有七篇论文没有给出计算机焦虑的定义,而有两篇论文提到计算机焦虑的定义为"在与计算机技术的实际或想象交互中,引发的负面情绪和认知",另一篇论文给出了计算机焦虑的综合定义。尽管"计算机焦虑"和"技术焦虑"在文献中经常互换使用,但当研究重点严格集中在计算机的使用上时,通常采用"计算机焦虑"一词。

(3)技术焦虑度

文献回顾[②]中提到,八篇论文使用"技术焦虑"或"科技焦虑"来

---

① Kim, Freddolino and Greenhow, "Older Adults' Technology Anxiety as a Barrier to Digital Inclusion", pp. 1021-1038.

② Kim, Freddolino and Greenhow, "Older Adults' Technology Anxiety as a Barrier to Digital Inclusion", pp. 1021-1038.

表示对技术的忧虑、焦虑和恐惧。在这八篇论文中，有两篇论文引用了技术焦虑的定义，即恐惧和忧虑等负面情绪。事实上，对技术焦虑和计算机焦虑的构想类似："研究重点是与个人计算机相关的焦虑，但所学到的知识可以很容易地扩展到适用于一般技术工具相关的焦虑"；表明在研究中"技术焦虑"可以与"计算机焦虑"互换使用。其他论文使用了其他各种定义，包括用对使用技术的不适和恐惧来解释技术焦虑。此外，两项研究引用了对计算机焦虑的定义，即"个人在使用计算机或考虑使用计算机的可能性时感受到的恐惧或忧虑"。有一项研究保留了"计算机焦虑"一词，以扩大计算机焦虑的使用范围，而另一项研究则将该术语改为"技术焦虑"。

（4）数字焦虑度

在关于数字享受或焦虑在数字音乐服务与数字自我效能之间传递作用的研究中，学者使用"数字焦虑"来指代对使用数字设备的恐惧。他们根据计算机焦虑概念以及系统焦虑概念（表明对信息系统的恐惧和忧虑），定义了数字焦虑度。

（5）可平替的概念

四篇论文交替使用不同的术语。在第一项研究中，将"计算机焦虑"和"技术焦虑"作为同义词，但它测量的重点是计算机使用引起的焦虑。它使用两个题项来测量计算机焦虑，其中包括"与计算机及其使用相关的恐惧、不适、不安全感和尴尬"等词语。第二项研究使用"技术焦虑"作为主要术语，但为了测量这一变量，它修改了计算机焦虑的传统量表并使用了"任务焦虑"一词。由此可以得出结论，学者们利用技术焦虑来延伸计算机焦虑的研究。除了技术焦虑和计算机焦虑的互换使用之外，第三项研究还使用了"抵制采用互联网服务""抵制使用互联网服务"和"抵制技术采用"等题项来表示对互联网使用的担忧。最后一项研究则交替使用了"计算机焦虑"和"技术焦虑症"。

二、技术焦虑的研究主题

研究揭示了技术焦虑的几个预测因素和相关变量。在文献回顾中，三项研究讨论了技术焦虑或相关术语与实际技术使用的关系；八项研究揭示了技术焦虑或相关术语与感知和意愿之间的关联，例如对技术或计算机易用性的看法、行为意图和采用意图；九项研究不属于这两类中的任何一类。然而，在这九项研究中，有两篇文章只显示了它们研究的人群之间的比较，而不是与其他变量的因果关联。

（1）技术使用

研究表明，实际技术使用（即报告的互联网使用年数和每周使用小时数）与技术焦虑相关。具体来说，前一天的总使用时间与技术焦虑症呈负相关，这表明人们使用互联网越少，他们就越感到技术焦虑。另一项研究通过对407名老年互联网用户进行的问卷调查研究，发现技术焦虑症限制了用户的在线活动，例如互联网使用范围和强度。基于对233名参与老龄化评估智能系统用户进行纵向调查，该研究涉及使用放置在老年人住所中的计算机和运动传感器。研究发现，对于健康状况良好的人来说，观察他们的日常活动，持续使用电脑一年与焦虑水平降低有关，而在电脑上花费更多时间并不会导致一年中焦虑水平降低。此外，研究在患有轻度认知障碍的参与者与没有轻度认知障碍的参与者之间进行比较时，发现患有轻度认知障碍的老年人在接受一年的培训或使用计算机后，表现出较低的信心和更多的焦虑。

（2）感知和意愿

计算机焦虑与感知的易用性和对技术价值的认知呈负相关。定性研究显示，老年人承认互联网服务的好处，并且可以给他们的生活带来巨大的变化，但他们认为这些好处或变化不足以促使他们采用互联网服务。有学者提出，技术焦虑与智能健康可穿戴设备的感知和评估呈负相关。学者们还发现，技术焦虑要么是行为意图的阻碍，要么与行为意图或使用技术的行为尝试负相关。对马来西亚363名老年人进行的调查发现，除了感知的复杂性和感知的兼容性之外，技术焦虑也是影响移动支付服务使用的一个重要因素。同样，研究发现，老年人群体会表现出技术焦虑，他们的感知价值、态度、感知行为控制和自我实现会影响采用移动医疗服务的行为意图。此外，另一项研究还发现，技术焦虑以及对变革的抵制分别对采用移动医疗服务和使用可穿戴医疗技术的行为意图产生负面影响。进一步地，基于对持续使用可穿戴健康技术的研究，发现技术焦虑和惯性是成年人继续使用可穿戴健康技术意图的重大障碍。

（3）电子健康服务

随着人工智能技术的不断发展，其在医疗领域中的应用也越来越广泛。特别是在诊断方面，人工智能技术的出现使得医疗人员的工作效率和精度有了显著提高。然而，随着这种技术的广泛应用，也出现了一些人们普遍关注的问题，其中之一就是人工智能诊断的技术焦虑度。

首先，人工智能诊断技术的可靠性一直是人们关注的话题。虽然人工智能技术可以通过数据分析和机器学习等方法来提高诊断的准确性，但是这种技术本质上还是由人类程序员编写的。因此，一些人担心这种技术的可靠性和安全性，认为它可能会出现错误的诊断结果，从而给用户带来不良影响。其次，人工智能诊断技术的应用范围也是一个问题。许多人认为，人工智能技术只适用于某些简单的疾病诊断，而对于复杂的疾病，人工智能技术可能无法取代医生的诊断。此外，人工智能技术也无法取代医生的人性化沟通和关怀，这也是医疗行业中的一个重要方面。最后，人工智能诊断技术的隐私担忧也是人们担心的焦点。医疗数据是用户个人隐私的重要组成部分，如果这些数据被滥用或泄露，将会对用户的隐私和安全造成严重威胁。

在人工智能诊断的背景下探索技术焦虑度，需要认识到这一变量是抵制技术的决定因素，也是个人参与技术的障碍。此外，焦虑会导致对技术的排斥和技术焦虑症、对信息和通信技术的负面持久情绪反应、技术压力，以及由技术引起的普遍痛苦状态。人工智能诊断中技术焦虑的发展可以防止技术使用不足，并在采用智能服务方面发挥重要作用。揭示技术焦虑如何在人工智能诊断中形成，可以帮助决策者了解如何通过让用户参与制定应对医疗资源紧张的创新解决方案来管理危机，从而以适当和相关的方式评估利益相关者的需要。

（4）衍生主题

还有其他研究揭示了对技术焦虑及其影响因素的不同观点。一项调查研究表明，文化适应程度，或者说来自另一种文化的人学习了东道文化中的人所期望的新语言和习俗的程度，是计算机应用的一个重要预测因素。文化适应程度较高的人对电脑的焦虑程度较低。根据另一项研究，很少使用电脑的人表现出更高程度的电脑焦虑，这也与因沮丧而退出，导致任务时间缩短有关；计算机焦虑程度较高的受试者将目光集中在与完成任务无关的屏幕区域，而计算机焦虑程度较低的受试者则更多地关注与任务完成相关的屏幕区域。

其他研究还关注技术焦虑或相关术语如何与不同类型的自我效能感或对自己能力的信念相关。一项对老年人、中年人和年轻人的研究表明，所有年龄段的计算机自我效能感都是由计算机焦虑导致的；与中年人和年轻人群体相比，老年人表现出较低的计算机自我效能感和较高的计算机焦虑水平。学者们发现，数字焦虑传递了数字音乐体验与数字自我效能之间的关系。另有学者揭示了计算机焦虑与多个变量之间的关联，从年龄、教育等人口变量到计算机知识、计算机兴趣等变量。研究发现，计算机焦虑与年龄呈正相关，与计算机兴趣和高等教育呈负相关；计算机知识也与计算机焦虑呈负相关。此外，计算机焦虑分别在教育、计算机知识与计算机兴趣之间起到传导作用。

两项旨在提高计算机信心和计算机自我效能，并减少计算机焦虑干预的研究发现，在为期五周的课程后，计算机焦虑水平有所下降。第一项研究发现，教育计划结果显示，老年人参与者在培训后立即降低了计算机焦虑水平（与那些没有参加该计划的人相比）。在此基础上，第二项研究补充指出，参加为期五周的名为"与老年人合作以改善健康"的互联网培训计划的老年人表现出信心和自我效能的提高，但计算机使用能力下降。

四篇研究文章发现，技术焦虑与上述结果变量（即实际技术使用、对技术的看法或使用意图）没有关联。一方面，技术焦虑与移动医疗采用意愿没有负相关。研究人员推测，这一发现的原因可能是参与者已经是手机用户，因此并不害怕使用这种移动设备。这一发现说明，技术焦虑和对变革的抵制，对老年人使用智能家居技术的行为意图没有明显影响。研究人员推测，这一发现是因为对这项研究感兴趣的人已经相对开放地接受变革，并且减少了技术焦虑。另一方面，技术焦虑对认知信任与继续使用移动医疗服务的意愿没有明显影响。其中一项研究针对84名日本老年人，虽然计算机焦虑和计算机兴趣被假设为信息通信技术与享乐幸福感的预测因子，但由于测量这两个变量的工具及感知有用性的多重共线性问题，这两个变量都从最终模型中删除了。

三、技术焦虑的解决办法

在前人的研究中，有十七项明确提出了技术焦虑的解决方案，以减轻技术焦虑的负面影响。这些解决方案分为三个主要类别：培训和教育、创建适合的数字环境，以及进行更多研究的建议。

（1）培训和教育

计算机或技术使用相关的培训和教育被提议作为第一类解决方案，以减轻技术焦虑、计算机焦虑、技术焦虑症或其他老年人对技术的恐惧和不适。研究强调了提供计算机或技术培训以降低技术焦虑水平的重要性。一些研究还建议开展个性化培训、低成本培训、低成本访问计算机和互联网、为了方便使用技术服务的解释和培训，以及涵盖心理因素（即计算机焦虑）和计算机技能的培训，并通过确保反馈来鼓励积极态度。

（2）用户友好环境

第二类解决方案涉及建设用户友好型数字环境。有学者建议创建一个安全且值得信赖的数字环境（例如，通过减少用户收到错误消息的机会，或者使环境不那么令人担忧而且更受欢迎）可以帮助遏制技术焦虑。其他学者提到，可穿戴健康技术的设计应符合用户的生活和习俗，并且不会对认知或情感功能造成额外负担，以减少转型成本。研究还建议，对于那些有计算机焦虑症的人来说，用户界面元素的设计需要个性化和简化。

（3）未来发展

第三类减少技术焦虑的解决方案是未来研究的建议方向。三篇文章明确提到，需要更广泛地理解技术焦虑或技术焦虑症才能解决它。未来的研究可以通过调查自愿使用设备引起的焦虑与强迫使用设备引起的焦虑之间的差异来帮助解决技术焦虑，进而提出适当的应对策略来降低焦虑水平。也有学者呼吁未来的学术研究更多地关注更广泛的弱势群体，例如那些受教育程度较低或健康状况较差的老年人；未来的研究更应当调查干预技术如何减少技术焦虑症。

四、技术焦虑与顾客接受

人工智能技术的发展为服务领域带来了前所未有的变革。然而，技术本身的局限性和用户心理的复杂性，可能会导致技术焦虑的出现，使得用户接受度降低。技术焦虑度是指用户在使用特定技术时感到担忧和恐惧的程度。这些感觉源于操作技术的困难和对技术创新的不熟悉，如人工智能医疗诊断的沟通界面。在智能服务中，技术焦虑可能表现为对技术的不信任、对结果的质疑，以及对其安全性的担忧等。

首先，技术本身的局限性可能引起用户的技术焦虑。智能服务依赖于训练数据集的质量和数量，如果数据集不充分或存在偏差，就会影响诊断结果的准确性。用户可能会对这些问题感到担忧，并认为智能服务并不值得信任。其次，用户心理的复杂性也是引发技术焦虑的一个重要因素。一方面，用户可能会担心自己无法理解智能服务的结果。由于人工智能技术的复杂性和专业性，用户可能会觉得自己不够资格去理解诊断结果，从而产生技术焦虑。另一方面，用户可能会对自己的隐私和安全感到担忧。用户可能会担心自己的个人信息被泄露或滥用，这也会降低他们接受智能服务的意愿。最后，技术焦虑是指与外部群体互动产生的负面情绪，如恐惧、愤怒、厌恶和仇恨。这些被激活的负面情绪会导致消极行为，包括回避、逃避、抵抗和攻击。在智能服务中，随着人工智能参与的增加，用户将与被人类视为外群体的智能客服有更多的接触或互动，从而导致更多的技术焦虑和更低的接受意愿。

五、技术焦虑与隐私矛盾

（1）技术焦虑与非个性化担忧

除技术焦虑度是解释用户态度的重要因素之外，现有文献也关注用户的个性化-隐私矛盾。随着人工智能技术的发展，其在智能服务中扮演的角色越来越重要。例如，人工智能可以帮助医生快速、准确地诊断疾病，提高医疗效率和精度，从而为用户带来更好的治疗结果。然而，一些用户对智能服务却会产生非个性化的担忧，这可能导致他们接受智能客服的意愿降低。

对于用户的担忧，主要有两个方面：一是担心人类被取代，二是担心人工智能算法没有考虑到个人差异。其一，许多人担心人工智能会取代人类而失去人情味和关怀,这会给用户带来冷漠和不透明的感觉。尤其是在一些重大疾病的诊断中,用户往往需要获得医生的安慰和支持,而这些都是人工智能无法提供的。其二,虽然人工智能可以分析庞大的数据集并产生准确的结论,但用户仍然担心算法没有考虑到个体差异。比如,对于不同年龄、性别、民族等人群,疾病的症状和表现可能会有所不同,而这些因素在人工智能算法中可能没有得到足够的关注。

这些担忧可能导致用户接受智能服务的意愿降低。如果用户认为人工智能无法提供足够的人情味和个性化的服务,他们就会更倾向于寻求人类的帮助。此外,用户可能会质疑人工智能算法的准确性和可靠性,从而失去对其的信任。这可能会导致用户拒绝接受智能服务,或者只是将其作为参考,并最终依赖人类服务。

(2)技术焦虑与隐私担忧

用户的隐私担忧主要涉及以下问题:一是个人信息泄露的风险。例如,在使用人工智能进行医疗诊断时,需要收集大量的个人健康信息,包括病历记录、检查结果和生理参数等。这些信息可能包含敏感的健康信息,如果不妥善保护,就有可能被黑客攻击窃取或者被不当使用。此外,现代医疗系统中的多个环节,如数据采集、处理和传输等,都可能存在安全漏洞,从而增加用户个人信息泄露的风险。二是人工智能算法对个人隐私的侵犯。在进行疾病诊断时,人工智能算法需要访问用户的个人健康信息,但这可能会侵犯用户隐私。例如,一些敏感的疾病或症状可能会被算法识别,并在其他环节被公开披露,从而影响用户的个人隐私。这些隐私担忧可能导致用户接受人工智能诊断的意愿降低。如果用户担心自己的个人信息会被不当使用或泄露,他们就会更倾向于选择传统的医疗系统。此外,用户可能会对人工智能算法的准确性和可靠性产生怀疑,从而失去对其的信任。这可能会导致用户拒绝接受人工智能诊断或者只是将其作为参考,并最终依赖传统医疗系统。因此，即使人工智能可以利用大数据和深度学习等技术，快速准确地进行疾病诊断、制定治疗方案。然而，在使用人工智能进行医疗诊断时，用户的隐私担忧也越来越严重，这可能导致他们接受智能服务的意愿降低。

本章小结

智能客服接受度的研究始于为通用技术使用开发的模型。以前的研究主要采用技术接受模型来解释个体对某种类型技术的使用，例如服务机器人、工业机器人和新信息系统。在技术接受模型中，对技术的使用意向受到其感知易用性和有用性的驱动，进而预测实际使用情况。对智能客服接受度的后续研究可以分为两个研究流派。一个流派关注客户对智能客服的接受度，另一个流派关注员工的接受度。关于客户对智能客服的接受度主要在三个概念框架内进行探讨：自动化社交存在模型、人工智能设备使用接受模型和服务机器人接受模型。自动化社交存在模型提出，社交认知和心理所有权在自动化社交存在对服务结果的影响中起到中介作用。人工智能设备使用接受模型解释了决定客户是否愿意接受（或反对）使用人工智能设备的顺序过程。服务机器人接受模型认为，客户的接受度不仅受到技术接受模型引入的功能要素的影响，还取决于社会情感要素和关系要素。尽管这些框架具有不同的先驱因素，但其中一致的基本机制是客户的接受度是由智能客服面向功能的表现（例如销售活动）和面向关系的表现（例如服务活动）共同决定。

第九章
顾客体验：人机关系的维持

引 言

服务提供商在很大程度上依赖智能客服提供智能体验，以改善口碑、顾客态度和忠诚度，以及销售绩效。[1]

顾客体验描述了顾客与公司的产品、人员、服务和购物环境的互动。在过去的十年中，顾客体验一直是一个热门的研究课题，因为它对服务提供商的成功至关重要。通过将顾客体验研究扩展到智能服务的背景下，智能体验被定义为顾客对与智能技术互动的主观和内部反应。由于智能技术的普及，如电子商务、智能手机应用和增强现实/虚拟现实等，智能体验已经成为营销研究的主要关注点。

智能体验指的是客户对智能技术的情感和认知反应。由人工智能驱动，智能客服是一种具有前所未有的商业潜力的新技术，正在逐渐接管前线界面。服务提供商大量依赖智能客服来提供智能体验，以改善口碑、客户态度、忠诚度和销售业绩。智能体验研究的最新趋势是

---

[1] Hua Fan, Wei Gao and Bing Han, "Are AI Chatbots a Cure-all? The Elative Effectiveness of Chatbot Ambidexterity in Crafting Hedonic and Cognitive Smart Experiences", *Journal of Business Research*, Vol. 156(February 2023), Article 113526.

研究智能客服。人工智能技术，如自然语言处理和机器学习，可以在规模上、速度上和精度上分析顾客的反馈与情感。因此，人工智能代表了智能技术的一个更新流派，基于人工智能的智能客服可以成为服务提供商建立和维护竞争优势的重要工具。智能客服已广泛部署在各个行业（例如机场、餐厅、零售、酒店和旅行规划）中，以改善智能体验。尤其是一些行业特别需要无接触的客户服务，智能客服的市场规模迅速增加，预计从 2017 年的 2.5 亿美元增长到 2024 年超过 13.4 亿美元。因此，研究智能客服的有效性对于打造智能体验至关重要。

第一节　智能体验的维度

通过具备感知和连接功能的智能产品提供的服务被称为"智能服务"。智能服务的智能对象可以与个体消费者、一组消费者或公司相关联。通过智能对象收集的数据用于改进服务提供，使消费者能够受益于高度个性化的服务，例如智能支付服务、互动式故障协助、远程医疗诊断以及智能零售等。技术特性、消费者特性以及特定背景下的感知会影响用户对智能服务的认知和采用。智能服务被纳入企业对企业和企业对消费者的设置，为服务提供商和消费者都带来了显著的效益提升。这些效益包括降低成本、增加灵活性、提高可访问性以及节约时间。尽管智能服务具有巨大的潜力，但消费者往往认为它存在风险，表现出抵制。智能服务通过"5C"来定义：连接（Connect）、收集（Collect）、计算（Compute）、通信（Communicate）和共创（Co-create）。将智能服务引入不同领域已成为最近的趋势，一些著名的例子包括智能旅游、智能零售、智能城市以及智能医疗等。

已有文献尚未就智能体验的概念达成共识，并且使用了不同的分类法来衡量智能体验。在一项开创性工作中，学者们建立了一个庞大的框架来定义智能体验，包括六个子维度：愉悦、认知、社交、个人、实用和经济。大部分学者专注于愉悦或认知体验这两个维度。

一、愉悦型智能体验

愉悦体验捕捉了一种心理过程，包括情感、心情和态度。当购买过程引发积极情绪时，强调顾客从购物中获得的娱乐和快乐，愉悦体验就会发生。因此，智能客服可以通过提供灵活和定制的服务来创建愉悦型智能体验，带来愉悦。

首先，愉悦体验在现代商业中扮演着重要的角色。随着消费者期望的提高，企业需要超越传统的交易性关系，追求在顾客心中留下深刻印象的目标。这就要求企业提供更多的价值，包括情感价值。愉悦体验是一种情感价值的体现，它不仅仅关注产品或服务的功能性，还强调情感满足和快乐。当顾客体验愉悦时，他们更有可能积极评价企业，分享他们的经历，并成为品牌的支持者。

其次，积极情绪是愉悦体验的关键要素。智能客服在提供服务时有机会引发积极情绪，这有助于创造愉悦体验。通过友好、亲切、有效的交互，智能客服可以让顾客感到受欢迎和重视。这种积极情绪可以激发快乐和满足感，从而增强顾客对服务的满意度。另外，娱乐因素也是愉悦体验的一部分。购物不仅是一项功能性的活动，也可以是一种娱乐性的体验。智能客服可以通过创新的方式提供信息、建议和支持，使购物过程更具娱乐性。例如，虚拟试衣间、个性化推荐和互动性质的购物体验都可以增加购物的娱乐价值，从而引发愉悦体验。

此外，定制化服务是创造愉悦体验的关键。智能客服可以利用大数据和个性化算法，为每位顾客提供特定于他们需求和偏好的服务。这种个性化服务增加了顾客的满意度，并让他们感到自己受到特别对待。顾客将更容易产生积极情感和愉悦体验，从而提高他们的态度和忠诚度。

最后，愉悦体验对于企业的销售绩效至关重要。愉悦的顾客更有可能成为忠诚客户，他们会回购并推荐企业给其他人。这种口碑传播有助于提高销售量和市场份额。同时，愉悦体验还可以提高销售的转化率，因为顾客更愿意购买并尝试新产品或服务。

综合而言，愉悦体验是现代商业中的一个关键概念，它涉及情感、心情和态度，与积极情绪、娱乐及快乐紧密相关。智能客服通过提供灵活和定制的服务，可以创造愉悦智能体验，从而改善顾客的态度、忠诚度与销售绩效。企业应认识到愉悦体验的价值，并不断努力提供能够引发积极情绪、娱乐和快乐的服务，以满足现代消费者的期望。

二、认知型智能体验

认知体验捕捉了一种心理过程，涉及知觉、问题解决和抽象思维。当提供功能性信息（例如产品或服务价格和质量）时，会创建认知体验，强调获得服务或产品的效率和功能性。因此，智能客服可以通过提供高效的服务和充足的信息来创建认知体验。认知体验在消费者决策过程中扮演着关键角色。这种体验通常与获取产品或服务的效率、功能性以及相关信息的质量密切相关。

首先，认知体验与知觉密切相关。当消费者接触产品或服务时，他们的知觉系统被激活，开始对信息进行处理和分析。在购物体验中，这可能涉及对产品外观、质量和特性的评估。智能客服可以通过提供清晰、准确的信息，满足消费者的知觉需求。例如，在线上购物中，智能客服可以回答关于产品特性、尺寸和材料等方面的问题，帮助消费者更好地理解产品，从而增强其知觉体验。

其次，问题解决是认知体验的关键组成部分。当消费者在购物过程中遇到问题或疑虑时，他们希望能够迅速获得解决方案。智能客服的机器学习算法和大数据分析能力使其能够快速识别问题并提供准确的解决方案。这种高效的问题解决能力增强了消费者对购物体验的信任感，提高了他们的满意度和忠诚度。

另外，抽象思维也是认知体验的一部分，特别是在涉及复杂产品或服务的购买决策时。消费者可能需要将不同产品或服务进行比较并进行抽象思考，以确定哪个最符合他们的需求。智能客服可以通过提供详细的产品比较信息、用户评价和专家建议，帮助消费者进行抽象思考，做出更明智的购买决策。这种个性化的抽象思维支持增强了购物体验的深度和广度。

最后，信息的充足性是创建认知体验的关键。当消费者感到能够获得足够的信息时，他们更有信心做出购买决策。智能客服通过提供详细、全面的产品或服务信息，满足了消费者获取足够信息的需求。这种信息的充足性不仅增强了购物体验的可靠性，还减少了购物过程中的不确定性，提高了购物决策的准确性。

因此，认知体验涉及知觉、问题解决和抽象思维等心理过程，与产品或服务的效率、功能性以及相关信息的质量密切相关。智能客服通过提供高效的服务和充足的信息，满足了消费者的知觉、问题解决和抽象思维需求，从而创建认知型智能体验。这种体验不仅增强了消费者的信任感和满意度，还提高了他们的购物忠诚度；对于企业而言，也意味着更高的销售绩效和市场竞争力。因此，智能客服在提供认知型智能体验方面具有巨大潜力，是现代商业中不可或缺的重要组成部分。

第二节 顾客体验的加工模式

双过程模型，也被称为详细推理模型或启发式-系统性模型，是一种认知心理学理论，用于解释人类思维和决策的方式。双过程模型已被广泛应用于理解顾客体验的形成。该模型探讨了决策和推理的两种主要模式：系统性思考和启发式思考。双过程理论研究者认为，顾客使用两种信息处理模式——基于情感的过程和基于认知的过程——

来进行购买决策。这一理论的核心观点是，人们在面临不同问题和任务时，会选择使用不同的认知策略。

一、基于情感的加工过程

基于情感的过程是一种复杂但在我们的日常生活中自动且经常使用的认知模式。这一过程是自发的，通常以启发式的方式进行，涉及相对较少的深度分析和认知资源。情感起到了关键的作用，因为它可以在我们的认知系统中引导和激发特定的反应。情感处理通常是一种较快速、较表面的认知模式，特别适用于情境中信息与个人兴趣无关的情况。

在处理与个人兴趣不相关的信息时，顾客更有可能采用较为外围和启发式的信息处理方式。外围处理指的是对信息进行较少深思熟虑的处理方式，更多地依赖表面特征和启发式线索，而不是深入的分析。这种处理方式通常在顾客的参与度较低时出现，因为他们可能没有足够的兴趣或动力来进行深入的认知处理。

在这种情境下，启发式思考变得至关重要。启发式思考是一种快速、直观和经验驱动的决策方式。在这一模式下，人们不会花费大量时间分析信息，而是依赖已有的简化规则或经验来迅速做出决策。这可以节省认知资源和时间，因为它使人们能够在面对大量信息时快速做出判断。

然而，启发式思考并非没有缺点。它容易受到认知偏差的影响，这可能导致不理性的决策。这意味着在一些情况下，人们可能会因为使用快速的启发式思考而做出不符合实际情况的判断。这是认知心理学研究中的一个关键领域，研究人们在不同情境下如何使用和受到启发式思考的影响，以及如何减少认知偏差对决策的影响。

总之，基于情感的过程是一种自动的、启发式的、较少分析的认知模式，通常在面对与个人兴趣不相关的信息时出现。这一模式的运行取决于顾客的参与度以及他们对信息的兴趣程度。在这些情境下，启发式思考成为一种快速、直观的决策方式，帮助人们在快节奏的生活中更快地做出判断。然而，我们也必须注意，启发式思考可能导致不理性的判断，因此在一些情况下需要特别小心谨慎。这一认知模式的研究对于理解人类行为决策和心理非常重要。

二、基于认知的加工过程

类似地，基于认知的过程在人类思维和决策中扮演着关键的角色。这一认知模式通常涉及深思熟虑、反思和对信息的详细处理，却需要更多的认知资源，与情感驱动的过程形成鲜明对比。这一认知模式具有高耗能的特点，尤其是在顾客参与度高的情境下。

当顾客参与度高，也就是他们对信息具有较高的兴趣和动机时，他们更倾向于采用基于认知的深思熟虑的信息处理方式。这一模式与双加工模型中描述的中心和系统线索处理方式相关联。中心线索处理涉及深入的信息分析，依赖于深思熟虑和全面的推理。在这种模式下，人们会仔细权衡各种信息，评估各种选项，以做出理性的、经过详细思考的决策。这种思考方式通常用于处理复杂的问题，需要更多的认知努力和资源。

系统性思考是一种充分利用认知资源和时间的过程。它要求人们深入探讨信息，考虑不同的观点和可能的后果。这种思考方式通常在重要决策、复杂问题或需要全面分析的情境中出现。系统性思考有助于人们更好地理解问题的本质，并制定更为理性和明智的决策。

然而，与情感驱动的过程不同，基于认知的过程需要更多的认知资源。这包括大量的注意力、工作记忆、分析能力和时间。因此，它可能不适用于每个情境，特别是在时间有限或信息过多的情况下。在这些情况下，人们可能会倾向于采用更快速、表面和启发式的信息处理方式，以便更迅速地做出决策。

总之，基于认知的过程是一种深思熟虑、反思和详细处理信息的认知模式，通常需要更多的认知资源。它与情感驱动的过程形成对比，后者更快速、较表面且依赖于情感和经验。顾客的参与度和情境的复杂性，决定了他们选择哪种信息处理方式。系统性思考是一种重要的认知策略，用于处理复杂问题和制定理性决策，但它需要在适当的情境下运用，以确保有效地利用认知资源。这一认知模式的研究对于理解人类思维和决策过程，及其在教育和决策制定中的应用具有重要意义。

三、情感与认知并行的加工过程

双过程模型强调，人们在不同情境下会灵活地切换和组合这两种思考方式。这取决于问题的复杂性、时间限制、经验和知识水平等因素。例如，当面临紧急情况或缺乏信息时，人们更可能依赖启发式思考；而在需要精确分析和深思熟虑的情境下，他们可能会选择系统性思考。这一模型的一个重要应用领域是决策心理学，研究人们在不同决策任务中的认知策略选择和性能表现。它还有助于我们理解为什么人们在某些情境下会犯下决策错误，以及如何通过认知训练来改进决策质量。此外，双过程模型也在行为经济学、医学和教育领域中有广泛的应用，以帮助人们更好地理解和改善他们的决策过程。

这两种信息处理模式可以并行操作，表明顾客可以全面关注非理性和理性信息。因此，当与智能客服互动时，如果互动内容是常规和重复的，顾客可以通过投入较少的认知资源和注意力，启发式地处理互动（即基于情感的过程）。相反，如果互动内容在个人相关性方面很高，顾客可能会投入更多的认知资源和努力进行深入、详细的处理（即基于认知的过程）。因此，双过程模型似乎是探索智能客服双元性的不同形式如何对愉悦型或认知型智能体验产生不同影响的最合适的模型。

第三节 双元能力与顾客体验

我们提出了一个 2×2 矩阵（见图 9-1），将智能客服双元性的程度（高 vs. 低）与其类型（服务 vs. 销售，效率 vs. 柔性，销售现有商品 vs. 新品）并列，以更好地解释智能客服双元性的多种配置。我们首先使用双过程模型来区分双元性组件的平衡度（图 9-1 的第一和第二象限）和不平衡度（图 9-1 的第三和第四象限）。然而，从资源基础的观点来看，公司通常需用有限的资源来部署一个在服务和销售、服务效率和柔性，以及销售现有商品和新品方面都能表现出色的智能客服。

	智能服务/服务效率/销售陈品	
	高水平 • 频繁的服务互动 • 客户将服务效率评价为高质量 • 频繁的与陈品相关的销售互动	低水平 • 偶尔的服务互动 • 客户将服务效率评价为低质量 • 偶尔的与陈品相关的销售互动
智能销售/服务柔性/销售新品 高水平 • 频繁的销售互动 • 客户将服务的柔性评价为高质量 • 频繁的与新品相关的销售互动	双元变量匹配 高水平的服务-销售双元性、效率-柔性双元性和陈品-新品销售双元性的等效水平 （第一象限）	双元变量不匹配 低服务-高销售双元性、低效率-高柔性双元性和低陈品-高新品销售双元性的情况 （第三象限）
低水平 • 偶尔的销售互动 • 客户将服务的柔性评价为低质量 • 偶尔的与新品相关的销售互动	双元变量不匹配 高服务-低销售双元性、高效率-低柔性双元性和高陈品-低新品销售双元性的情况 （第四象限）	双元变量匹配 低水平的服务-销售双元性、效率-柔性双元性和陈品-新品销售双元性的等效水平 （第二象限）

图 9-1　对比智能客服双元性程度与类型的 2×2 矩阵

资源基础理论强调了公司的核心资源和能力对于竞争优势的关键性。在智能客服的情境下，核心资源包括技术基础设施、数据分析能力、专业知识等。这些资源对于提供卓越的服务和销售至关重要。然而，许多公司可能面临有限的财务资源，无法轻松投资于这些核心资源的建设。因此，公司需要谨慎选择并有效地配置资源，以在有限资源下实现最大的智能客服价值。智能客服的成功与服务效率和柔性密切相关。智能客服系统可以提高服务效率，通过自动化和智能决策减少响应时间和人力成本。然而，部署这些系统通常需要昂贵的技术和培训投资。因此，公司需要权衡投资与预期效益，确保实现卓越的服务效率。另外，智能客服需要适应不断变化的市场需求和消费者偏好。这就需要柔性的智能客服解决方案，能够快速适应变化并提供个性化的服务。然而，这也需要公司具备灵活的组织结构和资源配置。在资源有限的情况下，公司需要精确规划资源，以支持智能客服的柔性需求。销售方面，智能客服可以用于销售现有产品或推动新产品的销售。然而，销售需要专业的人力资源，包括销售团队和市场营销策略。公司需要权衡资源在销售和服务之间的分配，以实现卓越的销售表现。

总的来说，资源基础理论帮助我们理解公司如何在服务和销售、服务效率和柔性，以及销售现有商品和新品方面实现卓越的智能客服。虽然公司可能面临有限的资源，但通过明智的资源配置策略，它们仍然可以实现卓越的智能客服，满足不断变化的市场需求。这需要公司在资源管理方面保持灵活性和创新性，以确保智能客服在资源受限的情况下发挥最大的潜力。因此，我们将在不平衡对角线内比较两个象限（图9-1的第三和第四象限）。

一、服务-销售双元能力与智能体验

服务销售双元性推动了愉悦型和认知型智能体验，因为智能客服的服务提供和整合销售分别促进了顾客的情感和认知过程。一方面，高质量的服务来自于类似顾客的服务历史数据。这样的数据库为智能客服提供了解决特定问题的信息，从而需要顾客更少的认知资源（即基于情感的过程）来回答他们的问题。另一方面，高质量的销售意味着智能客服可以使用其算法提供最佳的整合销售优惠。当顾客评估附加产品信息是否满足他们的需求时，他们必须更深入和更努力地处理信息（即基于认知的过程）。因此，服务-销售双元性改善了愉悦型和认知型智能体验。

在考虑组织资源限制时，有两种合理的结果：高服务-低销售（图9-1的第四象限）和低服务-高销售（图9-1的第三象限）的双元性。根据双过程模型，低（高）顾客参与度导致个体使用基于情感（基于认知）的方法来处理信息。服务提供依赖于更标准化的过程来解决顾客的问题，而不同于整合销售。因此，智能客服与顾客之间的服务对话涉及较低的顾客参与度，并创造出顾客的愉悦型（而不是认知型）智能体验。相反，整合销售需要一名一线员工利用分散的信息来深入了解顾客的需求。由于智能客服在销售对话中向顾客提供更准确、适当和个性化的产品信息，它需要较高水平的顾客参与度，并轻松创造出顾客的认知型（而不是愉悦型）智能体验。

二、效率-柔性服务双元能力与智能体验

智能客服的效率-柔性双元性也推动智能体验。愉悦型智能体验反映了购物的娱乐和愉悦感，而认知型智能体验则反映了服务的效率。智能客服可以通过提供最佳质量的关怀和确保最大程度的客户满意度来提供灵活的服务，这极大地促进了客户的情感过程。智能客服还可以通过降低成本和提高效率来提供高效的服务，从而使客户的认知过程得以实现。根据双过程模型，智能客服的效率-柔性服务双元性使客户的情感和认知过程得以实现，从而提高了愉悦型和认知型智能体验。

在考虑资源限制时，有两种可行的组织实践：高效率-低柔性（图 9-1 的第四象限）和低效率-高柔性（图 9-1 的第三象限）的双元性。一方面，智能客服可以承担例行服务请求，并基于历史数据完成一系列功能。这些便利的操作迎合了强调获取服务效率的客户认知过程。另一方面，智能客服可以提供更灵活的服务，例如建议问题、提供及时信息和个性化的服务。这种定制服务适应了客户的情感过程。因此，专注于灵活服务（低效率-高柔性的双元性）的智能客服促进了愉悦体验，而专注于高效服务（高效率-低柔性的双元性）的智能客服则创造了认知体验。

三、陈品-新品销售双元能力与智能体验

陈品-新品销售的双元性仅推动认知型智能体验，因为智能客服的销售尝试对认知过程的影响要强于情感过程。销售陈品或新品显示了销售人员在收入生成方面的主动性。智能客服积极提供功能性内容可以增加双方交流中信息交流的总量和效益。根据双过程模型，当产品信息与客户的个人兴趣高度相关时，客户会将更多的认知努力和时间用于详细处理信息。鉴于认知型智能体验侧重于客户收到的功能信息，智能客服的陈品-新品销售双元性有益于认知型智能体验。

在考虑资源限制时，有两种组织实践：高陈品-低新品（图 9-1 的第四象限）和低陈品-高新品（图 9-1 的第三象限）销售的双元性。公司可能更愿意首先关注陈品，因为与陈品相关的信息风险较小。因此，客户可能受到的影响较小，保持现状，并投入较少的认知努力。相反，客户可能更愿意获取新品信息，因为新品信息代表了满足其不同需求的新颖和定制解决方案。智能客服可以利用智能技术提供关于新品如何满足客户需求的及时、准确和相关的信息。因此，关于新品的实用信息比陈品的信息更能照亮客户的情感和认知过程。根据双过程模型，这种信息处理增加了智能客服的说服力并创建了智能体验。

第四节 实证研究三

一、研究摘要与结果综述

智能客服是否改善智能体验并产生收入是一个未充分研究的话题。本章节通过调查和比较智能客服双元性的全范围（即服务－销售双元性、效率－柔性双元性和陈品－新品销售双元性）对智能体验的影响，来填补这一研究空白。为了填补前文所述的研究空白，本章节基于双过程模型，考查了智能客服双元性对智能体验和顾客购买的相对有效性。我们试图回答：服务提供商应该部署什么样的智能客服双元性来培养最佳的愉悦型或认知型智能体验？利用来自1026名客户的经验数据，研究结果表明，智能客服双元性并非万能药。只有效率－柔性双元性有益于智能体验和客户的忠诚度，而服务－销售双元性对智能体验的创建有害。此外，高服务－低销售（相较于低服务－高销售）双元性对愉悦型智能体验有更强的影响，但对认知型智能体验的影响较弱。低效率－高柔性和低陈品－高新品销售双元性分别在打造愉悦型或认知型智能体验方面，优于高效率－低柔性和高陈品－低新品销售双元性。研究还表明，愉悦型智能体验对客户的忠诚度影响较大，超过了认知型智能体验。

在回答这个研究问题的过程中，本章节以三种方式对相关文献做出了贡献。第一，它通过多维视角看待智能客服服务，为智能体验研究做出了贡献。关于智能客服的研究将智能体验概念化为整体构建或单一认知构建。通过揭示智能客服双元性对智能体验不同维度的影响，本章节在智能体验研究中考虑了更多因素（例如情感和行为）。第二，它通过研究全范围的双元性效应，为智能客服文献增添了内容。智能客服文献仅研究了智能客服的服务－销售双元性的触发作用。通过整合智能客服的效率－柔性（服务）和陈品－新品（销售）双元性，本章节验证了不同类型智能客服双元性的有效性。第三，它通过提供对智能客服双元性影响的新视角，丰富了双过程模型。通过比较智能客服双元性对愉悦型和认知型智能体验的不同影响，本章节在不同情境下验证了多维体验题项，以及对双元性的其他结果的检验。本章节为智能体验和智能客服双元性的文献贡献了内容，并为服务提供商在设计和部署智能客服进行前线人机交互提供了实际指导。

二、研究模型与假设提出

基于双过程模型，我们提出如图9-2所示研究模型，并提出以下假设：

H1：智能客服的服务-销售双元性增加了（a）愉悦型智能体验和（b）认知型智能体验。

H2：智能客服的高服务-低销售（与低服务-高销售相比）双元性触发了（a）更多的愉悦型智能体验和（b）更少的认知型智能体验。

H3：智能客服的效率-柔性双元性增加了（a）愉悦型智能体验和（b）认知型智能体验。

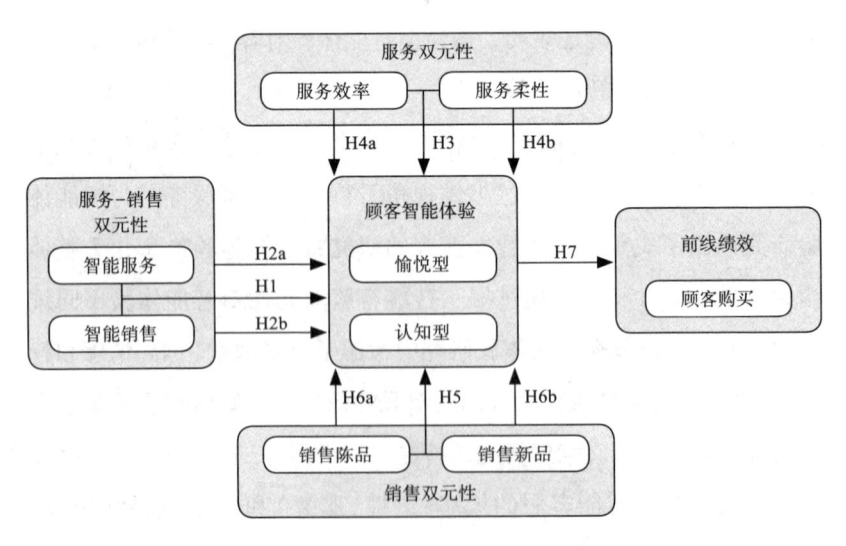

图9-2 实证研究三的理论模型

H4：智能客服的高效率-低柔性（与低效率-高柔性相比）双元性触发了（a）更少的愉悦型智能体验和（b）更多的认知型智能体验。

H5：智能客服的陈品-新品销售双元性（a）增加了认知型智能体验，但（b）不增加愉悦型智能体验。

H6：智能客服的高陈品-低新品（与低陈品-高新品相比）销售双元性触发了（a）更少的愉悦型智能体验和（b）更少的认知型智能体验。

H7：智能体验对顾客购买产生积极影响。

三、研究材料和数据收集

研究情境。本章节的研究对象是一家总部位于上海、净收入超过200万美元的大型电动自行车共享公司（以下简称"J公司"）。电动自行车共享在用户出行时提供了相当大的便利，但也存在许多服务问题，例如站点的位置和能力、车辆的重新定位、共享系统的运行以及停车问题。大多数顾客的请求都是常规和重复的，这使得部署服务智能客服至关重要且经济合算。因此，J公司将其呼叫中心外包给了一家基于人工智能的服务系统提供商，以削减运营成本。每个顾客服务请求首先会被路由到一个智能客服，该机器人可以执行顾客服务提供和整合销售任务。只有未解决的问题会转移到由J公司招聘的人类前线员工处理。

智能客服的顾客服务提供日常对话，例如天气报告、正常问候和非正式聊天，以及与订单相关的解决方案，例如停车区域导航、车辆位置服务和车辆归还指导。整合销售包括租赁套餐、与银行合作的联合产品、与在线视频平台合作的联合产品，以及与网约车应用程序合作的联合产品。在整合销售过程中，智能客服可以根据用户的历史骑行数据随机推荐新的租赁套餐；向那些经常通过银行账户支付账单的用户推荐与银行的联合产品；向那些经常骑行到地铁站的用户推荐与在线视频平台的联合产品；向那些经常将电动自行车归还到农村地区的用户推荐与网约车应用程序的联合产品。截至 2022 年，J 公司已经拥有超过 30000 名注册用户。

数据收集。本章节的实地数据收集在 2021 年分三个阶段进行。在第一阶段，我们与 J 公司和服务系统提供商一起组建了一个研究团队，通过在线问卷收集了顾客对服务效率、柔性、智能体验以及其他一些背景变量的评分。问卷最初是用英文编写的，随后翻译成中文，以确保参与者理解问题；然后将其重新翻译成英文，并与原始英文版本进行核对以确保准确性。接着将问卷连同租赁券的奖励发送给 J 公司的 11470 名注册用户，为了确保参与者具有与智能客服的互动经验，我们只针对在前 6 个月内与智能客服互动过的用户。在第一阶段结束时，有 1091 名注册用户完成了问卷。

在第二阶段，我们将参与者与服务系统提供商的数据库进行了匹配，该数据库包含了智能客服与顾客之间的所有前线对话。每个对话被分类为服务提供或整合销售，并且每个整合销售对话都被归类为销售陈品或新品。与我们研究团队有关联的 J 公司员工负责对人机交互（服务提供、销售陈品或新品）进行编码。从完成问卷的 1091 名注册用户中记录了超过 12000 次对话，表明每名用户在前 6 个月内平均与智能客服进行了约 11 次对话。在这些对话中，有 50.2% 被归类为服务提供，25.1% 被归类为销售陈品，24.7% 被归类为销售新品。我们邀请了 4 名独立的评审人（具有丰富前线服务经验的客户联系经理）来验证分类方法。他们对样本池中的 300 个随机对话进行了编码。

在第三阶段，我们将这 1091 个账户与 J 公司的财务数据库匹配，以获取其顾客购买测量。账户 ID 被发送回 J 公司，用于收集这些用户在前 6 个月内的实际支出。我们仅从智能客服显示的链接中收集支出，以确保用户的购买发生在与智能客服交谈之后。并非每个用户都通过智能客服购买了租赁套餐或联合产品，因此我们从样本池中删除了65个账户,最终留下了1026个账户的档案财务数据,用于直接顾客购买测量。

问卷测量。我们区分了服务提供和整合销售。人机交互涉及日常对话、与订单相关的服务、租赁套餐的销售和联合产品的销售。当对话涉及基础服务时(例如日常对话、与订单相关的服务),我们将交互分类为服务提供(SE)。因此,我们通过测量服务占主导地位且与产品销售无关的交互数量,来衡量智能客服实施服务提供的程度。当智能客服打算促成购买时(例如销售租赁套餐或联合产品),我们将交互分类为整合销售(SA)。因此,我们通过测量与销售相关的交互数量,来衡量智能客服实施整合销售的程度。此外,在整合销售的交互中,如果向顾客首次显示了产品链接,则将其分类为销售新品(NE);如果之前已向顾客显示了产品链接,则将其分类为销售陈品(EX)。

服务效率和柔性以及智能体验是通过文献中的成熟量表来衡量。服务效率(EF)和柔性(FL)均由七点量表上的三个项目来衡量,询问用户对智能客服所从事的活动的意见。我们创建了三个乘法交互项,以解释服务-销售双元性、效率-柔性双元性和陈品-新品销售双元性的水平。愉悦型(HD)和认知型(CG)智能体验都是通过七点量表上的三个项目来衡量的,重点关注顾客对智能客服服务的情感和认知反应。顾客的购买(PT)是通过J公司的档案数据来衡量的,作为顾客使用智能客服进行购买的准确指标。

最终数据集包括在我们的观察期内至少有一次人机交互的1026名顾客。顾客与智能客服之间的10876次对话,其中5458次专注于客户服务提供,2688次促销陈品,其余2730次是新品销售。平均而言,顾客在与智能客服互动后花费了38.63美元。最终的顾客样本中,有58%是女性,平均年龄为31岁;月收入在低于400美元和高于1200美元之间均匀分布;72%拥有学士学位。表9-1显示了变量之间的描述性统计数据和相关性。

表9-1 实证研究三描述性统计数据与相关系数

A：变量定义与统计数据

变量	定义	均值	标准差	百分比（%）			
性别	用户性别（1：女性，2：男性）	0.58	0.49	1:58	0:41		
年龄	用户年龄	31.17	8.51	≤25:27	26-30:21	31-35:30	≥36:22
月收入	月收入（以美元计算，百元）	2.83	1.15	≤4:13	4-8:29	8-12:29	≥12:29
受教育程度	教育背景（1：高中，2：高职，3：本科，4：研究生）	3.76	0.73	1:8	2:13	3:72	4:7
智能服务	与产品销售无关的对话数量	5.32	0.91	≤4:18	5:35	6:39	≥7:8
智能销售	涉及产品销售的对话数量	5.28	0.96	≤4:20	5:34	6:40	≥7:6
服务效力	被认为致力于降低成本、提高运营效率的努力	5.48	0.83	≤4:6	4.3-5:27	5.3-6:47	≥6.3:20
服务柔性	被认为致力于提高服务质量、确保更高满意度的努力	5.23	1.09	≤4:17	4.3-5:26	5.3-6:36	≥6.3:21
销售陈品	涉及已展示过的产品的对话数量	2.66	0.47	1:2	2:31	3:66	4:1
销售新品	涉及首次展示的产品的对话数量	2.62	0.47	1:1	2:37	3:61	4:1
愉悦型智能体验	与愉悦体验相关的感知收益	5.25	1.09	≤4:14	4.3-5:27	5.3-6:38	≥6.3:21
认知型智能体验	与新知识/技能相关的感知收益	5.24	1.11	≤4:16	4.3-5:24	5.3-6:40	≥6.3:20
顾客购买	用户通过智能客服充值的金额（以美元计算，元）	38.63	33.12	≤20:34	21-30:20	31-40:14	≥41:32

B：相关系数矩阵

变量	1	2	3	4	5	6	7	8	9	10	11	12
性别	N/A											
年龄	-0.16**	N/A										
月收入	-0.15**	0.27**	N/A									
受教育程度	0.07*	-0.12**	0.33**	N/A								
智能服务	-0.10**	0.12**	0.15**	0.12**	N/A							
智能销售	-0.12**	0.08*	0.14**	0.17**	0.64**	N/A						
服务效率	-0.08**	0.05	0.19**	0.17**	0.58**	0.57**	0.83					
服务柔性	-0.09**	0.10**	0.16**	0.08*	0.72**	0.69**	0.54**	0.85				
销售陈品	-0.10**	0.11**	0.19**	0.10**	0.57**	0.66**	0.60**	0.64**	N/A			
销售新品	-0.07*	0.10**	0.21**	0.12**	0.54**	0.65**	0.62**	0.62**	0.79**	N/A		
愉悦型智能体验	-0.06*	0.14**	0.19**	0.09**	0.70**	0.65**	0.52**	0.73**	0.56**	0.56**	0.85	
认知型智能体验	-0.12**	0.12**	0.18**	0.11**	0.60**	0.67**	0.56**	0.70**	0.62**	0.66**	0.69**	0.86
顾客购买	-0.08**	0.10**	0.21**	0.14**	0.61**	0.61**	0.57**	0.64**	0.63**	0.63**	0.69**	0.65**

注：*$p<0.05$。**$p<0.01$。N/A＝不适用。对角线上的数字是AVE值的平方根。

四、研究结果与假设检验

信度和效度。我们首先对在线调查数据进行了一项验证性因子分析。测量模型的拟合效果良好。然后,我们评估了数据的可靠性和有效性。如表9-2所示,克朗巴赫系数和组合信度的值均超过了0.70的截止值,反映了足够的可靠性。每个构建的平均提取方差(AVE)均高于0.50的截止值,表明具有很高的收敛效度。每个AVE的平方根均超过了所有相关性,表明具有鉴别效度。这些结果表明所有构建都是可靠且有效的。最后,为了防止共同方法偏差,我们使用全面的多重共线性检验检查了方差膨胀因子(VIF)值。VIF值均低于建议的最大值3.33。

表9-2　实证研究三测量量表

变量	来源	题项	α	CR	AVE
服务效率	Fan等(2022b)	在过去的12个月中,智能客服高度参与了: • 增加和改进互动效率 • 削减和降低时间成本 • 依赖自动化和程序性响应	0.74	0.81	0.69
服务柔性	Fan等(2022b)	在过去的12个月中,智能客服高度参与了: • 提供最高质量的服务 • 确保客户满意度最高水平 • 使用创新方式满足客户的需求	0.81	0.89	0.72
愉悦型智能体验	Roy等(2019), Verleye(2015)	• 我认为与智能客服互动的体验很好 • 我觉得智能客服很有趣 • 我喜欢与智能客服交流	0.81	0.89	0.73
认知型智能体验	Roy等(2019), Verleye(2015)	• 我能够通过智能客服提升技能 • 通过使用智能客服,我感到我可以获得新的知识/专业知识 • 我能够通过智能客服测试能力	0.82	0.90	0.74

注:α=克朗巴赫系数。CR=组合信度。AVE=平均提取方差。

假设检验。我们使用多项式回归分析来测试智能客服的双元性效应，因为这种方法提供了关于双元性组件的平衡和不平衡更加细致的结果。如表 9-3 所示，我们将三个因变量（HD、CG 和 PT）回归到控制变量、刻度居中的双元性组件（SE、SA、EF、EL、EX、NE）以及九个高阶变量（SE^2、SE×SA、SA^2、EF^2、EF×FL、FL^2、EX^2、EX×NE、NE^2）上。多项式项的系数用于计算不平衡线上的斜率和曲率。我们构建了响应曲面图（见图 9-3），用于展示不同双元性配置下的因变量预测值，以更清晰地解释三维关系。如图 9-3 所示，不平衡线（虚线）位于每个图表的底部，从 SE/EF/EX 较低且 SA/FL/NE 较高的点到 SE/EF/EX 较高且 SA/FL/NE 较低的点。

表 9-3　实证研究三多项式回归结果

变量	愉悦型体验		认知型体验		顾客购买		假设接受/拒绝
	系数	标准误	系数	标准误	β	SE	
截距项	-0.05	0.25	0.08	0.27	-0.11	0.18	
控制变量							
性别	0.06	0.04	-0.08*	0.04	0.01	0.03	
年龄	0.01	0.01	0.01	0.01	0.01	0.01	
月收入	0.06**	0.02	0.02	0.02	0.01	0.02	
受教育程度	-0.01	0.04	0.01	0.04	0.05*	0.03	
多项式变量							
智能服务（SE）	0.32**	0.04	0.09*	0.04	0.02	0.03	
智能销售（SA）	0.18**	0.04	0.14**	0.04	0.06*	0.03	
SE^2	0.05*	0.03	0.05	0.04	-0.01	0.03	
SE×SA	-0.04	0.03	-0.01	0.04	0.01	0.03	
SA^2	-0.01	0.02	-0.03	0.02	-0.01	0.02	

续表一

变量	愉悦型体验		认知型体验		顾客购买		假设接受/拒绝
	系数	标准误	系数	标准误	β	SE	
服务效率（EF）	0.13**	0.04	0.17**	0.04	0.05	0.04	
服务柔性（FL）	0.27**	0.05	0.36**	0.04	0.08*	0.04	
EF^2	-0.04	0.04	-0.04	0.04	-0.07*	0.04	
EF×FL	0.11*	0.04	0.10*	0.04	0.15**	0.05	
FL^2	-0.11**	0.03	-0.03	0.02	-0.03	0.02	
销售陈品（EX）	-0.02	0.10	-0.03	0.08	0.07	0.07	
销售新品（NE）	0.12*	0.09	0.44**	0.09	0.20**	0.07	
EX^2	-0.03	0.13	-0.24	0.20	-0.34*	0.18	
EX×NE	-0.24*	0.12	0.28	0.17	0.39**	0.14	
NE^2	0.25*	0.11	-0.19*	0.11	-0.13	0.13	
愉悦型智能体验					0.45**	0.05	H7：接受
认知型智能体验					0.19**	0.04	
R^2	0.63		0.61		0.77		
$t_{spooled}$(SE-SA)	79.27		-28.31				H2：接受
$t_{spooled}$(EF-FL)	-70.03		-107.59				H4：部分接受
$t_{spooled}$(EX-NE)	-33.33		-125.02				H6：接受
不平衡线（SE=-SA）							
斜率	0.14** [0.05, 0.24]		-0.04 [-0.14, 0.07]		-0.04 [-0.11, 0.04]		
曲率	0.08* [0.01, 0.18]		0.03 [-0.07, 0.14]		-0.02 [-0.10, 0.06]		H1：拒绝

续表二

变量	愉悦型体验		认知型体验		顾客购买		假设接受/拒绝
	系数	标准误	系数	标准误	β	SE	
不平衡线(EF=-FL)							
斜率	-0.14** [-0.23, -0.05]		-0.19** [-0.28, -0.10]		-0.03 [-0.11, 0.06]		
曲率	-0.25** [-0.37, -0.13]		-0.16* [-0.28, -0.05]		-0.25** [-0.39, -0.11]		H3: 接受
不平衡线(EX=-NE)							
斜率	-0.14 [-0.40, 0.15]		-0.47** [-0.71, -0.22]		-0.13 [-0.33, 0.08]		
曲率	0.46** [0.12, 0.83]		-0.71* [-1.23, -0.09]		-0.85** [-1.28, -0.34]		H5: 接受

注: *$p<0.05$。**$p<0.01$。$t_{\text{spooled}}=(\beta_1-\beta_2)/\text{SQR}[(SE_1^2+SE_2^2)/n]$。90% 偏差校正置信区间。

当沿着不平衡线的曲率显著为负时,出现了显著的双元性组件平衡效应(H1、H3、H5)。对于服务-销售双元性,HD 和 CG 的曲面都呈凸形,不平衡线的曲率为正值(曲率$_{HD}$=0.08,90%CI=[0.01, 0.08];曲率$_{CG}$=0.03,90%CI=[-0.07, 0.14]),表明智能体验随着服务-销售配置转向双元性而减少。如图 9-3A 和图 9-3B 所示,智能客服的服务-销售双元性并没有改善智能体验;因此,H1a 和 H1b 都未得到支持。其中一个可能的解释是,服务提供触发了顾客的情感驱动过程,而整合销售激活了认知驱动过程。这种过度的信息处理任务迫使顾客分配更多认知努力做出决策,从而危及他们的满意度和体验。

然而,不平衡线的斜率以及与标准化路径系数的进一步比较表明,服务提供对 HD 的影响较大(相较于 CG),而整合销售对 CG 的影响较大(相较于 HD)。图 9-3A 和图 9-3B 还显示了不对称的不平衡效应,即高服务-低销售双元性比低服务-高销售双元性更多(较少)地创造愉悦(认知)型智能体验;因此,H2a 和 H2b 得到了支持。对于效率-柔性

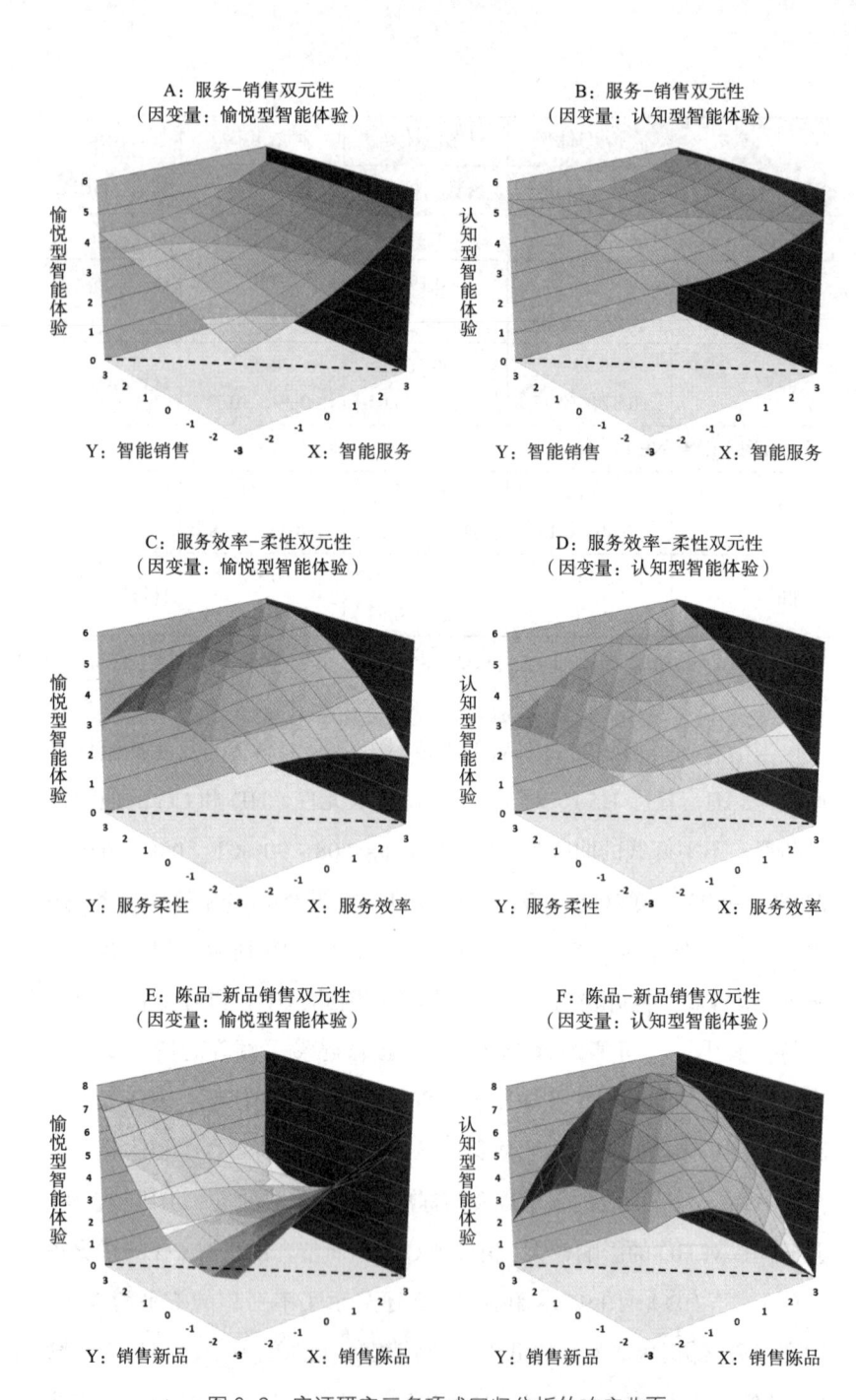

图9-3 实证研究三多项式回归分析的响应曲面

双元性，HD 的曲面呈凹形（曲率 $_{HD}$=-0.25，90%CI=[-0.37，-0.13]），CG 的曲面呈鞍状（曲率 $_{CG}$=-0.16，90%CI=[-0.28，-0.05]），并且不平衡线的曲率显著为负。这些结果表明，随着效率-柔性配置转向双元性，愉悦型和认知型智能体验都增加了；因此，H3a 和 H3b 都得到了支持。

此外，不平衡线的斜率（斜率 $_{HD}$=-0.14，90%CI=[-0.23，-0.05]；斜率 $_{CG}$=-0.19，90%CI=[-0.28，-0.10]）以及路径系数的比较表明，智能客服的服务柔性对 HD 和 CG 的影响比效率更强。图 9-3C 和图 9-3D 还显示了不对称的不平衡效应，即高效率-低柔性双元性比低效率-高柔性双元性在创建智能体验方面效果更差，支持 H4a 但不支持 H4b。H4b 不成立的一个可能解释是，认知体验侧重于获取服务或产品的效率和功能性。尽管智能客服能够通过遵循既定的程序提供高效的服务，但智能客服的柔性在解决意外问题和提供功能性服务方面优于智能客服的效率。因此，低效率-高柔性双元性在塑造愉悦型或认知型智能体验方面，胜过了高效率-低柔性双元性。

对于陈品-新品销售双元性，HD 的曲面呈显著鞍状（曲率 $_{HD}$=0.46，90%CI=[0.12，0.83]），而 CG 的曲面呈显著凹形（曲率 $_{CG}$=-0.71，90%CI=[-1.23，-0.09]）。如图 9-3E 和图 9-3F 所示，随着智能客服的产品销售变得双元性，HD（CG）减少（增加），支持 H5。此外，不平衡线的斜率以及路径系数的比较表明，智能客服销售新品对 HD 和 CG 的影响强于智能客服销售陈品。图 9-3E 和图 9-3F 还显示了不对称的不平衡效应，即高陈品-低新品销售双元性比低陈品-高新品销售双元性在创建智能体验方面效果更差，支持 H6a 和 H6b。

HD 和 CG 都对 PT 产生了积极且显著的影响，支持 H7。此外，简单比较路径系数显示，HD 对提高 PT 的影响比 CG 更强。这些发现与服务管理文献的发现一致，即情感依恋比认知更有效地促进客户保留和忠诚。这些发现也证实，在电子商务环境中，智能体验对于交易成功至关重要,因为它使客户更容易购买虚拟服务。

后验分析。我们确定了曲面的平稳点,这些平稳点提供了曲面的最大值、最小值或鞍点,以探索每个智能体验维度(HD 和 CG)的最佳智能客服双元性配置。对于服务-销售双元性(图 9-3A 和图 9-3B),HD 的曲面呈凸形,平稳点位于 X=0.22 和 Y=8.56(中服务-高销售),而 CG 的曲面也呈凸形,平稳点位于 X=-0.66 和 Y=2.44(中服务-高销售)。对于凸面,平稳点代表曲面的最小值,表明在本章节中,智能体验在智能客服服务水平适中且销售水平较高时最小化。

对于服务双元性,HD 的曲面呈凹形(图 9-3C),平稳点位于 X=10.60 和 Y=6.53(高效率-高柔性)。对于凹面,平稳点代表曲面的最大值,表明当智能客服服务效率和柔性都达到较高水平时,愉悦型智能体验最大化。CG 的曲面呈鞍状(图 9-3D),平稳点位于 X=-8.88 和 Y=-8.81(低效率-低柔性)。对于鞍状曲面,我们确定了两个垂直主轴的斜率,反映了最大曲率的线。第一和第二主轴的斜率表明,认知型智能体验在效率-柔性配置转向高-高时增加最快,在智能客服转向以效率为主导时下降最快。

对于销售双元性,HD 的曲面呈鞍状(图 9-3E),平稳点位于 X=0.21 和 Y=-0.14(中陈品-中新品销售)。第一和第二主轴的斜率表明,愉悦型智能体验在销售双元性转向高-高和转向低-低时下降最快,并在智能客服转向以陈品或新品销售为主导时上升最快。CG 的曲面呈凹形(图 9-3F),平稳点位于 X=1.08 和 Y=1.95(中陈品-中新品销售),表明认知型智能体验在陈品销售和新品销售都处于中等水平时最大化。

五、研究结论与讨论

使用来自 1026 个电动自行车共享市场观察数据的实证数据,本章节使用双过程模型探讨了不同智能客服双元性配置在打造智能体验和客户忠诚方面的相对效果。本章节的结果表明，智能客服的双元性配置并不总是有益于智能体验。在双元性组件平衡的条件下，智能客服的服务-销售双元性配置恶化了智能体验，陈品-新品销售双元性破坏了愉悦型智能体验但不破坏认知型智能体验，只有效率-柔性服务双元性配置增加了智能体验。

在双元性组件不平衡的条件下，高服务-低销售（相较于低服务-高销售）的双元性配置对愉悦型智能体验影响更大，对认知型智能体验影响较小；低效率-高柔性的双元性配置在打造愉悦型或认知型智能体验方面，胜过高效率-低柔性的双元性配置；低陈品-高新品（相较于高陈品-低新品）销售双元性配置在创造愉悦型和认知型智能体验方面更出色。这项研究为智能体验提供了更全面的视角，并开辟了一个新的研究领域，探讨由智能客服实施的双元性服务的影响。

（1）实践启示。首先，愉悦型和认知型智能体验都对客户的忠诚度产生显著影响。在线服务提供商应更加关注智能体验，因为在智能体验共创中的投资将产生有形的投资回报。然而，如果服务提供商在通过智能客服优化愉悦型和认知型智能体验方面组织资源有限，我们建议侧重愉悦维度，因为愉悦型智能体验在产生客户忠诚度方面优于认知型。

其次，我们的研究结果提供了关于实施智能客服双元性的违反直觉但合理的指导。根据表9-3，只有效率-柔性双元性和陈品-新品销售双元性对客户忠诚度有益，而服务-销售双元性无效。更糟糕的是，服务-销售双元性妨碍了客户智能体验的创建。由于过多的信息处理任务可能增加认知努力并削弱客户满意度，我们建议服务提供商仔细评估智能客服的服务-销售双元性的有效性，避免盲目追求各种前线双元性能力。

最后，如果服务提供商无法实现双元性组件平衡，我们的研究发现，双元性组件不平衡仍然可以丰富智能体验。如表9-3所示，服务提供、柔性和销售新品分别在改善愉悦型智能体验方面，表现出色于整合销售、效率和销售陈品。因此，公司应依赖高服务-低销售、低效率-高柔性和低陈品-高新品销售的双元性来提供愉悦型智能体验。服务提供商可以部署智能客服处理例行客户服务请求，如正常问候、非正式聊天和解决与订单相关的问题。智能客服还可以被编程以推荐新类别的商品。智能客服应设计得灵活，这需要服务提供商改进客户数据库，使其智能客服能够及时整合档案信息、查看联系历史、显示信息并建议问题。

表 9-3 中的结果还表明，整合销售、柔性和销售新品分别在推动认知型智能体验方面，表现出色于服务提供、效率和销售陈品。因此，公司应依赖低服务-高销售、低效率-高柔性和低陈品-高新品销售的双元性来创建认知型智能体验。在整合销售过程中，智能客服应重点提供更多功能性和实用性信息，包括具体建议、产品特性信息、操作流程和售后服务。我们建议不要盲目设计没有具体目标的智能客服。决定使用智能客服的公司应有目的地分配有限的资源，以打造不同方面的智能体验。

（2）局限与展望。首先，尽管我们使用了多个数据源来验证理论框架，但我们的研究设计是在一个高度特定的背景下进行的横断面研究。每个客户接触点（与智能客服的对话）可能导致不同的体验，而智能客服的双元性可以随时间而变化。在本章节中，每位客户平均与智能客服进行了 11 次对话，但智能体验仅测量了一次。智能客服服务是一个动态过程，其间双元性会发展，但智能客服的双元性也仅在一个时段内（12 个月）测量了一次。此外，数字自行车租赁是一个低参与度、低价格的服务领域，在这种领域，客户通常很少需要人际接触。来自一个行业的样本可能会削弱我们研究结果的普遍性。未来的研究可以涉及其他服务背景、不同程度的客户参与，并采用纵向研究设计来动态测量智能体验和智能客服双元性。

其次，尽管本章节的实证结果具有丰富和有意义的含义，但我们仅包括了智能体验的两个维度（即愉悦和认知），这是文献中最广泛认可的维度。然而，其他维度（例如社交、个人、实用和经济）的有效性仍不清楚。

此外，尽管我们揭示了智能体验的潜在机制，但智能客服双元性与客户忠诚度之间的关系值得进一步探讨。例如，根据我们的结果，陈品-新品销售双元性对愉悦体验有负面影响，但对认知体验有积极影响，表明存在其他潜在中介变量。未来的研究可以更好地理解其他渠道，因为没有一种通用的方法来从智能体验中激发客户的忠诚度。

最后，本章节仅关注了智能客服在打造智能体验方面的作用。在实践中，智能客服服务与人类服务不同，因为真正的人际互动可以帮助在市场中区分产品，并展示独特的品牌建设行为。公司通常将智能客服部署为人类前线员工的服务助手。人工智能与人类员工的合作已成为前线服务研究中的热门课题，因为确定客户的情感状态、公司整体服务质量，以及最终的服务失败和（或）成功都很重要。未来的研究可以使用人类前线员工的数据，并从客户-人工智能-员工三重视角探讨智能体验的优化。

本章小结

智能体验的既有研究存在三个不足。首先，在线上和全渠道零售、品牌应用服务和增强现实/虚拟现实服务等情境中已经研究了智能体验，但只有少数研究探讨了智能客服所创造的智能体验。尽管人工智能技术在前线服务中带来了变革，但对如何通过智能客服优化智能体验的问题关注不足。其次，研究已经揭示了人工智能特性，如人工智能技术刺激和智能客服的服务-销售双元性，对智能体验的影响。尽管众所周知，智能客服可以同时追求看似矛盾的目标，但文献尚未将智能客服双元性的全范围视为智能体验的潜在影响因素。服务提供商通常需用有限的资源来满足客户的多重需求，因此必须关注智能体验的一个子维度。各种分类法已用于定义智能体验的维度性质，其中愉悦体验和认知体验是最常提到的。尽管学者已经探讨了愉悦型和认知型智能体验的影响因素和作用结果，但没有人尝试调查不同影响因素在打造愉悦型和认知型智能体验方面的相对有效性。

通过研究智能客服服务在打造客户智能体验方面的有效性，本章首先桥接了两个研究领域——人工智能服务和智能体验（见表9-4）。文献已经提供了丰富的关于智能技术的客户体验的实证和理论研究结果，例如在线和跨渠道零售、品牌应用和增强现实／虚拟现实服务。然而，只有少数几项研究涉及由智能客服创建的智能体验。通过使用智能客服互动的现场数据、客户调查数据和服务提供商的档案数据，本章节揭示了人工智能服务不是一个一刀切的解决方案来打造智能体验。由此，本章节从人工智能服务的角度增进了对智能体验的理解，从而考虑了智能体验研究中的更多元素。

其次，本章通过引入三种类型的智能客服双元性作为重要的影响因素，为智能体验研究做出了贡献（见表9-4）。既有研究已经阐明了智能体验的各种决定因素，如网站设计、渠道整合、客户对品牌应用的感知，以及增强现实／虚拟现实特性。尽管前人解释了通过智能客服双元性促进智能体验的创造，但他们只研究了一种类型的服务-销售双元性。通过研究如何运用全面的智能客服双元性（服务-销售双元性、效率-柔性双元性和陈品-新品销售双元性）培育最佳的智能体验，我们的研究探索了人工智能驱动的前线界面中的双元性，并评估了不同类型智能客服双元性的有效性。

最后，本章通过将基于情感和认知的过程应用于比较不同智能客服双元性配置在打造智能体验方面的相对效果，为双过程模型增添了内容（见表9-4）。既有研究已经将智能体验概念化为多维构建，但未比较影响不同子维度的路径。我们的研究首先区分了双元性组件平衡（图9-1的第一和第二象限）和不平衡的情况（图9-1的第三和第四象限），然后比较了双元性组件不平衡的两种情况（图9-1的第三和第四象限）。通过使用双过程模型、多项式回归和响应曲面，本章确认了客户的基于情感过程更相关于愉悦型智能体验，而基于认知过程则导致认知型智能体验。由此，本章扩展了在其他研究背景下验证多维智能体验量表的工作。

表9-4　有关智能体验的部分实证研究

研究情境	代表性研究	影响因素	智能体验的维度		
			愉悦型	认知型	其他维度
线上零售或全渠道零售	Lambillotte 等（2022）	网站内容一致性	√	√	行为
	Cocco 和 Demoulin（2022）	全渠道整合	√	√	
	Gao 等（2021a）	全渠道整合	√	√	
	Tyrväinen 等（2020）	愉悦动机、个性化服务	√	√	
	Bleier 等（2019）	网页设计要素	√	√	社交、感知
	Herrando 等（2019）	享乐与功能刺激			福流体验
品牌应用服务	Molinillo 等（2022）	—	√	√	关系、感知
	Ameen 等（2021）	信任、投入、关系承诺	√		识别
	Japutra 等（2021）	—	√		感知、互动性、相对优势
	Molinillo 等（2020）	—	√	√	
	Roy 等（2019）	智能服务环境、与员工互动	√	√	社交、个人、实用、经济

续表

研究情境	代表性研究	影响因素	智能体验的维度		
			愉悦型	认知型	其他维度
增强现实或虚拟现实服务	Kumar 和 Srivastava（2022）	增强现实、福流体验	√		感知风险
	Barhorst 等（2021）	福流体验	√	√	学习
	Jung 等（2021）	存在感、空间感、概念感			教育、审美、娱乐、逃避
	Qing 和 Haiying（2021）	享乐与功能刺激	√	√	
	X. Fan 等（2020）	环境嵌入、模拟物理控制		√	
	H. Lee 等（2020）	遥感技术	√	√	
智能客服服务	Gao 等（2022）	人工智能技术刺激		√	互动性、相对优势
	Fan 等（2022a）	智能客服销售-服务双元性			单一维度
	本项研究	全范围的双元能力	√	√	

研究不足 1
通过智能客服
创造多维智能体验

研究不足 2
智能客服的
全范围双元能力

研究不足 3
不同双元维度在打造
愉悦型和认知型智能
体验方面的相对有效性

第十章
顾客购买：人机关系的升华

引 言

作为一种促销工具，人工智能可以提供独特的购物和服务体验，吸引消费者在购买阶段惠顾。[①]

智能服务的顾客购买体现了一种深刻的人机关系，这种关系在现代商业中愈发显著和复杂。这一人机关系反映了技术与人类之间的互动和合作，同时也揭示了科技进步如何改变了商业环境和顾客行为。

第一，这种人机关系表现为一种互补性。智能服务系统弥补了传统人工客服的不足，通过提供即时响应、个性化建议和高效服务，为顾客创造更好的购物体验。它能够解决重复性问题，使人工客服能够专注于更复杂的任务。这种互补性使得人类与机器之间的协作更加顺畅，顾客和企业都从中受益。

第二，这种关系突显了科技在提供便捷性和即时性方面的优势。

[①] Ai-Zhong He and Yu Zhang, "AI-powered Touch Points in the Customer Journey: A Systematic Literature Review and Research Agenda", *Journal of Research in Interactive Marketing*, Vol. 17, No. 4(June 2023), pp. 620-639.

顾客可以随时随地通过智能服务系统获取所需信息，无须等待烦琐的人工客服排队。这种便捷性改变了顾客的期望和行为，他们更愿意与智能服务互动，因为它能够满足他们的需求并节省时间。这反映出人类对技术的渴望，以提高生活和购物的便捷性。

第三，这一人机关系强调了个性化服务的重要性。智能服务系统能够通过分析大数据和顾客的行为来提供个性化建议与推荐。这种个性化服务使顾客感觉受到了关注，因为系统能够了解他们的需求和偏好。同时，这也提高了购买决策的效率，因为顾客更容易找到符合其需求的产品或服务。这种关系强调了技术的潜力，以更好地理解和满足个体的需求。

第四，这一人机关系还凸显了数据分析和洞察的重要性。智能服务系统能够收集大量的客户数据，从中提取有价值的信息。这使得企业能够更深入地了解顾客的行为和需求，制定更科学的市场营销策略与产品优化方案。通过数据分析，企业可以更好地满足顾客的需求，提高顾客购买体验，进而提高销售业绩。

第五，这种人机关系也强调了技术和人类的合作。智能服务系统是由人类设计、维护和改进的，它们是技术与人类的合作成果。这种合作不是机器取代人类，而是机器与人类共同协作，为顾客提供更好的服务和体验。这一人机关系的升华不仅改变了商业模式，也影响了顾客与企业之间的互动方式。

总之，智能服务的顾客购买体现了一种复杂的人机关系，这一关系在现代商业中扮演着关键角色。它强调互补性、便捷性、个性化服务、数据分析和合作的重要性。这一人机关系的升华代表了技术与人类之间的深刻互动，为商业带来了巨大的变革，同时也为顾客提供了更好的购物体验。这一趋势预示着未来人机关系将继续演化，为商业和消费者带来更多创新及便利。

第一节　智能服务与顾客购买

顾客的购买是指顾客对品牌或公司的积极态度以及对其的支持。通常情况下,购买特征是双方关系中的互惠关系,其中销售人员为顾客提供服务,而顾客则采取积极的态度和行为对待销售人员。对智能体验的高感知是指顾客获得多种好处,并从这些经验中获得满足感和幸福感。作为对智能客服创造的卓越功能性和关系价值的回报,顾客更有可能传播积极口碑,并为服务提供商花费更多。相反,如果智能客服未能在前线互动中满足顾客对愉悦和认知好处的需求,顾客的满意度会降低,其购买意图也会降低。因此,顾客的购买是顾客对智能体验感知的一个重要结果。

一、不同购买阶段的智能服务接触点

用于分析和优化的智能服务顾客旅程模型需要依次识别每个顾客购买阶段的关键要素、整个旅程中发生的具体接触点,以及引导顾客继续或中断旅程的具体触发点。因此,如表 10-1 所示,我们首先将顾客旅程模型描述的每个阶段的顾客行为作为基础。其次,品牌接触点,即市场营销组合的任何元素(例如产品特性、包装、服务、价格和便利性),根据每个阶段的顾客行为被分类到各个购买阶段。将人工智能应用作为品牌接触点,然后根据其与消费者互动的行为以及启用的市场组合功能,将其分类到各个阶段。最后,考虑引导顾客继续其旅程的触发点,作为影响消费者采用人工智能接触点和消费者与人工智能互动的因素。这些因素从文献中提取,根据它们促进的人工智能接触点的作用进行分类,并进一步总结成几种类型。这些人工智能应用和影响因素在表 10-1 中更详细地沿着顾客旅程得到解释。

表 10-1 影响智能服务接触点效率的因素

阶段 因素	预购买	购买	购买后
顾客行为	• 需求识别 • 产品搜索 • 购前考量	• 商品选择 • 确认订单 • 付款支付	• 消费使用 • 顾客参与 • 寻求售后
人工智能接触点类型	• 聊天机器人 • 服务机器人 • 人工智能主播 • 人工智能购物环境	• 人工智能购物系统 • 聊天机器人	• 聊天机器人 • 服务机器人
人工智能接触点功能	• 服务提供 • 推荐产品 • 品牌代言 • 顾客吸引	• 购物支持 • 语音导购	• 售后服务 • 顾客反馈 • 服务补救
影响顾客接受的因素	• 顾客态度 • 顾客特征 • 关系要素	• 渠道要素 • 顾客特征 • 社会文化 • 产品类型	
影响人机互动的因素	**推荐产品时:** • 信息呈现形式 • 人工智能系统交流方式 • 顾客特征和感知 **品牌代言时:** • 越界和违法行为 **店内促销时:** • 人工智能系统特征 • 社交情境	**语音导购时:** • 机器人特征 • 消费者个性	**顾客反馈时:** • 顺从策略 • 拟人程度 **服务交互时:** • 机器人特征 • 消费者特征 • 消费者感知 • 情境因素 **服务补救时:** • 机器人设计 • 消费者沟通

聊天机器人和服务机器人是在营销互动方面研究最多的人工智能应用,可以在整个顾客旅程中使用。聊天机器人是无实体的对话代理,通过语音命令或文本聊天模拟人类对话,作为虚拟助手为用户提

供服务。服务机器人被认为是人工智能的实体化体现，以信息技术的实体形式提供定制服务，具备高度的自主性，能够执行物理和非物理任务。在顾客旅程中，一些聊天机器人和服务机器人可提供私人服务，例如亚马逊的 Alexa；而另一些则扮演替代服务员工的角色，比如英国丽笙酒店的 Edward。在预购买阶段，消费者会考虑是否接受人工智能服务，从而决定是否购买商品，或获取聊天机器人和服务机器人提供的购买建议。在购买阶段，聊天机器人使消费者能够体验语音购物。在购买后阶段，聊天机器人和服务机器人为消费者提供核心服务，并为核心产品提供支持服务。

人工智能主播是数字化创建的人工智能实体，与互联网名人相关联，利用软件和算法执行类似于人类的任务。目前，只有少数研究关注了在预购买阶段，数字化创建的实体替代名人成为品牌代言人的情况。基于"媒体即信息"观点，人工智能融合的环境购物体验被认为是一种独特的广告形式。作为店内促销工具，人工智能能够提供独特的购物和服务体验，吸引消费者在预购买阶段前来光顾。零售店中的人工智能购物系统替代人类，为消费者提供购物支持，使他们能够体验更自主的购物流程。亚马逊 Go 代表了新型零售结账模式。通过人工智能支持的结账系统，消费者可以享受无缝、连贯的购物之旅。

以上案例显示了人工智能已经以多种形式应用于整个顾客旅程，以实现多种交互功能。然而，存在两个研究不足：其一，现有研究更多地关注机械和认知智能，即人工智能的感知、分析和问题解决能力，但很少涉及情感人工智能。其二，需要进一步探讨人工智能接触点的形式及其在交互中的作用，例如用于向消费者交付产品的人工智能。

二、不同购买阶段的智能服务研究点

（1）预购买阶段

在预购买阶段，与智能服务相关的接触点还提供了用于购买决策的产品信息,例如产品的设计师或价格制定者是人工智能。人工智能设计代表了一种新的设计方式。过去几年,出现了"人工智能艺术家",它利用算法创造独特的艺术品,引发了对艺术本质和人类创造力在未来社会中的作用的疑问。未来的研究可以关注顾客如何看待由人工智能设计的产品,以及人工智能设计系统基于哪些数据来源,这有助于提升消费者对美学或创新价值的认知。另外,人工智能已经用于动态定价,公司可以选择是否标明定价与人工智能相关。未来的研究应该探讨人工智能定价在哪些情境下对消费者有积极或负面影响,以及哪种折扣策略适合其应用。

许多研究已经验证了消费者对智能服务的感知,甚至其一般信念,会影响他们对智能服务接触点的偏好。未来的研究可以进一步探讨消费者在不同互动情境中对智能服务的看法,以选择适合智能服务应用的情境。更重要的是要理解消费者为什么持有特定的智能服务观点,以及如何重新塑造消费者的认知,以便智能服务可以应用于更广泛的情境中。

(2)购买阶段

在购买阶段,前人研究已经涉及智能零售系统和智能助手作为新的购物渠道,但相关研究还不充分。首先,我们应关注如何在零售店的各种接触点中应用智能服务,以增强消费者前来购物的意愿和提升他们的购物体验。零售店中有许多接触点可以利用智能服务。例如克罗格(Kroger)等零售商使用智能服务为经过货架的每位顾客提供定制的折扣和价格。其次,关于影响语音购物体验的因素的研究还有限。语音购物带来了一种新的在线购物体验,其中口头交流较多,图片和文本较少。我们需要系统地研究语音购物与其他在线购物体验之间的差异,以及这些差异的影响。最后,从消费者角度研究智能服务在物流和分销中的应用还不够充分。物流是顾客在零售店之外获取产品的主要手段,也是品牌和顾客间接接触的重要组成部分。在智能设备实现智能交付或自主提货的背景下,我们可以探讨导致更好的顾客体验和品牌印象的因素。

(3)购买后阶段

在购买后阶段,现有研究更注重机械和思维智能,但很少涉及情感智能。情感智能可以理解并响应顾客的情感和需求,已经初步应用于营销实践中。例如,瑞典一家大型银行的虚拟助手Aida可以分析来电者的语气,并利用这些信息提供更好的服务。未来的研究可以进一步探讨智能客服的情感表达和响应对消费者的影响,以及如何在不同的服务场景中应用机械、思维和情感智能。

从互动结果的角度来看,鉴于互动营销的特点在于主动消费者行为的价值创造,未来的研究可以探讨如何利用智能客服来增强消费者的参与和互动。例如,当消费者参与创新或提出批评意见时,如果评估者或接收者是智能客服,是否会使他们更愿意表达自己的观点?此外,智能互动会引发怎样的思维或行为,以及它会如何影响随后的消费行为?例如,智能客服无法理解复杂的表达可能会使用户更加深思熟虑;或者,不必关心智能客服的感受可能会导致用户变得粗鲁。智能客服也已经成为购买后接受投诉和处理服务故障的新接触点。消费者选择智能客服作为支持性服务提供者以及服务补救策略的驱动因素,可能会受到产品消费类型或服务故障的影响。消费者的情感也可能产生影响。未来的研究可以探讨影响消费者选择智能客服作为购买后服务提供者的因素。

(4)顾客旅程混合阶段

考虑到各阶段之间的联系,我们主要关注三个问题。首先,如何在整个顾客旅程中协调智能客服和人类员工的角色分配?现有研究更侧重于独立提供服务的智能设备,但忽略了智能客服和人类协同工作的情境。因此,未来的研究可以探讨智能客服和人类员工合作的最佳方式,以增强消费者的互动体验,并确定在顾客旅程的哪些阶段它们应该与顾客互动,是独立提供服务还是合作提供服务。

其次,智能客服作为一种属于消费者的产品,如何影响其作为推荐者和购物渠道的角色?当个人助手用于搜索产品和进行购物时,互动可能会受到消费者与它已经建立的情感联系和个人信息的影响。未来的研究可以优化消费者拥有的智能客服渠道中的推荐方法和购物体验,并探究这些购物体验如何反过来影响用户与智能客服之间的关系。

最后,是智能客服的新兴应用——元宇宙,它使整个顾客旅程能够在虚拟世界中发生。当构建一个全新的与消费者虚拟化身互动的世界时,各个阶段消费者需求的满足需要考虑许多问题。技术驱动的沉浸式世界可能实现在物理世界中不可能的特性。未来的研究可以探讨元宇宙如何改变购物过程和带来奇妙的互动。

就方法而言,实施现场研究、采用先进方法或多种方法是至关重要的。现有研究主要依赖于实验室或在线环境中基于场景的实验,真实世界的实验案例很少。因此,进行具有生态效度的现场研究非常重要。此外,消费者的访谈数据以及在线发布的内容,有助于更深入地了解消费者对智能客服互动的看法。先进的方法,如机器学习,可以用于分析文本、图像和视频信息,从中揭露新现象。

第二节 实证研究四

一、研究摘要与结果综述

众所周知,人类一线员工几乎无法处理多项任务并实现个人的多面性,但本章节提出了一个全新的视角,即虚拟一线员工——人工智能客服。在本章节中,我们试图回答:1.智能客服的以客户为导向行为(不)平衡在其效率-柔性双元能力绩效中的影响,是如何产生并在何时产生作用的? 2.在多大程度上平衡或组合在线零售商智能客服的服务提供与整合销售行为功能,以优化顾客体验并提升销售绩效?

3. 顾客的个性化-隐私矛盾如何调节销售-服务双元性对顾客体验的影响？

为了量化以客户为导向行为(不)平衡的(负面)正面影响，我们分析了涉及11264位顾客的电动自行车共享市场的客观行为数据集。利用一个包含超过13万次电动自行车共享市场的人机对话的大规模数据集，子研究一展示了智能客服的以客户为导向的行为与效率-柔性双元能力之间复杂的三维关系。结果显示，智能客服的效率-柔性双元能力在(不)平衡的以客户为导向行为对客户忠诚度的影响中起到了中介作用；而以客户为导向行为不平衡的负面影响并不对称。与更多功能型的以客户为导向行为不平衡相比，当智能客服执行更多关系型的以客户为导向行为时，其多面性绩效将更差。当智能客服的功能型和关系型以客户为导向的行为平衡时(即负平衡效应)，以及在较高水平上平衡时(即正平衡效应)，智能客服的效率-柔性双元能力较强。

为了探究客户理性选择因素的调节作用，我们进行了包括1010名参与者的后续实验(子研究二)。结果显示，当顾客认知到更高水平的非个性化成本和较低水平的隐私担忧时，以客户为导向行为不平衡的负面影响将减弱。为了测试理性选择因素在调节以客户为导向行为平衡的正面影响中的作用，并进一步检验整个研究模型的稳健性，我们进行了涉及465名受访者的在线调查(子研究三)，验证了我们发现的一致性。子研究二和子研究三一致表明，负平衡效应在顾客感知的非个性化成本降低和隐私担忧增加时更为强烈，而机会成本对负平衡效应没有显著影响。然而，与理性选择理论一致，正平衡效应在非个性化成本增加、隐私担忧减少和机会成本降低时更为强烈。此外，子研究一和子研究三一致表明，与"刺激-机理-反应"框架一致，效率-柔性双元能力在智能客服的(不)平衡以客户为导向的行为与顾客保持忠诚之间，起到部分中介作用。

子研究四对来自507名在线顾客的调查数据进行多项式回归。结果表明，随着个性化的好处减少和隐私风险增加，不平衡（组合）智能客服的销售-服务双元性的固有负面（正面）影响对顾客体验的影响呈递增（递减）趋势。此外，顾客体验完全传递了智能客服的销售-服务双元性与顾客忠诚度之间的关系。本章节通过引入人工智能应用背景，以及对效率-柔性双元性的影响因素和作用结果的更加细致的非线性视角，为效率-柔性双元性的文献做出了多项贡献。

第一，我们扩展了关于智能客服的研究，将个体多面性研究扩展到了人工智能应用背景；开展一系列研究，探讨人工智能如何支持效率-柔性双元性。第二，针对效率-柔性双元性文献，我们探讨了以客户为导向行为对智能客服多面性的尚未研究的影响，证明销售策略除了组织实践之外，也可能对效率-柔性双元性产生影响。第三，我们对理性选择理论的研究做出了贡献，阐明了客户理性选择在塑造智能客服的效率-柔性绩效中的调节作用。由此，我们探讨了可能影响效率-柔性双元性行为实施的其他销售情境和因素。第四，尽管众多研究揭示了销售-服务双元性在前线人际互动中的关键作用，但很少有研究探讨前线双元性在人机服务情境中的作用。通过研究智能客服在前线双元服务中的能力，本章节丰富了前线双元性文献，并将其扩展到人机交互的环境中。由此，本章节探讨了人工智能如何支持服务-销售双元性。第五，很少有研究明确建模销售-服务双元性与顾客体验之间关联的边界条件。通过研究个性化-隐私矛盾如何影响销售-服务双元性对顾客体验的影响，本章节确定了前线人机互动中两个特别相关的顾客关切：隐私风险和个性化好处。因此，本章节为后续研究和实践何时以及在多大程度上应在客户服务运营策略中采用机器人技术，提供了重要且可行的指导。第六，关于销售-服务双元性对销售绩效的影响尚未达成共识。通过研究顾客体验和忠诚意愿在智能客服销售-服务双元性与最终销售绩效之间的中介作用，本章节探讨了虚拟员工如何增强顾客体验质量,从而最终提高公司财务绩效的过程。我们的研究不仅扩展了个体多面性自适应实施的理论视角,还为零售商和服务提供商提供了在一线界面高效灵活使用智能客服的实践指南。

二、研究模型与假设提出

我们进行了四项实证研究以解决这些研究目标。基于理性选择理论和信息边界理论,我们提出如图 10-1 所示的研究模型,并提出以下假设:

H1:当智能客服的功能型和关系型以客户为导向的行为平衡时,效率-柔性双元能力更强。

H2:当智能客服的功能型和关系型以客户为导向的行为在较高水平上平衡时,效率-柔性双元能力更强。

H3:效率-柔性双元能力在智能客服的功能型和关系型以客户为导向行为(不)平衡对惠顾意愿的影响中起到中介作用。

H4a:在感知非个性化成本增加的情况下,以客户为导向行为平衡对效率-柔性双元能力的积极影响更强。

H4b:在感知非个性化成本增加的情况下,以客户为导向行为不平衡对效率-柔性双元能力的负面影响更弱。

H5a:随着隐私担忧的增加,以客户为导向行为平衡对效率-柔性双元能力的积极影响变得较弱。

H5b:随着隐私担忧的增加,以客户为导向行为不平衡对效率-柔性双元能力的负面影响变得较强。

H6a:随着机会成本的增加,以客户为导向行为平衡对效率-柔性双元能力的积极影响变得较弱。

H6b:随着机会成本的增加,以客户为导向行为不平衡对效率-柔性双元能力的负面影响变得较强。

H7:顾客体验与不平衡的销售-服务双元性呈负相关,即智能客服的销售和服务行为越不平衡，顾客体验越差。

H8：顾客体验与组合销售-服务双元性呈正相关，即智能客服的销售和服务行为之间的平衡水平越高，顾客体验越好。

H9：顾客体验和忠诚意向在智能客服的销售-服务双元性对销售业绩产生影响的过程中起到链式中介作用。

H10a：组合销售-服务双元性对顾客体验的积极效应随着感知到的个性化好处增加而变得更强。

H10b：不平衡的销售-服务双元性对顾客体验的负面影响随着感知到的个性化好处增加而变得更弱。

H11a：随着感知到的隐私风险增加，智能客服的组合销售-服务双元性对顾客体验的积极效应变得更弱。

H11b：随着感知到的隐私风险增加，不平衡的销售-服务双元性对顾客体验的负面效应变得更强。

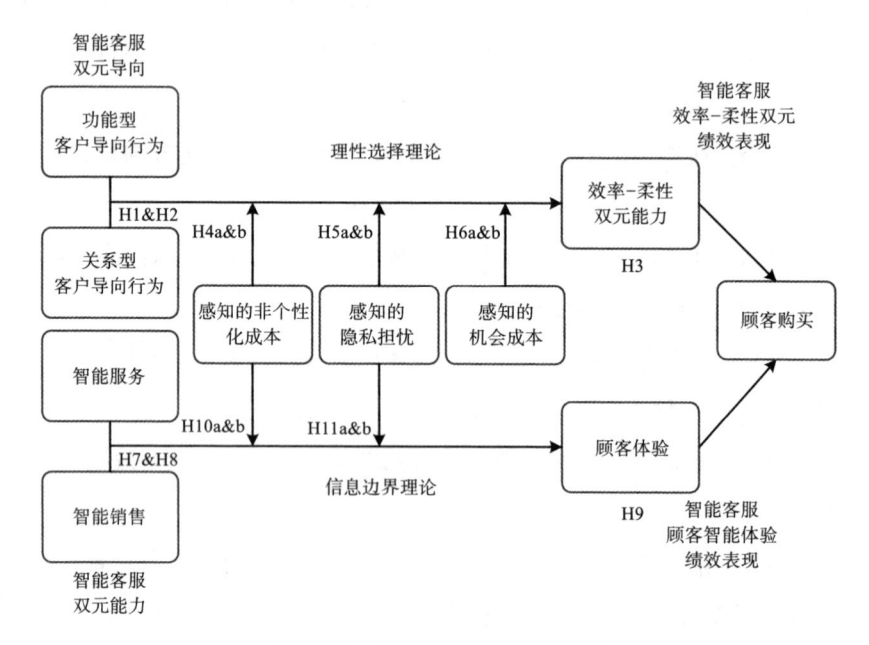

图 10-1 实证研究四的理论模型

三、研究数据与结果分析

（1）子研究一：实地数据

在第一项研究中，我们旨在研究在适合目的的背景下，智能客服的以客户为导向行为对其效率-柔性表现的复杂性。我们获取了来自上海最大的电动自行车共享公司的客户行为数据，该公司的名称根据要求保密。该公司的主要业务是为大学生提供方便的共享交通工具，以在校园内骑行。为了降低运营成本，该公司的呼叫中心外包给了一家专业的基于人工智能的客户服务系统提供商。每位打算与人工客服联系的客户首先会被安排与智能客服进行互动，智能客服可以执行诸如进行日常对话、解决与订单相关的问题以及推荐租赁套餐等任务。日常对话包括正常的问候、天气报告和其他简单的对话。与订单相关的问题包括充值指南、停车区域导航、车辆归还指南和车辆位置服务。租赁套餐包括 7 元一周、25 元一个月、70 元一个季度、135 元半年和 260 元一年五种选择。根据客户的历史骑行习惯，智能客服会根据请求向常规客户推荐最合适的租赁套餐，或者向新客户推荐 25 元的套餐。与智能客服对话后，客户需要对智能客服的满意度进行评分。白天只有 3 名人类员工，晚上只有 1 名人类员工负责处理从智能客服转交的未解决问题。截至 2021 年，该公司在十多所大学获得了超过 3 万名注册用户和超过 200 万美元的年度净收入。

数据收集过程在 2020 年分为三个阶段进行。在第一阶段，由于服务合同限制，客户服务数据仅保存 24 小时，因此我们必须每天记录与智能客服互动相关的客户数据。与公司和负责运营、维护智能客服的客户服务系统提供商一起，我们建立了一个研究团队，用于收集所有客户的数据以及追踪他们的行为，连续 6 个月。出于隐私和安全原因，公司隐藏了客户的真实姓名，只保留了账户 ID、相应的对话内容、互动持续时间和每次的满意度评分。在这一阶段的最初，记录了 35729 个账户。为确保样本中的客户至少与智能客服有互动经验，我们只追踪了在过去 6 个月内与智能客服互动并对其进行了满意度评分的客户。在这一阶段结束时，总共成功追踪了 11470 个账户。

在第二阶段，我们对智能客服与客户之间的所有互动进行了分类。每次对话都是由客户发起的，内容被归类为功能型或关系型以客户为导向。该公司的研究团队成员承担了编码智能客服与客户对话的工作。总体而言，在 11470 个账户中记录了约 130000 次对话；其中 41.7% 被分类为功能型，58.3% 被分类为关系型。每个账户在过去 6 个月中平均约进行了 11 次与智能客服的对话。4 名研究生充当独立的裁判员，以验证分类方法。他们对样本池中的 300 次不同对话进行了编码。平均的 Cohen's Kappa 为 0.86，表明具有很好的评分者一致性。

在数据收集的第三阶段，我们将这 11470 个账户与公司的财务数据库中的惠顾意愿措施进行了匹配。我们向公司提交了账户 ID，并请求获取这些账户在过去 6 个月中的充值历史记录。为了确保客户的支持行为是在与智能客服互动后进行的，我们仅保留了由智能客服展示的充值金额。因为并不是每位客户都曾通过智能客服充值或购买租赁套餐，所以我们无法匹配 206 名客户，最终留下了 11264 个具有直接支持措施的账户。

测量与效度。一般来说，客户与智能客服之间的对话可以被归类为日常对话、与订单相关的服务以及租赁套餐销售。当对话涉及基础服务时（例如与订单相关的问题、租赁套餐建议），我们将互动内容识别为功能型。因此，我们通过测量基础服务的互动数量来衡量智能客服实施功能型以客户为导向行为的程度。当对话与公司的销售或服务不相关，而与客户个人事件或发生的事情相关时（例如客户要求天气报告），我们将互动内容识别为关系型。因此，我们还通过测量与基础服务无关的互动数量来衡量关系型以客户为导向行为。

由于效率和柔性是相互依存且不可替代的双元变量,我们遵循大多数以前的研究,采用两步方法来衡量双元性。第一步,我们分别测量了这两个双元性的组成部分。前线员工的工作效率反映了他们为提高运营效率和减少时间成本所做的努力。高效工作表示前线员工充分利用机械结构和例行流程,从而在与单个客户打交道时花费较少的时间。因此,我们用客户与智能客服相处的平均时间的倒数测量智能客服的效率。工作柔性表示前线员工为提供最高质量的服务和确保客户满意度最高所做的努力。因此,我们用客户在 6 个月内评分的平均满意度分数测量智能客服的柔性。第二步,我们创建了一个乘法交互项来解释双元性水平。

我们将客户的实际支持行为表示为他通过智能客服充值到账户的总金额。最终的数据集包含了 11264 名客户,在观察期内至少与智能客服互动过,总共提供了 130324 次对话;其中,55419 次对话是功能型的,其余 74905 次对话是关系型的。平均每次对话持续 1.33 分钟,只有 27.5% 的对话超过了 1.5 分钟。在十分满意度评分中,智能客服获得了平均分数 8.18,客户平均支出 181.85 元。子研究一中使用的最终样本包括 45.3% 的女性,平均年龄为 26 岁。所有参与者都注册在上海的五个行政区域——杨浦、松江、闵行、浦东和宝山,这与人口分布一致(上海的大多数大学位于郊区而不是市中心)。在分析过程中,我们将这些因素作为控制变量。在表 10-2 中,我们展示了变量的描述性统计和相关性。

分析与结果。在计算两组变量平衡是否的影响时,以前的研究采用了直接的研究方法,计算差异分数。然而,差异分数可能会导致以下问题:1. 由于两个组成部分(即功能型和关系型行为)与结果(即效率-柔性双元性)之间的三维关系被简化为二维关系,结果被过度简化;2. 提供混淆的结果,因为结果变量与两个或一个自变量不明确相关;3. 对平衡方程施加未经测试的约束。作为一种有效的替代方

表 10-2 实证研究四子研究一统计数据

A：变量定义与统计数据

变量	定义	均值	标准差	百分比（%）			
1. 性别	客户性别（男或女）	0.45	0.71	女：45.3	男：54.7		
2. 年龄	客户年龄	26.00	1.41	≤20：11.1	21—25：23.6	26—30：24.4	31—35：19.5	≥36：21.4
3. 注册地区	客户账户登记行政区域			杨浦：27.5	松江：15.8	闵行：25.2	浦东：17.9	宝山：13.6
4. 功能型导向	仅与产品和服务有关的交互记录	4.92	0.71	≤2：2.5	3：11.9	4：29.1	5：39.8	≥6：16.7
5. 关系型导向	与产品和服务无关的交互记录	6.65	0.47	≤2：1.2	3：5.7	4：12.9	5：29.9	≥6：50.3
6. 服务效率	人机交互平均时长的倒数	0.75	0.05	≤0.40：1.1	0.41—0.50：4.1	0.51—0.67：22.3	≥0.68：72.5	
7. 服务柔性	客户满意度均值	8.18	0.35	≤5：2.1	6：11.7	7：33.4	8：42.6	≥9：10.2
8. 惠顾意愿	客户通过智能客服充值的均值	181.85	82.69	≤100：32.0	101—200：24.6	201—300：10.5	301—400：15.1	≥400：17.8

续表

B：变量间相关系数

	1	2	3	4	5	6	7	8	9	10
1. 性别										
2. 年龄	0.26**									
3. 区域1	-0.05**	-0.20**								
4. 区域2	0.03**	-0.01	-0.27**							
5. 区域3	0.01	-0.05**	-0.36**	-0.25**						
6. 区域4	-0.01	0.19**	-0.29**	-0.20**	-0.27**					
7. 功能型导向	-0.04**	0.05**	-0.21**	0.24**	-0.03	-0.07**				
8. 关系型导向	-0.04**	0.06**	-0.11**	0.20**	-0.06**	-0.08**	0.55**			
9. 服务效率	0.01	-0.14**	0.01	0.02*	0.04*	-0.02*	0.15**	0.17**		
10. 服务柔性	0.01	-0.01	-0.13**	0.20**	-0.01	-0.11**	0.59**	0.55**	0.19**	
11. 惠顾意愿	-0.05**	0.07**	-0.18**	0.24**	-0.04**	-0.09**	0.66**	0.54**	0.12**	0.62**

注：* $p<0.05$。** $p<0.01$。

法，多项式分析结合响应曲面方法避免了差异分数方法的局限性，代表了研究计算（不）平衡并评估其影响的最新研究方向。

在多项式分析中，我们首先将因变量回归到两个组成部分的测量上（见表10-3中的模型1）。结果表明，智能客服的功能型（路径系数=0.55，$p<0.01$）或关系型（路径系数=0.30，$p<0.01$）以客户为导向的行为与客户对效率-柔性双元性的感知呈正相关。为了理解两个组成部分之间（不）平衡的效应，我们随后将三个高阶项添加到回归模型中（见表10-3中的模型2）。然而，五个多项式项（即F、R、F^2、F×R、R^2）的系数并不直接用于测试（不）平衡假设。它们用于计算沿着平衡线和不平衡线的斜率与曲率，被标记为响应曲面方法。具体来说，我们计算了沿平衡线（F=R）和不平衡线（F=-R）的斜率和曲率，分别标记为平衡斜率（F+R）、平衡曲率（F^2+F×R+R^2）、不平衡斜率（F-R）和不平衡曲率（F^2-F×R+R^2）。

当不平衡线的曲率显著为负时，存在显著的不平衡效应（H1）。此外，如果平衡线的斜率显著为正，我们可以得出结论，与较低水平的平衡相比，两个组成部分之间更高水平的平衡将导致更好的结果（H2）。表10-3的第二列呈现了在预测效率-柔性双元性方面（不）平衡线的斜率和曲率。不平衡线呈现出下凹曲线的形状（曲率=-0.23，95%CI=[-0.26，-0.19]），表明沿着不平衡线的响应曲面是倒U形的。这种凹曲度暗示，当智能客服的功能型和关系型以客户为导向的行为平衡时，客户对效率-柔性双元性的感知较高，任何偏离平衡条件的情况都会降低效率-柔性双元性水平，从而支持H1。平衡线呈现出上升斜坡（斜率=0.82，95%CI=[0.80，0.84]），表明沿着平衡线的响应曲面倾斜上升。这个正斜率暗示，当功能型和关系型以客户为导向的行为平衡时，高-高平衡条件比低-低平衡条件创建更高的效率-柔性双元性，因此支持H2。

表 10-3 实证研究四子研究一多项式回归结果

变量	效率-柔性双元		惠顾意愿	
	模型 1	模型 2	模型 3	模型 4
截距项	0.24**	0.31**	-0.36**	-0.33**
多项式变量				
功能型导向（F）	00.55**	0.52**	0.22**	0.18**
关系型导向（R）	0.30**	0.31**	0.07**	0.08**
F^2		-0.07**		-0.03**
F×R		0.12**		-0.03**
R^2		-0.04**		0.02**
效率-柔性双元			0.57**	0.57**
控制变量				
性别	-0.05**	-0.06**	0.10**	0.10**
年龄	0.01*	0.01	0.01*	0.01*
区域 1	-0.26**	-0.26**	-0.02	-0.03
区域 2	-0.02	-0.01	0.10**	0.12**
区域 3	-0.27**	-0.28**	0.04*	0.04*
区域 4	-0.27**	-0.26**	-0.04	-0.04*
R^2	0.54	0.55	0.65	0.66
平衡线（F=R）				
斜率		0.82** [0.80, 0.84]		0.27** [0.24, 0.29]
曲率		0.01 [-0.01, 0.03]		-0.04** [-0.05, -0.03]
不平衡线（F=-R）				
斜率		0.21** [0.18, 0.24]		0.10** [0.07, 0.13]
曲率		-0.23** [-0.26, -0.19]		0.01 [-0.02, 0.05]

注 *$p<0.05$。**$p<0.01$。95% 偏差校正置信区间。

除了直接效应外，区域变量方法可以用来测试多项式分析中的间接效应（H3）。首先，我们重新进行多项式回归，将因变量替换为客户忠诚度（表10-3中的模型3和模型4）。我们通过将模型2和模型4中的多项式系数与原始数据分别相乘，计算了两个区域变量（区域1和区域2）。形成区域变量后，我们两次进行线性回归，以估计区域变量的标准化系数作为路径系数。具体来说，我们将效率-柔性双元性回归到控制变量和区域1上，以获取路径系数α。我们还将客户忠诚度回归到控制变量、效率-柔性双元性和区域2上，以获取路径系数β。我们通过将路径系数α与β相乘来计算间接项。由于间接项不服从正态分布，需要进行自举法来测试显著性水平。

关于以客户为导向的行为（不）平衡的区域变量（区域1），它与效率-柔性双元性呈正相关（$\alpha=0.72$，$p<0.01$），而效率-柔性双元性与客户忠诚度呈正相关（$\beta=0.58$，$p<0.01$）。经过偏差校正的自举法置信区间（路径系数=0.42，95%CI=[0.40，0.43]）排除了零。这些发现支持H3。然而，当考虑到效率-柔性双元性时，区域变量对客户忠诚度的影响仍然显著（路径系数=0.27，$p<0.01$），表明效率-柔性双元性部分中介了智能客服的功能型和关系型行为（不）平衡对客户忠诚度的影响。

（2）子研究二：情景实验

为了揭示客户理性选择如何改变智能客服的以客户为导向的行为不平衡对效率-柔性双元性的负面影响的调节机制，我们设计了三个基于情景的实验。具体而言，我们打算验证以下三个假设：1. 在子研究二A中，随着非个性化成本的感知增加，客户导向行为不平衡对效率-柔性双元性的负面影响较弱（H4b）；2. 在子研究二B中，隐私担忧增加时，客户导向行为不平衡对效率-柔性双元性的负面影响较强（H5b）；3. 在子研究二C中，机会成本增加时，客户导向行为不平衡对效率-柔性双元性的负面影响较强（H6b）。

子研究二 A：旨在研究感知的非个性化成本在客户导向行为不平衡对效率-柔性双元性的负面影响中的调节作用。在这个实验中，智能客服的感知非个性化成本被操纵成两个水平，即高非个性化成本和低非个性化成本。我们预测，对于具有低非个性化成本的智能客服，其平衡的客户导向行为将导致比其不平衡的客户导向行为更强的效率-柔性双元性。然而，对于具有高非个性化成本的智能客服，其效率-柔性双元性在平衡和不平衡的客户导向行为之间不会显著不同。子研究二 A 采用了 2（客户导向行为：平衡 vs. 不平衡）×2（非个性化成本：高 vs. 低）的两因素设计来检验我们的假设。我们从亚马逊的机械土耳其人中招募了 320 名参与者（其中女性 166 名；平均年龄 =39.94，标准差 =12.53），这在以前的市场研究中被广泛使用。参与者得到了经济补偿。

参与者被告知这份问卷的目标是询问他们对智能客服的态度。起先，我们要求参与者想象以下情景，即他们需要做出一项影响自己和家庭的重要购买决策。为了做出质量高的决策，他们会遇到一个智能客服。接着，我们随机向参与者提供了两种不同版本的智能客服介绍，以操纵客户导向行为的平衡性。在平衡条件下，介绍描述了他们会见的智能客服既具有信息性（即功能型）又具有共情性（即关系型）。具体而言，我们描述了智能客服不仅关注手头的购买（功能、优势、成本），还关注参与者及其家庭的需求，帮助他们解决与购买决策相关的情感问题和焦虑感。然而，在不平衡条件下，我们将智能客服描述为具有信息性或共情性之一。也就是说，智能客服只关注手头的购买或参与者及其家庭的需求。

然后，我们将参与者随机分配到两个条件中的一个，以操纵他们对智能客服的非个性化成本的感知。在高非个性化成本条件下，我们告知参与者，通过收集一些简单的个人信息，智能客服不仅可以促进个性化搜索，还可以提供准确的定制产品推荐、个性化的偏好报告以及将信息集成到用户个人资料中的选项。没有智能客服的支持，他们在线上购物体验方面将付出很大代价或牺牲。然而，在低非个性化成本条件下，我们降低了个性化水平，并告知参与者，通过收集一些简单的个人信息，智能客服可以根据他们的偏好搜索产品或浏览提议的产品类别之一。没有智能客服的支持，他们在线上购物体验方面将付出一些代价或牺牲。随后，所有参与者都收到了一个一般性描述，其中智能客服在演示技巧和整体行为方面表现出色，能够满足他们的需求。

在阅读了上述智能客服的描述后，参与者被要求回答若干相关问题，包括智能客服的效率和柔性、客户导向行为、感知非个性化成本和人口统计信息。具体来说，智能客服的效率是通过询问他们对智能客服高度参与的活动的意见来衡量的，使用了一个七点量表（题项："提高和改进互动效率""减少和降低时间成本""依赖自动化和程序性回应"；范围：1="非常不同意"，7="非常同意"）。我们还通过考虑智能客服的活动来衡量智能客服的柔性，使用了一个七点量表（题项："提供最高质量的服务""确保客户满意度最高""使用创造性方法满足客户的需求"；范围：1="非常不同意"，7="非常同意"）。与子研究二A一样，智能客服的效率-柔性双元性是通过效率和柔性的尺度居中相乘得出的。

此外，感知非个性化成本的操纵检查是通过询问参与者在没有智能客服的支持下，是否会导致购物变得耗时、烦琐并对他们造成不便，采用了一个三项七点量表来测量。客户导向行为（不）平衡的操纵检查是通过功能型得分和关系型得分的均值之间的绝对差异来测量的。因此，客户导向行为越平衡，功能型得分和关系型得分之间的差异就越小。最后，我们还收集了参与者的人口统计信息，包括年龄和性别。

我们采用独立样本t检验来测试操作的有效性。正如预期的那样，高非个性化成本条件下的参与者在测量上得分较低非个性化成本条件下的参与者更高[$M_{高}$=4.64,标准差=1.53;$M_{低}$=4.04,标准差=1.61,$t(318)$=3.46,p=0.001]。也就是说,在相对较高的非个性化成本条件下,参与者认为在没有智能客服的支持下会产生更高的成本。因此,我们的非个性化成本操作是成功的。此外,平衡的客户导向行为条件下的参与者在均值绝对差异上得分较低,而不平衡的客户导向行为条件下的参与者得分较高[$M_{平衡}$=1.07,标准差=1.05;$M_{不平衡}$=1.48,标准差=1.19,$t(318)$=-3.28,p=0.001],这证实了他们认为智能客服的行为更加平衡。因此,我们的客户导向行为操作也是成功的。

我们进行了一项2(客户导向行为:平衡 vs. 不平衡)×2(感知非个性化成本:高 vs. 低)的两因素方差分析来测试我们的H4b。结果显示,客户导向行为[$F(1, 316)$=7.15,p=0.008]和非个性化成本[$F(1, 316)$=5.44,p=0.02]对效率-柔性双元性产生显著的主要效应。此外,客户导向行为和非个性化成本之间出现了显著的交互作用[$F(1, 316)$=4.32,p=0.038]。具体而言,在智能客服进行平衡的客户导向行为时,消费者认为低非个性化成本的智能客服的效率-柔性双元性更强[$M_{平衡}$=3.14,标准差=2.60;$M_{不平衡}$=1.69,标准差=2.85;$F(1, 316)$=11.29,p=0.001]。然而,对于高非个性化成本的智能客服,消费者在平衡和不平衡的客户导向行为之间,在效率-柔性双元性上的感知没有显著差异[$M_{平衡}$=3.22,标准差=2.93;$M_{不平衡}$=3.04,标准差=2.54;$F(1, 316)$=0.18,p>0.10;见图10-2A]。因此,这些发现支持了H4b,即感知的非个性化成本增加时,智能客服客户导向行为不平衡对效率-柔性双元性的负面影响较弱。

子研究二B:旨在调查消费者的隐私担忧作为智能客服客户导向行为不平衡对效率-柔性双元性影响的另一个调节因素。在这个实验中,隐私担忧被设定成两个水平,即高隐私担忧和低隐私担忧。我们提出,智能客服客户导向行为不平衡对效率-柔性双元性的负面影响,会随着隐私担忧的增加而加强(H5b)。因此,对于隐私担忧较低

```
A：个性化服务          B：隐私担忧           C：机会成本
```

效率-柔性双元能力

A: 高程度 3.22 平衡 / 3.04 不平衡；低程度 3.14 平衡 / 1.69 不平衡
B: 高程度 3.17 平衡 / 1.56 不平衡；低程度 3.14 平衡 / 2.92 不平衡
C: 高程度 2.73 平衡 / 1.99 不平衡；低程度 3.04 平衡 / 2.52 不平衡

子研究二 A　　　　　子研究二 B　　　　　子研究二 C

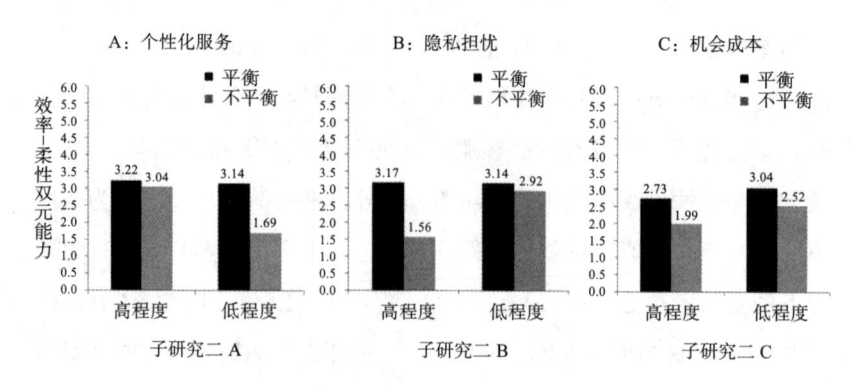

图 10-2　实证研究四子研究二中不同理性选择因素

的消费者来说，智能客服的不平衡客户导向行为可能不会显著影响效率-柔性双元性。然而，对于隐私担忧较高的消费者来说，如果智能客服进行平衡的客户导向行为，它将引发更强的效率-柔性双元性。子研究二 B 采用了一个 2（客户导向行为：平衡 vs. 不平衡）×2（隐私担忧：高 vs. 低）的两因素设计，以测试我们的假设。总共从亚马逊的机械土耳其人平台招募了 315 名参与者（其中女性 176 名；平均年龄 =37.17，标准差 =11.32），并对他们进行了经济补偿。

首先，参与者被随机分配到两个条件中的一个，以操纵他们的隐私担忧。特别是在高隐私担忧条件下，我们设置了一个以前的经历情境。在这种情境下，参与者与智能客服交谈并从在线商店购买了东西，之后他们的个人信息被许多他们从未互动过的公司分享。他们还收到了各种推销电话和数百封试图出售商品的垃圾邮件。因此，他们担心网站可能存在隐私问题。相反，在低隐私担忧条件下，没有关于这种以前经历的信息。然后，参与者接触了与子研究二 A 部分相同的情境，关于做出重要购买决策并与一个组织的智能客服会面。为了操纵客户导向行为（不）平衡，我们为他们提供了与子研究二 A 部分相同的智能客服介绍。最后，收集了智能客服的效率和柔性、客户导向行为和隐私担忧的操纵检查，以及人口统计信息。

为了检验操作的有效性，我们通过要求参与者表示对三个题项的认同程度来测量隐私担忧（题项："我担心我提交给智能客服的信息可能会被滥用""我担心别人可以从公司那里找到我的私人信息""我担心向智能客服提供个人信息，因为它可能会以我没有预料到的方式使用"；范围：1="非常不同意"，7="非常同意"）。如预期的那样，分配到高隐私担忧条件的参与者表现出比分配到低隐私担忧条件的参与者更高的得分 [$M_{高}$=5.21，标准差=1.49；$M_{低}$=4.56，标准差=1.68；t（313）=3.66，$p<0.001$]。因此，隐私担忧成功操纵。同样，平衡的客户导向行为条件下的参与者在功能型得分（α=0.90）和关系型得分（α=0.83）之间的均值绝对差异上得分较低，而不平衡的客户导向行为条件下的参与者得分较高 [$M_{平衡}$=1.02，标准差=1.07；$M_{不平衡}$=1.44，标准差=1.19；t（313）=-3.23，$p=0.001$]。因此，结果表明我们对客户导向行为的操作也成功达到了预期的效果。

我们采用了一个 2（客户导向行为：平衡 vs. 不平衡）×2（隐私担忧：高 vs. 低）的两因素方差分析，与子研究二 A 相似，来测试 H5b。结果显示，客户导向行为 [$F(1, 311)=8.32$，$p=0.004$]、隐私担忧 [$F(1, 311)=4.34$，$p=0.038$] 对效率-柔性双元性产生了显著的主要效应。此外，客户导向行为和隐私担忧之间的交互作用也是显著的 [$F(1, 311)=4.73$，$p=0.03$]。具体而言，对于拥有高隐私担忧的消费者来说，智能客服进行平衡（相较不平衡）的客户导向行为会导致更高的效率-柔性双元性 [$M_{平衡}$=3.17，标准差=3.02；$M_{不平衡}$=1.56，标准差=2.50；$F(1, 311)=12.84$，$p<0.001$]；而对于拥有低隐私担忧的消费者来说，他们在平衡和不平衡的客户导向行为之间，在效率-柔性双元性的感知上没有显著差异 [$M_{平衡}$=3.14，标准差=2.85；$M_{不平衡}$=2.92，标准差=2.87；$F(1, 311)=0.25$，$p>0.10$；见图 10-2B]。因此，支持了 H5b，即客户导向行为不平衡对效率-柔性双元性的负面影响，会随着隐私担忧的增加而加强。

子研究二 C：在这项研究中，我们讨论了作为第三个调节因素的机会成本，并将其设定成两个水平，即高机会成本和低机会成本。我们预期，智能客服客户导向行为不平衡对效率-柔性双元性的负面影响，会随着机会成本的增加而加强（H6b）。因此，如果使用智能客服的机会成本很高，当消费者面对平衡（相较不平衡）的客户导向行为时，他们将感知到更强的效率-柔性双元性。然而，如果使用智能客服的机会成本很低，智能客服在进行平衡和不平衡的客户导向行为时，不会显著影响消费者对效率-柔性双元性的感知。子研究二 C 采用了一个 2（客户导向行为：平衡 vs. 不平衡）×2（机会成本：高 vs. 低）的两因素设计，以检验我们的假设。在这个实验中，我们从亚马逊的机械土耳其人平台收集了 375 名参与者的数据（其中女性 201 名；平均年龄 =38.75，标准差 =11.86）。

实验程序与之前的实验相似。值得注意的是，为了操纵使用这个智能客服的机会成本，我们从已有的文献中借鉴了两种条件的刺激。具体来说，在高机会成本条件下，参与者被要求思考一个情境，即他们最近多次与某个智能客服交谈并搜索某些内容，似乎每次他们总是访问自己已经熟悉的相似产品信息。根据他们以前的浏览和购买活动，智能客服的服务可能会限制他们的选择或阻碍他们做出明智决策。潜在的信息限制可能导致他们失去查看替代信息的机会。相反，在低机会成本条件下，参与者被告知最近多次与某个智能客服交谈并搜索某些内容，似乎每次他们经常访问以前从未见过的新产品信息。根据他们以前的浏览和购买活动，智能客服提供了丰富的选项，以帮助他们做出明智的决策；智能客服不会限制可用的信息。客户导向行为平衡的操作与以前的研究相同。在接下来的部分，我们评估了智能客服的效率和柔性、客户导向行为和机会成本的操作检查，以及人口统计信息。

为了测试机会成本是否被设定成两个水平，参与者对智能客服进行了三项评估——"在使用智能客服时，我担心"：1."智能客服正在确定我看到的内容，以至于我无法访问替代信息"；2."智能客服只呈现我似乎喜欢的内容，以至于我以后无法看到替代信息"；3."智能客服可能不是我的首选，以至于我无法看到我喜欢的替代信息"（范围：1="非常不同意"，7="非常同意"）。结果如预期，高机会成本的智能客服评分高于低机会成本的智能客服[$M_{高}$=4.83，标准差=1.45；$M_{低}$=4.29，标准差=1.60；t(373)=3.40，p=0.001]。因此，机会成本被成功操作。此外，客户导向行为平衡条件下的参与者在均值绝对差异上的得分，低于客户导向行为不平衡条件下的参与者[$M_{平衡}$=1.03，标准差=1.03；$M_{不平衡}$=1.40，标准差=1.11；t(373)=-3.36，p=0.001]。结果显示，客户导向行为的操作也成功。

与以前的研究类似，我们对效率-柔性双元性进行了2（客户导向行为：平衡 vs. 不平衡）×2（机会成本：高 vs. 低）的两因素方差分析，以测试H6b。结果显示，客户导向行为对效率-柔性双元性有显著的效应[$F(1, 371)$=5.47，p=0.02]。然而，预期的客户导向行为和机会成本之间的交互作用并不显著[$F(1, 371)$=0.16，p>0.10]，这表明无论使用智能客服的机会成本是高还是低，客户导向行为不平衡和平衡对效率-柔性双元性的影响没有显著差异[低机会成本：$M_{平衡}$=3.04，标准差=2.40 vs. $M_{不平衡}$=2.52，标准差=2.57，$F(1, 371)$=1.90，p>0.10；高机会成本：$M_{平衡}$=2.73，标准差=2.62 vs. $M_{不平衡}$=1.99，标准差=2.80，$F(1, 371)$=3.70，p>0.05；见图10-2C]。因此，H6b没有得到支持。

（3）子研究三：问卷调查

子研究三涉及在线调查，旨在实现两个目标：1.测试客户理性选择对积极平衡效应的调节作用；2.检验我们研究结果的普适性。调查问卷以一个筛选性问题开始，询问参与者是否曾与智能客服进行实际互动。只有那些与智能客服进行过对话并购买了产品或服务的受访者，才被允许填写问卷。然后，我们要求受访者选择一个他们最熟悉的智能客服，回忆与该智能客服对话的经历，并在测量量表上评分。最终的样本包括了465份可用的回答。

测量与效度。我们所有的测量量表都来自现有文献，并将其中一些题项重新表述以适应我们的研究背景。所有变量都是使用七点李克特量表格式（范围：7="非常同意"，1="非常不同意"）来测量的（见表10-4）。我们使用了一个二维量表来测量智能客服的客户导向行为（即功能型和关系型）。这个量表经过修改和重新表述，以对总共十三个题项进行简化。因此，我们采用的用于测量智能客服客户导向行为的量表与前述研究的版本略有不同。我们使用原始的五个题项来测量功能型客户导向行为，而保留了三个题项来测量关系型客户导向行为，因为在我们的研究背景中，题项"指出与客户共同之处（例如共同的兴趣、经验和态度）"是不合适的。

表10-4 实证研究四子研究三变量信度与效度

题项	因子载荷
功能型客户导向行为 （Zang 等，2020a；α=0.89；CR=0.89；AVE=0.62）	
1. 智能客服询问我关于我的具体需求	0.78
2. 在前线对话中，智能客服积极地让我参与，以确定我的具体需求	0.82
3. 智能客服关注与我特别相关的功能信息	0.73
4. 智能客服关注与我特别相关的产品和服务的好处	0.82
5. 在介绍产品和服务时，智能客服会根据我的需求做出个性化回应	0.77
关系型客户导向行为 （Zang 等，2020a；α=0.91；CR=0.91；AVE=0.78）	
1. 在前线对话中，智能客服与我建立了个人关系	0.88

续表一

题项	因子载荷
2. 在前线对话中，智能客服对我的个人情况表现出浓厚兴趣	0.91
3. 智能客服经常与我讨论私人问题	0.85

服务效率
（Yu 等，2018；Lubatkin 等，2006；α=0.74；CR=0.75；AVE=0.50）

题项	因子载荷
在过去的 12 个月中，智能客服高度参与了：	
1. 提高和改善互动效率	0.73
2. 削减和降低时间成本	0.71
3. 依赖自动化和程序化的回应	0.68

服务柔性
（Yu 等，2018；Lubatkin 等，2006；α=0.73；CR=0.76；AVE=0.51）

题项	因子载荷
在过去的 12 个月中，智能客服高度参与了：	
1. 提供最高质量的服务	0.73
2. 确保达到最高水准的客户满意度	0.74
3. 使用创造性的方法满足客户的需求	0.67

个性化服务
（Chen 等，2019；α=0.75；CR=0.75；AVE=0.50）

题项	因子载荷
1. 我相信如果没有智能客服的支持，对我来说购物将会非常耗时	0.73
2. 我相信如果没有智能客服的支持，对我来说购物将会很繁重	0.71
3. 我相信如果没有智能客服的支持，购物会给我带来不利之处	0.69

隐私担忧
（Chen 等，2019；α=0.88；CR=0.88；AVE=0.71）

题项	因子载荷
1. 我担心我提交给智能客服的信息可能会被滥用	0.83
2. 我担心其他人可以从公司获取到关于我的私人信息	0.82

续表二

题项	因子载荷
3. 我担心向智能客服提供个人信息,因为它可能会以我没有预料到的方式使用	0.87
机会成本	
(Chen 等,2019;α=0.82;CR=0.82;AVE=0.61)	
1. 我担心智能客服会决定我看到什么,以至于我无法访问替代信息	0.79
2. 我担心智能客服只会呈现我似乎喜欢的内容,以至于我无法随后看到替代信息	0.78
3. 我担心智能客服可能不符合我的偏好,以至于我无法看到我喜欢的替代信息	0.77
社会接受度	
(Köhler 等,2011;α=0.80;CR=0.80;AVE=0.57)	
1. 我理解智能客服的工作方式	0.78
2. 我感到作为智能客服的客户受到了接纳	0.75
3. 我理解对智能客服而言重要的规范和价值观	0.73
角色清晰度	
(Köhler 等,2011;α=0.83;CR=0.84;AVE=0.56)	
1. 我知道作为一个客户使用智能客服服务需要做什么	0.75
2. 我知道在使用智能客服进行购物时,我有哪些责任	0.76
3. 当使用智能客服时,我清楚知道我有哪些义务	0.76
4. 我知道在使用智能客服的服务时,作为客户我的角色是什么	0.72
自我效能感	
(Köhler 等,2011;α=0.89;CR=0.89;AVE=0.68)	
1. 我相信使用智能客服进行购物是一项我能够更好地完成的任务	0.87
2. 我可以掌握使用智能客服满足我的购物需求	0.82

续表三

题项	因子载荷
3. 我相信我可以像我想要的那样使用智能客服进行购物	0.90
4. 我确信我能够很好地利用智能客服来满足我的购物需求	0.68

注：α=克朗巴赫系数。CR=组合信度。AVE=平均提取方差。

关于前线效率-柔性双元性，很少有研究对此进行详细探讨，仅有的两个公开可用的测量量表都使用了两个题项来测量前线双元性的组成部分。因为已经认识到使用两个题项来识别一个潜在构建是有问题的，我们分别使用三个不同的题项来测量智能客服的效率和柔性。与现有文献采用的通用方法一样，我们计算了效率和柔性的乘积项，以表示某个智能客服的总体双元行为。我们使用了三个变量来测量理性选择因素，使用客户自报的与智能客服对话后花费的金额来衡量购买行为。我们还引入了三个控制变量，因为过去的研究表明，角色清晰度、自我效能感和社会接受度反映了新用户适应智能客服的能力，这将影响他最终的购买。

我们进行了几项测试来评估变量的测量效度。首先，所有变量的较高克朗巴赫系数验证了题项间的一致性。其次，确认性因素分析的拟合指数显示数据拟合良好，确认了各自数据集中的每个构建都是单维的。最后，我们检查了测量量表的收敛效度，并发现所有题项的因子载荷均大于0.67，每个量表的平均提取方差均超过了0.50的满意水平。作为另一种测试，我们测试了构建间的区分效度。每个构建的平均提取方差均超过了构建对之间的平方相关性，表明了潜在变量之间的区分效度。为了测试共同方法偏差，我们首先检查了一个因素模型的拟合，结果显示其拟合度差。然后，我们根据表10-5中最低的正系数（$r=0.01$）调整了所有的相关系数。结果表明，原始显著相关性的显著性没有发生变化。所有的研究结果表明，共同方法偏差在本章节中并不是一个严重的问题。表10-5基于最终样本数据报告了变量的描述性统计和相关系数。

表 10-5 实证研究四子研究三相关系数

变量	1	2	3	4	5	6	7	8	9	10	11
1. 社会接受度											
2. 角色清晰度	0.19**										
3. 自我效能感	-0.08	0.09*									
4. 功能型导向	0.08	0.02	0.01								
5. 关系型导向	0.16**	0.14**	0.01	0.60**							
6. 服务效率	0.06	-0.07	0.07	0.62**	0.16**						
7. 服务柔性	0.16**	0.14**	0.01	0.60**	0.50**	0.16**					
8. 个性化服务	-0.08	-0.10*	-0.01	-0.04	-0.62**	0.04	-0.62**				
9. 隐私担忧	0.08	0.10*	0.01	0.04	0.62**	-0.04	0.62**	-0.50**			
10. 机会成本	0.08	0.11*	0.01	0.04	0.64**	-0.04	0.64**	-0.48**	0.48**		
11. 惠顾意愿	0.02	-0.01	0.08	0.16**	0.06	0.22**	0.16**	0.14**	-0.14**	-0.10*	
均值	4.58	5.28	4.37	4.90	4.65	4.57	4.65	4.58	4.42	3.68	67.92
标准差	0.83	1.16	1.53	1.49	1.35	0.68	1.35	1.20	1.17	0.56	1.53

注：*$p<0.05$。**$p<0.01$。

分析与结果。为了检验子研究二 A 结果的普适性，我们采用与其相同的分析方法，测试了智能客服的（不）平衡客户导向行为对效率-柔性双元性和客户购买的影响。如表 10-6 中的模型 1 所示，不平衡线呈现下降曲线的形状（曲率 =-0.25，95%CI=［-0.33，-0.17］），表明当智能客服的功能型和关系型客户导向行为平衡时，客户对效率-柔性双元性的感知更高，从而支持了 H1。平衡线呈上升趋势（斜率 =0.08，95%CI=［0.03，0.13］），表明当功能型和关系型客户导向行为平衡时，高-高平衡条件创造了更高的效率-柔性双元性，从而支持了 H2。客户导向行为（不）平衡的区域变量与效率-柔性双元性正相关（路径系数 =0.63，$p<0.01$），效率-柔性双元性与客户购买正相关（路径系数 =0.41，$p<0.01$）。对客户导向行为（不）平衡对客户购买的间接影响的偏差校正自举置信区间（路径系数 =0.26，95%CI=［0.19，0.33］）不包括零。此外，中介测试显示与子研究二 A 一样的结果，即当考虑到效率-柔性双元性时，区域变量对客户购买的影响仍然显著（路径系数 =0.36，$p<0.01$）（即部分中介）。总体而言，这些发现支持了 H3。

为了检验子研究二 B 结果的普适性，并测试理性选择因素对正平衡效应的调节作用（H4 至 H6），我们采用了多项式分析中的修正回归方法。首先，我们将调节变量和每个调节变量与每个多项式项的交互项，添加到原始多项式回归方程中（见表 10-6 中的模型 2 至模型 4）。然后，我们将效率-柔性双元性作为因变量计算了另外两个方程：一个用于较高水平的调节条件（即替换值为均值以上一标准差），另一个用于较低水平的调节条件（即替换值为均值以下一标准差）。为了提供更加可视化的背景来说明我们的结果，我们绘制了简单的斜率图（见图 10-3）。每个响应曲面都解释了不同调节条件下的效率-柔性双元性的预测值。我们通过计算沿平衡和不平衡线的斜率与曲率来测试假设（见表 10-6）。

表 10-6 实证研究四子研究三多项式回归结果

变量	模型 1	效率-柔性双元 个性化服务 模型 2	效率-柔性双元 隐私担忧 模型 3	效率-柔性双元 机会成本 模型 4	惠顾意愿 模型 5
截距项	-7.70**	-3.98**	-1.99**	-1.86**	-4.56**
社会接受度	0.05*	0.07*	0.08*	0.07*	-0.11
角色清晰度	-0.03	-0.04	-0.04	-0.03	-0.01
自我效能感	0.02	0.02	0.02	0.02	0.02
功能型导向(F)	0.50**	0.48**	0.48**	0.49**	0.68**
关系型导向(R)	-0.42**	-0.44**	-0.44**	-0.45**	-0.59**
F^2	-0.03*	-0.05*	-0.06*	-0.05*	-0.01
F×R	0.11**	0.09*	0.11*	0.08*	-0.18**
R^2	-0.10**	-0.04	-0.04	-0.03	0.17**
效率-柔性双元					0.24**

续表一

变量	模型 1	效率-柔性双元			惠顾意愿
		个性化服务 模型 2	隐私担忧 模型 3	机会成本 模型 4	模型 5
个性化服务	0.42**	0.06*	0.21*	0.19	0.17**
隐私担忧	−0.76**	−0.57**	−0.27**	−0.27*	−0.35**
机会成本	0.42**	0.14**	0.22**	0.21**	−0.10**
F×调节变量		−0.01	−0.07	0.02	
R×调节变量		0.16**	−0.62**	−0.20*	
F²×调节变量		0.02	−0.06	−0.01	
F×R×调节变量		−0.04	0.20*	0.04	
R²×调节变量		0.01	−0.05	−0.01	
R^2	0.61	0.63	0.64	0.63	0.57

续表二

变量	模型1	效率-柔性双元						惠顾意愿
		个性化服务 模型2		隐私担忧 模型3		机会成本 模型4		模型5
调节变量(±1SD)		低程度	高程度	低程度	高程度	低程度	高程度	
平衡线(F=R)								
斜率	0.08** [0.03, 0.13]	-0.14 [-0.35, 0.01]	0.20** [0.12, 0.28]	0.21** [0.13, 0.29]	-0.15* [-0.34, -0.01]	0.26** [0.15, 0.37]	-0.19* [-0.47, -0.03]	0.09 [-0.02, 0.23]
曲率	-0.03* [-0.06, -0.01]	0.03 [-0.03, 0.10]	-0.02 [-0.06, 0.02]	-0.02 [-0.06, 0.02]	0.03 [-0.02, 0.10]	-0.02 [-0.07, 0.03]	0.03 [-0.04, 0.13]	-0.02 [-0.08, 0.04]
不平衡线(F=-R)								
斜率	0.92** [0.80, 1.05]	1.11** [0.83, 1.38]	0.74** [0.41, 1.07]	0.78** [0.43, 1.12]	1.07** [0.82, 1.32]	0.67** [0.23, 1.10]	1.22** [0.83, 1.59]	1.28** [0.90, 1.69]
曲率	-0.25** [-0.33, -0.17]	-0.25* [-0.49, -0.01]	-0.11 [-0.33, 0.10]	-0.13 [-0.36, 0.09]	-0.29** [-0.51, -0.06]	-0.09 [-0.34, 0.17]	-0.23 [-0.53, 0.07]	0.34** [0.15, 0.53]

注:* $p<0.05$。** $p<0.01$。95% 偏差校正置信区间。

如表 10-6 中的模型 2 所示，当客户感知到较低的非个性化成本时，平衡线的斜率为负但不显著（斜率 =-0.14，95%CI=[-0.35，0.01]），而不平衡线的曲率为负且显著（曲率 =-0.25，95%CI=[-0.49，-0.01]）。然而，当客户感知到较高的非个性化成本时，平衡线的斜率变为正且显著（斜率 =0.20，95%CI=[0.12，0.28]），而不平衡线的曲率变为不显著（曲率 =-0.11，95%CI=[-0.33，0.10]）。如图 10-3A 所示，平衡的客户导向行为对效率-柔性双元性的影响在较高的非个性化成本条件下是积极的；但在较低的非个性化成本条件下不存在。相反，如图 10-3B 所示，智能客服的不平衡客户导向行为在较低的非个性化成本条件下对效率-柔性双元性有负面影响；但在非个性化成本增加时，这种现象消失了。因此，这些发现支持了 H4a 和 H4b。

当客户隐私担忧较少时，如表 10-6 中的模型 3 所示，平衡线的斜率为正且显著（斜率 =0.21，95%CI=[0.13，0.29]），而不平衡线的曲率不显著（曲率 =-0.13，95%CI=[-0.36，0.09]）。然而，如果客户对其隐私风险表示担忧，平衡线的斜率（斜率 =-0.15，95%CI=[-0.34，-0.01]）和不平衡线的曲率（曲率 =-0.29，95%CI=[-0.51，-0.06]）都变得显著为负。如图 10-3C 所示，客户导向行为平衡对效率-柔性双元性的影响在较低的隐私担忧条件下是积极的，但在较高的隐私担忧条件下是消极的。然而，图 10-3D 也说明了，客户导向行为的不平衡在较高的隐私担忧条件下，对效率-柔性双元性有显著负面影响；但在客户的隐私担忧降低时，这种影响消失了。总体而言，这些结果支持了 H5a 和 H5b。

当客户感知到机会成本较低时，平衡线的斜率为正且显著（斜率 =0.26，95%CI=[0.15，0.37]），而不平衡线的曲率不显著（曲率 =-0.09，95%CI=[-0.34，0.17]；见表 10-6 中的模型 4）。当客户对机会成本的感知变得更高时，平衡线的斜率变为显著负向（斜率 =-0.19，95%CI=[-0.47，-0.03]），但不平衡线的曲率仍然不显著（曲率 =-0.23，

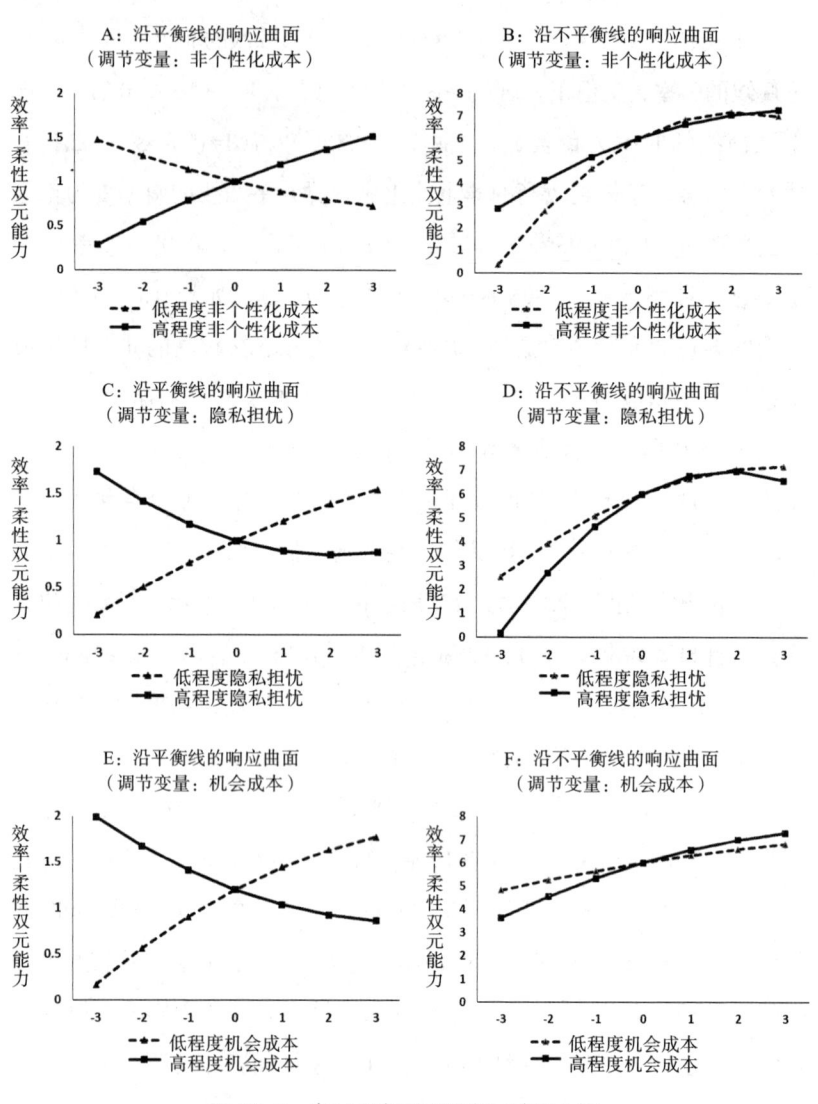

A：沿平衡线的响应曲面
（调节变量：非个性化成本）

B：沿不平衡线的响应曲面
（调节变量：非个性化成本）

C：沿平衡线的响应曲面
（调节变量：隐私担忧）

D：沿不平衡线的响应曲面
（调节变量：隐私担忧）

E：沿平衡线的响应曲面
（调节变量：机会成本）

F：沿不平衡线的响应曲面
（调节变量：机会成本）

图 10-3 实证研究四子研究三响应曲面

95%CI=[-0.53，0.07]）。如图 10-3E 所示，当机会成本较低时，客户导向行为平衡对效率-柔性双元性的影响是积极的；但当机会成本较高时，这种影响变为消极。因此，这些发现支持了 H6a。然而，图 10-3F 显示，无论机会成本高还是低，客户导向行为的不平衡对效率-柔性双元性的负面影响都不显著。因此，不支持 H6b。

（4）子研究四：问卷调查

我们使用在线调查工具问卷星（https://www.wjx.cn/，于 2020 年 9 月 21 日访问）收集了客户数据。我们旨在通过提出有关智能客服的一般性调查问题，而不是专注于任何特定类型的智能客服，以增加研究结果的普适性。在调查开始时，我们提出了一个筛选问题，询问受访者是否有与以下任意一个智能客服进行过互动的经验：1. 京东的 JIMI 智能客服（网站上的文本智能客服或应用程序中的语音智能客服）；2. 淘宝的阿里小蜜智能客服（网站上的文本智能客服或应用程序中的语音智能客服）；3. 生态净化器制造商科沃斯（ECOVACS）的旺宝（BeneBot）（银行和商场中的文本或语音服务智能客服）；4. 通过电话进行的电信客服机器人。只有报告与上述智能客服有过经验的受访者，才被允许完成问卷调查。然后，我们要求受访者在脑海中选择他们最常互动的一个智能客服，然后根据他们使用该特定智能客服的经验完成问卷调查。最终，我们获得了 507 份可用的回复并进行了数据分析。关于提的特定智能客服，样本包括对 JIMI（34.7%）、阿里小蜜（29.6%）、旺宝（28.9%）和电信语音（6.8%）智能客服的回复。受访者中男性为 304 人，女性为 203 人。他们的年龄在 18 至 49 岁之间（平均年龄 =31.7）。

测量与效度。我们获取了以前研究中提出的问题，并对其中一些问题进行了重新措辞以适应我们的研究。对于所有变量，我们使用了七点李克特响应量表的多项度量。销售绩效通过顾客与智能客服互动后花费的金额的自然对数来衡量。除了性别和年龄外，我们还引入了自我效能和智能客服类型作为控制变量，因为研究表明：1. 顾客在人机互动背景下使用技术的自我效能将影响他的服务体验；2. 机器人类型可能与顾客对智能客服的接受有关。表 10-7 记录了每个变量的克朗巴赫系数、组合信度、因子载荷和平均方差提取。

表 10-7　实证研究四子研究四变量信度与效度

题项	α	FL	CR	AVE
智能服务（Mullins 等，2020）	0.74		0.77	0.53
在与我进行对话时，智能客服可以：				
1. 识别我的产品问题并以可靠的方式解决它		0.74		
2. 倾听我的问题并认真处理我对产品的关切		0.69		
3. 关注我有关产品的问题并正确回答		0.75		
智能销售（Mullins 等，2020）	0.74		0.77	0.53
在与我进行对话时，智能客服可以：				
1. 提出问题以评估我是否愿意购买额外的产品		0.73		
2. 抓住机会向我建议公司可能受益的产品		0.77		
3. 通常提供一个最符合我的需求的额外产品		0.69		
个性化服务（Lee 和 Rha，2016）	0.77		0.82	0.54
在与智能客服的对话中，它向我提供建议，表明：				
1. 我可以获得根据我的兴趣和需求定制的个性化信息		0.71		
2. 我可以获得根据我的购物习惯定制的个性化信息		0.72		
3. 我可以减少在寻找购物所需信息上的时间和努力		0.76		
4. 我可以享受到个性化信息带来的愉悦感		0.73		
隐私担忧（Lee 和 Rha，2016）	0.88		0.88	0.71
在与智能客服的对话中，它向我提供建议，表明：				
1. 我有侵犯隐私界限的风险		0.83		
2. 我有风险被收集过多的个人信息		0.83		
3. 我的行为有可能被追踪或监控		0.87		
顾客体验（Kim 和 Choi，2016）	0.82		0.82	0.61
1. 我会说与智能客服互动的经验非常好		0.80		
2. 我相信我在与智能客服互动时获得了卓越的体验		0.78		
3. 我认为智能客服的整体性能体验非常出色		0.77		

续表

题项	α	FL	CR	AVE
惠顾意愿（Etemad-Sajadi，2016；Keeling 等，2010）	0.80		0.80	0.57
1. 与这个智能客服交流增加了我与该公司交易的愿望		0.78		
2. 这个智能客服给我留下了与这家公司交易将会是积极的印象		0.75		
3. 将来我很可能会推荐并重新使用这个智能客服		0.73		

注：α= 克朗巴赫系数。FL= 因子载荷。CR= 组合信度。AVE= 平均方差提取。

我们进行了多项测试来评估变量的测量效度。首先，通过找到所有变量的克朗巴赫系数来验证题项间一致性。其次，确证性因子分析的适配指标显示数据适配良好，证实了每个构面是一维的。最后，我们检查了测量题项的收敛效度，并发现所有项目的因子载荷大于 0.69，并且每个题项的平均方差提取均超过了 0.50 的满意水平。作为另一种测试，我们还测试了构面的区别效度。每个构面的平均方差提取都超过了构面对之间的相关性的平方，从而证明了潜在变量之间的区别效度。表 10-8 记录了变量的描述性统计数据和相关系数。

分析与结果。在计算平衡双元性的程度时，既有研究通常采用直接方法，计算差异分数（即|销售-服务|）。然而，差异分数可能会提供模糊和混淆的结果，因为结果变量可能与双元组成部分没有明确的关联。它可能导致结果过于简化，因为双元组成部分与结果变量之间的三维关系被简化为二维关系；并且可能会对平衡方程施加未经测试的约束。在计算组合双元性的程度时，研究人员通常使用双元组成部分的乘积（即销售×服务）。然而，这种方法无法区分具有相同的乘积但具有不同值的双元组成部分的条件。例如，如果两个智能客服的销售和服务水平分别为 1 和 4，以及 2 和 2，那么它们的组合双元性值（通过销售×服务的乘积计算）是相同的（都为 4），尽管第一种情

表 10-8 实证研究四子研究四相关系数

变量	1	2	3	4	5	6	7	8	9	10	11	12
1. 虚拟变量 1												
2. 虚拟变量 2	-0.07											
3. 虚拟变量 3	-0.12**	-0.22**										
4. 虚拟变量 4	-0.10*	-0.18**	-0.29**									
5. 虚拟变量 5	-0.07	-0.12**	-0.19**	-0.16**								
6. 虚拟变量 6	-0.11*	-0.20**	-0.32**	-0.26**	-0.18**							
7. 智能服务	-0.01	-0.02	-0.02	-0.14**	0.06	0.16**						
8. 智能销售	-0.06	-0.04	-0.02	-0.10*	0.10*	0.13**	0.60**					
9. 个性化服务	-0.06	0.04	0.06	0.08	0.04	-0.16**	-0.41**	-0.26**				
10. 隐私担忧	0.06	-0.05	-0.06	-0.08	-0.04	0.16**	0.33**	0.27**	-0.41**			
11. 顾客体验	-0.11*	-0.09*	-0.01	-0.07	0.12**	0.07	0.26**	0.31**	-0.03	0.03		
12. 惠顾意愿	-0.01	0.07	-0.03	-0.01	0.08	-0.10*	-0.10*	-0.08	-0.14**	0.07	0.22**	
13. 销售绩效	-0.13*	-0.04	0.18**	-0.04	0.04	-0.13**	-0.33**	-0.18**	0.22**	-0.25**	0.18**	0.16**

注：虚拟变量 1 代表阿里小蜜语音机器人，虚拟变量 2 代表 JIMI 语音机器人，虚拟变量 3 代表阿里小蜜文本机器人，虚拟变量 4 代表基于语音的旺宝，虚拟变量 5 代表基于文本的旺宝，虚拟变量 6 代表 JIMI 文本机器人。

况是不平衡的,而第二种情况是平衡的。作为这些方法的替代方法,多项式回归分析代表了计算双元性水平并评估其影响的方法的最新发展。多项式回归方法允许我们通过检查双元组成部分的平衡和组合水平来预测结果。这种方法相较传统上用于双元性研究的差异分数或乘积方法具有显著的优势。

我们在 Mplus7.0 中执行了多项式回归分析,以同时检验模型提出的假设。在多项式建模中,中介变量(例如顾客体验)被回归到控制变量,即客户服务提供(SP)和整合销售行为(SB),以及三个高阶变量(即 SP^2、SB^2 和 $SP\times SB$)(见表 10-9)。对于本章节,我们计算了平衡线(SP=SB)和不平衡线(SP=-SB)上的斜率和曲率,即平衡斜率(SP+SB)、平衡曲率($SP^2+SP\times SB+SB^2$)、不平衡斜率(SP-SB)和不平衡曲率($SP^2-SP\times SB+SB^2$)。当不平衡线上的曲率与零显著不同时,存在显著的平衡效应(H7)。此外,当平衡线上的斜率显著为正时,我们可以得出结论:存在显著的组合效应,即在高水平的销售和服务行为下实现平衡,比在低水平的销售和服务行为下实现平衡效果更好(H8)。

表 10-9 实证研究四子研究四多项式回归结果

多项式变量			模型1	模型2	模型3	模型4	模型5
智能服务(SP)	→	顾客体验	-0.47**	-0.48**	-0.48**	-0.37**	-0.37**
智能销售(SB)	→	顾客体验	0.62**	0.67**	0.67**	0.52**	0.50**
SP^2	→	顾客体验		-0.16**	-0.16**	-0.14**	-0.14**
$SP\times SB$	→	顾客体验		0.21**	0.21**	0.27**	0.29**
SB^2	→	顾客体验		-0.10**	-0.10**	-0.13**	-0.13**
SP	→	惠顾意愿			0.38**		
SB	→	惠顾意愿			-0.81**		
SP^2	→	惠顾意愿			0.04		
$SP\times SB$	→	惠顾意愿			-0.04		

续表

多项式变量			模型1	模型2	模型3	模型4	模型5
SB^2	→	惠顾意愿			0.10		
SP	→	销售绩效			-0.95**		
SB	→	销售绩效			0.56**		
SP^2	→	销售绩效			-0.39**		
SP×SB	→	销售绩效			0.51**		
SB^2	→	销售绩效			-0.06		
顾客体验	→	惠顾意愿	0.50**	0.50**	0.39**	0.50**	0.50**
顾客体验	→	销售绩效	0.32**	0.32**	0.29**	0.32**	0.32**
调节变量							
个性化服务	→	顾客体验	0.17	0.21	0.21	0.29	0.21
隐私担忧	→	顾客体验	0.42*	0.46**	0.46**	0.48*	0.37
高阶变量							
SP× 个性化服务	→	顾客体验				0.09	
SB× 个性化服务	→	顾客体验				0.03	
SP^2× 个性化服务	→	顾客体验				0.14**	
SP×SB× 个性化服务	→	顾客体验				-0.20**	
SB^2× 个性化服务	→	顾客体验				0.06*	
SP× 隐私担忧	→	顾客体验				-0.11	
SB× 隐私担忧	→	顾客体验				-0.07	
SP^2× 隐私担忧	→	顾客体验				-0.18**	
SP×SB× 隐私担忧	→	顾客体验				0.27**	
SB^2× 隐私担忧	→	顾客体验				-0.08	
R^2 顾客体验			0.56	0.62	0.62	0.66	0.65
R^2 惠顾意愿			0.08	0.08	0.18	0.08	0.08
R^2 销售绩效			0.14	0.14	0.59	0.14	0.14

注：*相关性在双尾检验的 0.05 水平上显著。**相关性在双尾检验的 0.01 水平上显著。

表 10-10 中的第一列呈现了用于预测顾客体验的多项式回归中平衡线和不平衡线上的斜率和曲率。如表 10-10 所示，不平衡线上的曲面呈下凹形状（曲率 =-0.47，95%CI=[-0.63，-0.30]），这表明曲面沿不平衡线呈倒 U 形状。响应曲面展示了两个预测变量的配置下顾客体验的预测值（见图 10-4A）。不平衡线（用虚线表示）沿着图表的底部运行，从 SP 较低且 SB 较高的点到 SP 较高且 SB 较低的点。不平衡线上的凹曲度意味着当智能客服的服务提供行为与整合销售行为平衡时，顾客体验更好；任何偏离平衡线的情况都会减弱顾客体验，从而支持 H7。如表 10-10 所示，平衡线上的斜率显著为正（斜率 =0.19，95%CI=[0.16，0.22]），这表明高-高平衡条件比低-低平衡条件产生更好的顾客体验。图 10-4A 中的响应曲面还暗示了图内侧的顾客体验比图外侧好，从而支持 H8。

表 10-10 实证研究四子研究四平衡线和不平衡线的斜率与曲率

斜率与曲率	模型 2 多项式变量	模型 4[*]		模型 5[*]	
		个性化服务		隐私担忧	
		低程度	高程度	低程度	高程度
平衡线（SP=SB）					
斜率	0.19[**] [0.16，0.22]	0.01 [-0.11，0.13]	0.28[**] [0.24，0.33]	0.30[**] [0.25，0.35]	-0.03 [-0.22，0.14]
曲率	-0.05[**] [-0.07，-0.03]	0.01 [-0.05，0.06]	0.00 [-0.03，0.03]	0.00 [-0.04，0.03]	0.03 [-0.05，0.10]
不平衡线（SP=-SB）					
斜率	-1.14[**] [-1.33，-0.97]	-0.95[**] [-1.26，-0.64]	-0.83[**] [-1.09，-0.57]	-0.83[**] [-1.10，-0.55]	-0.90[**] [-1.32，-0.52]
曲率	-0.47[**] [-0.63，-0.30]	-0.97[**] [-1.37，-0.53]	-0.08 [-0.32，0.18]	-0.06 [-0.29，0.22]	-1.05[**] [-1.69，-0.46]

注：SP= 智能服务。SB= 智能销售。
[*] 我们使用在表 10-9 的模型 4 和模型 5 中报告的系数，计算了与模型 4 和模型 5 对应的（不）平衡线的斜率和曲率。
[**] 相关性在双尾检验的 0.01 水平上显著。95% 偏差校正置信区间。

为了测试顾客体验和忠诚意向的链式中介效应（H9），我们采用了区域变量方法。我们将多项式系数与原始数据相乘，计算区域变量作为加权综合分数。在形成区域变量后，我们重新运用多项式模型，估计了区域变量的标准化回归系数作为路径系数。我们通过将从区域变量到顾客体验的路径（α路径）与从顾客体验到忠诚意向的路径（β路径）相乘，并乘以从忠诚意向到销售绩效的路径（γ路径），来计算间接效应。由于间接效应不符合正态分布，我们使用自举法（bootstrapping）计算了偏差校正的置信区间，以及测试间接效应的显著性。

销售－服务平衡的区域变量与顾客体验呈正相关（$α=0.728$，$p<0.01$）。此外，顾客体验与忠诚意向呈正相关（$β=0.564$，$p<0.01$），忠诚意向与销售绩效呈正相关（$γ=0.080$，$p<0.01$）。当考虑顾客体验和忠诚意向时，销售－服务平衡对销售绩效的影响不显著（即完全中介）。销售－服务平衡对销售绩效的间接效应的偏差校正自举法置信区间（路径系数$=0.033$，$95\%CI=[0.008,0.058]$）不包含零。总体而言，这些发现支持了H9。

为了测试个性化收益和隐私风险的交互作用效应（H10和H11），我们采用了多项式分析的调节回归方法。我们在原多项式回归方程中添加了交互变量（例如个性化收益），以及个性化收益与原多项式项的交互项（见表10-10中的模型4）。然后，我们计算了两个其他方程，其中顾客体验是因变量：一个方程适用于较高水平的个性化收益（即替换为高于均值一个标准偏差的值），另一个方程适用于较低水平的个性化收益（即替换为低于均值一个标准偏差的值）。为了更好地解释我们的结果，我们绘制了响应曲面的图像（见图10-4B至图10-4E）。

如表10-10和图10-4C所示，当感知的个性化收益较高时，沿销售－服务平衡线的斜率为正且显著（斜率$=0.28$，$p<0.01$；$95\%CI$

=[0.24，0.33］），而沿不平衡线的曲率不显著（曲率=-0.08，$p>0.10$；95%CI=[-0.32，0.18］）。然而，当感知的个性化收益较低时（图10-4B），沿平衡线的斜率变得不显著（斜率=0.01，$p>0.10$；95%CI=[-0.11，0.13］），而沿不平衡线的曲率为负且显著（曲率=-0.97，$p<0.01$；95%CI=[-1.37，-0.53］）。这些发现支持了H10a和H10b。

如表10-10和图10-4D所示，当感知的隐私风险较低时，沿销售-服务平衡线的斜率为正且显著（斜率=0.30，$p<0.01$；95%CI=[0.25，0.35］），而沿不平衡线的曲率不显著（曲率=-0.06，$p>0.10$；95%CI=[-0.29，0.22］）。然而，当感知的隐私风险较高时（图10-4E），沿平衡线的斜率变得不显著（斜率=-0.03，$p>0.10$；95%CI=[-0.22，0.14］），而沿不平衡线的曲率为负且显著（曲率=-1.05，$p<0.01$；95%CI=[-1.69，-0.46］）。这些发现支持了H11a和H11b。

后验分析。为了进一步探讨每种情况下的最佳销售-服务配置，我们首先找到了平稳点（即在所有方向上响应曲面的斜率为零的点），该点提供了曲面的最大值、最小值或鞍点。然后，我们确定了主轴，这些轴彼此垂直并在平稳点交汇。根据曲面的形状（凸、凹或鞍状），每个轴的斜率表示曲面上曲率最大的位置（例如完全平衡的线，SP=SB）。总的来说，这些特征指示了潜在的最佳销售-服务配置。

对于低个性化收益的情况（图10-4B），曲面呈鞍状，平稳点位于X=-5.65和Y=-5.83（低服务-低销售）。第一主轴的斜率略大于1（p11=1.22），表明随着销售-服务配置向高-高水平或低-低水平转变，顾客体验提高最快。第二主轴的斜率略大于-1（p21=-0.82），表明随着智能客服向服务为主导的行为转变，顾客体验的质量下降最快。对于高个性化收益的情况（图10-4C），曲面呈凹形，平稳点位于X=1.20和Y=4.80（中服务-高销售）。对于凹曲面，平稳点代表曲面的最大值，这表明当服务提供在中等水平而销售行为在高水平时，顾客体验最大化。

A：主效应

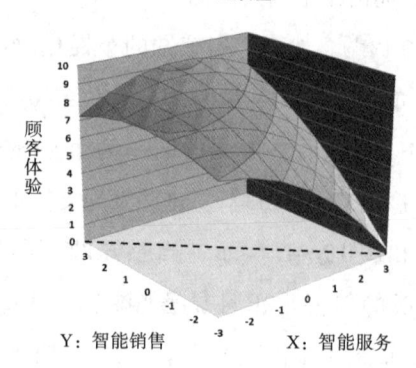

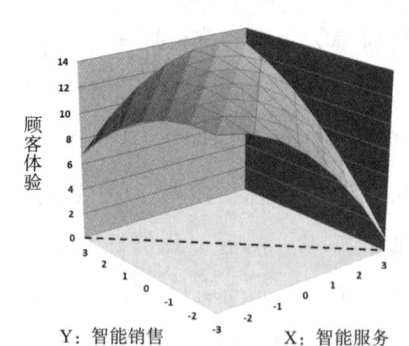

B：低个性化服务

C：高个性化服务

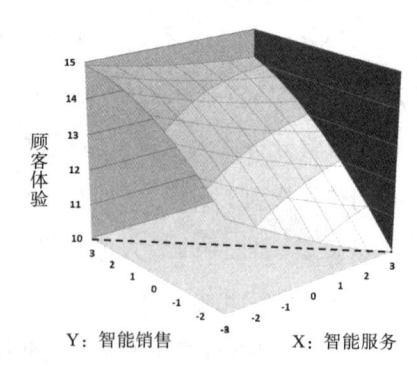

D：低隐私担忧

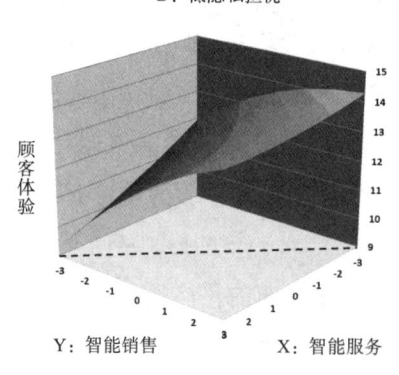

E：高隐私担忧

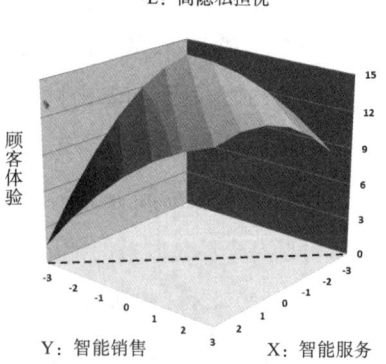

图 10-4 实证研究四子研究四响应曲面

对于低隐私风险的情况（图10-4D），曲面呈凹形，平稳点位于X=0.28和Y=4.75（中服务-高销售）。如前所述，平稳点代表曲面的最大值。对于高隐私风险的情况（图10-4E），曲面呈鞍状，平稳点位于X=-1.16和Y=-0.42（低服务-低销售）。第一主轴的斜率略大于1（p11=1.20），这表明随着销售-服务配置向高-高水平或低-低水平转变，顾客体验提高最快。第二主轴的斜率略大于-1（p21=-0.83），这表明随着智能客服向服务为主导的行为转变，顾客体验下降最快。

四、研究结论与讨论

由人工智能技术支持的广告和零售流程正在重构企业的前线接口，因为基于人工智能的智能客服为客户创造更个性化的购物和服务体验。然而，成功将智能客服纳入客户服务并不是一项简单的任务。相反，对大多数企业来说，这是一项重大挑战。前线双元性的概念在现有文献中得到了广泛承认，研究者们认为基于人工智能的技术可以重塑前线界面，并帮助企业重建前线双元能力。作为建立前线双元性虚拟员工的重要性基础，我们的研究调查了（不）平衡的客户导向行为影响智能客服效率-柔性双元性表现的机制和边界条件。我们的研究还通过检查各种销售-服务配置在满足客户个性化和隐私保护需求的情况下，如何在提高智能客服性能方面存在差异，展示了灵活应用前线双元性的重要性。总的来说，结果表明，在人机交互环境中，平衡和综合形式的销售-服务双元性在打造客户体验方面发挥着关键作用。结果还表明，个性化-隐私矛盾对虚拟前线服务并不是无法调和的困难。相反，零售商可以检测到这一矛盾，调整并部署最适合处理此问题的智能服务策略。

我们的研究发现，平衡的销售-服务双元性通常比不平衡的销售-服务双元性更有利于提高智能客服的前线性能，包括客户体验、消费意向和最终购买。此外，较高水平的综合销售-服务双元性更有利于通过智能客服生成、改进前线性能。这些结果与大多数先前研究的预测结果一致,即前线双元性会带来积极的结果。

出乎意料的是,我们的结果还揭示了关于智能客服的服务提供、整合销售和客户体验之间关系的一些更微妙的方面。其一,当分别实施销售-服务双元性的组成部分时,它们具有相反的效果:整合销售有益,但服务提供对客户体验有害。其二,当同时实施销售-服务特性但不平衡时,高销售-低服务配置始终比高服务-低销售配置更有助于提高客户体验。

此外,当客户感知到高个性化收益和低隐私风险时,高销售-中服务配置会产生最佳的客户体验。然而,当客户感知到低个性化收益和高隐私风险时,低销售-低服务配置是最佳选择。所有这些结果都强调了虚拟前线服务中销售-服务双元性的重要性。此外,这些发现表明,根据特定客户需求调整不同的销售-服务配置,对于寻求获得竞争优势的智能客服管理者来说至关重要。这项研究的发现为前线双元性研究领域提供了新的证据,也为虚拟前线员工(即智能客服)的开发和维护提供了实际指导。

(1)理论启示。第一,这项研究通过将前线双元性研究扩展到智能客服应用领域,为智能客服研究做出了贡献,而人工智能技术在前线的影响仍然是一个未充分研究的主题。既有的前线双元性研究提供了一个丰富的技能清单,员工需要具备这些技能才能具有双元性。然而,这些研究基于一个同质性的基本假设,即所有个体都应该具有处理双元任务的相同能力。这在现实中不太可能,因为人类员工受到其知识、能力和耐力的限制,可能会遭受角色冲突、次优绩效甚至服务失败和客户流失的影响。正如所假设的那样,我们的分析一致表明,智能客服的工作效率与工作柔性呈正相关,而其前线双元性与客户忠诚度呈正相关。这些结果表明,虚拟前线员工不受人类能力的限制,可以被编程来执行多重任务,并为客户创造更愉快的互动体验。因此，这项研究不仅研究了人工智能对前线界面的影响，还研究了不同的工作背景以明确特定类型的前线员工的双元性。

第二，我们的研究通过引入两种重要的以客户为导向的行为作为智能客服双元性的影响因素，并进一步审查（不）平衡的客户导向行为更微妙的有效性，为前线双元性文献增添了内容。基于"刺激-机理-响应"框架，我们确定了智能客服的功能型和关系型客户导向行为作为外部刺激，这些刺激引发了客户对效率-柔性双元性的感知，最终确定了他们的购买反应。我们的三个实证研究一致表明，与不平衡的客户导向行为相比，功能型和关系型行为之间的平衡更有利于获得更高的客户忠诚度；与较低水平的平衡相比，功能型和关系型行为之间的更高水平的平衡对影响客户更为有效。由此，我们的研究分析了行为因素对个体双元性的影响。我们的研究还认为，客户导向行为本质上既不是功能型也不是关系型的；然而，功能型和关系型客户导向行为应该一起进行，因为它们可以互补以增加销售。

第三，这项研究通过将三个客户理性选择因素引入前线双元性的重要边界条件，为理性选择理论做出贡献。由此，这项研究验证了前线客户导向行为的有效性取决于情境特征。这项研究也完善了前人的研究框架，通过探讨可能影响前线双元性实施的客户要求的详细因素，从而扩展了我们对销售环境的理解。我们的结果表明，当客户感知到高的非个性化成本时，平衡的客户导向行为肯定可以确保前线双元性；当客户感知到高的隐私担忧时，不平衡的客户导向行为肯定会危及双元性。但无论客户的机会成本高还是低，不平衡的客户导向行为的负面影响都不再是一个问题。这些结果表明，个性化-隐私的悖论在电子商务环境中是一个重要问题，因为客户披露的个人信息对于服务提供商提高响应速度（即效率）和准确性（即柔性）至关重要，而机会成本与其他两个因素相比不再是一个严重问题。

第四，通过研究两种客户导向行为，我们的研究已经确认了这种二分法的有效性。同时，我们的结果还展示了在智能客服服务环境中，客户导向行为更为微妙的特点。尽管三项实证研究一致表明，功能型和关系型行为的各种配置可以显著影响客户对智能客服双元性的感知与最终忠诚度，但这两种类型的客户导向行为的直接影响可能会有所不同。子研究一的结果显示，功能型客户导向行为在效率-柔性双元性和客户忠诚度的形成中，发挥了比关系型行为更重要的作用，这表明客户可能更喜欢功能型客户导向行为而不是关系型行为。此外，子研究三的结果显示，与功能型客户导向行为的效果相反，智能客服的关系型客户导向行为甚至可能破坏效率-柔性双元性，降低客户的最终忠诚度。这些智能客服的研究结果与过去关于销售人员客户导向行为的研究结果相去甚远，暗示虚拟前线员工和人类前线员工之间的角色存在差异。

第五，前线双元性研究一直以来主要关注人类员工的销售-服务行为。本章节将这一研究领域扩展到智能客服应用，因为它作为前线虚拟员工的角色仍然是一个研究不足的课题。尽管智能客服提供服务和整合销售的活动对客户体验和忠诚度产生完全不同的影响，但我们的研究表明，智能客服的服务和销售角色并不矛盾，而是相互依存和互补的。此外，我们的研究是首次发现智能客服提供服务对客户体验产生负面直接影响的研究之一。这一现象的可能解释是，一些客户认为智能客服提供的简单服务是被动和机械的，这种认知肯定会削弱客户体验。总的来说，本章节的研究发现，销售-服务双元性有助于销售业绩。我们的研究还将前线双元性的研究扩展到涉及人机互动的环境。

第六，本章节还通过强调许多客户在前线互动期间需要保护个人信息空间的需要，为信息边界理论做出了贡献。我们确定了个性化效益和隐私保护作为关键的客户需求，并考察了（不）平衡的智能客服双元性在满足这些需求方面的相对效果。正如我们假设的一样，我们的分析一致表明，在客户感知到高个性化效益和低隐私风险的情况下，平衡的双元性效果最佳。我们的研究还表明，在客户感知到低个性化效益和高隐私风险的情况下，不平衡的双元性最无效。这些结果（加上关于每个响应曲面上平稳点的后验分析的结果）暗示了将智能客服的活动与客户的隐私关切和个性化请求相匹配的重要性。

第七，此研究还为客户体验领域的文献做出了贡献，提出了客户体验是智能客服的销售-服务双元性与销售业绩之间的重要媒介。这一观察有助于解决文献中结论的不一致性。本章节的结果表明，简单地比较销售-服务平衡和不平衡的影响，可能导致业务管理者忽视智能客服平衡水平的更微妙的影响。具体而言，与低水平的平衡或不平衡相比，更高水平的平衡双元性对提供更好的客户体验更为有效，从而增加了忠诚意向并改善了实际忠诚行为。

（2）实践启示。第一，我们认为，个体双元性是一个可以从不同角度探讨的多学科主题。双元性文献广泛讨论了探索与开发双元性和服务-销售双元性等问题，而相对较少地关注与效率和柔性相关的问题。然而，本章节强调了前线效率-柔性双元性在触发客户忠诚行为方面的重要性。根据子研究一和子研究三显示的一致结果，效率-柔性双元性是客户忠诚的一个重要影响因素。这种显著的正向关系表明，除了公认的前线双元性类型之外，还有许多其他类型的工作可以应用其他类型的双元性。例如，将智能客服用于与客户互动的服务提供商应该高度重视服务效率和柔性。此外，人工智能算法设计者最好通过为服务提供商提供定制的智能客服产品，避免一刀切的产品解决方案，以提高智能客服的响应速度和准确性。

第二，子研究二和子研究三的结果突显了在不同客户理性选择条件下，客户导向行为各种配置的效果差异。因此，我们建议服务提供商应通过将虚拟服务代表的客户导向行为与特定客户需求匹配，以适应性地使用虚拟服务代表。例如，当用户拒绝在注册过程中披露个人数据时，功能型和关系型客户导向行为保持平衡，这可能是智能客服确保效率-柔性双元性绩效的唯一有效手段。

第三，智能客服应被编程展示可靠的建议、保证和支持信息，以降低用户对后续使用的风险感知。然而，如果用户提供了详细的个人信息，表明他已经做出决定，即隐私风险较低且希望获得个性化服务体验，那么不平衡的客户导向行为不再是一个严重问题，只要功能型或关系型客户导向行为能为用户提供独特和个性化的体验即可。

第四，一种值得关注的客户导向行为是关系型行为。子研究一和子研究三的多项式回归结果一致显示，在不同的不平衡线上存在明显的正斜率，表明功能型＜关系型区域内效率-柔性双元性和客户忠诚度的降低程度比功能型＞关系型区域更大。也就是说，当智能客服使用的功能型客户导向行为多于关系型时，效率-柔性双元性和客户忠诚度的降低程度比智能客服使用的关系型客户导向行为多于功能型时要小。这种不对称的不平衡效应，再加上关系型客户导向行为对智能客服双元性的负面直接影响，表明在虚拟服务情境中，关系型行为可能是无效的，甚至可能损害前线绩效。因为关系型行为可能被视为纯粹工具性、自私和不真诚，这可能会引起客户的负面反应。因此，我们警告实践者在部署虚拟前线员工来接待客户时，过度使用关系型行为，而忽视功能型行为。

第五，寻求销售和服务能力平衡的前线员工的企业可能会错过雇佣在其中一种能力上出色的员工所带来的好处。然而，本章节的结果表明，在人机互动环境中，部署销售-服务不平衡的智能客服是不具生产力的。只有平衡的销售-服务双元性才能有效改进客户体验。相比之下，不平衡的双元性倾向于危害客户体验的质量，不会帮助企业实现卓越的销售业绩。由于智能客服替代表现不佳的人类员工似乎是一个不可避免的趋势，我们建议企业应仔细评估不平衡的前线双元性的影响，并建立既有激励又认可平衡前线双元性绩效的流程。

第六，我们关于客户体验和忠诚意向中介效应的发现，有助企业更深入地了解前线双元性如何影响财务绩效。因为，与利润增长、客户满意度、账户保留和持续关系扩展相关的前瞻性指标，将更清晰地突出服务-销售双元性的价值。因此，我们建议企业可以通过评估前线绩效的方式受益，超越了仅仅衡量销售结果。企业管理者应考虑并奖励服务结果，例如实现关系扩展、提高账户续订百分比以及达到与推荐相关的配额。这种创造性的补偿模型最终可以将焦点放在提高客户体验上，作为提高业务绩效的关键。

第七，本章节的结果补充了前人的研究，提出企业需要充分利用智能客服的潜在优势，并准确识别客户的具体需求。我们建议企业应开发信息系统，用于分类复杂的客户账户，以更好地通过适当的智能客服响应、对齐客户期望。具体而言，当历史数据表明客户提出了更多的个性化需求时，同时提供高质量的整合销售和服务可能是人工智能算法设计师唯一有效的选择。然而，当客户透露了有限的个人信息并担心隐私泄露时，相应的智能客服可能通过保持低调和进行例行对话来表现得更好。智能客服还可以向这些客户提供公司的全面隐私政策。提供这样的保证可以降低信息披露的感知风险，并增加客户愿意披露私人信息的意愿。

（3）局限与展望。与本章节相关的几个局限需要指出。第一，尽管我们在子研究一中收集了为期6个月的客观行为数据，研究设计仍然是横断面的。实际上，双元性行为可能随着时间而平衡，而不是同时进行，因此可能需要一个客观的纵向数据集，并进一步调查智能客服双元性随时间变化的情况。第二个局限与基于情境的实验研究有关。尽管我们遵循了成熟的研究设计，并成功创建了实验情境，但它主要用于测试、调节假设的一部分，可能不是详尽无遗。进一步的研究可以尝试建立更有效的研究设计，以区分高平衡和低平衡客户导向行为的背景情境。第三，子研究三中的所有测量量表都是从客户端收集的。尽管测试确认了共同方法偏差不是一个严重问题,但我们仍呼吁进行多回应者调查,以建立模型中的因果关系。第四,尽管三项实证研究的参与者分别来自中国和美国,但我们没有比较这些客户之间的差异。新兴市场很可能具有许多在发达市场中无法看到的特征,因此我们希望看到未来的研究在不同文化背景下测试我们的模型,以验证本章节结论的普适性。

此外,我们试图通过询问关于智能客服的任何体验来提高结果的普适性,而不是专注于特定类型的智能客服体验。虽然这种方法与以往的研究一致,但不同类型的智能客服之间的区别提出了另一条有益的研究线索:与文本型机器人相比,基于语音的机器人由于人性化的计算机表现和更丰富的互动数据(如声音音高和语调,超越叙述本身),提供了更高级别的拟人化。此外,与虚拟智能客服不同,实体的智能客服不仅通过语言(文本或语音),还通过使用实时与用户互动中的非语言沟通线索(例如面部表情、凝视、身体动作、距离)进行对话。因此,未来的研究可以将智能客服的特征作为潜在的调节变量,并比较不同类型的智能客服的前线双元性的有效性。

另一个限制是,尽管我们的模型产生的结果与提出的假设一致,但其横断面设计限制了我们进行因果推论的能力。此外,人机互动是一个动态过程,其中客户的目标随着时间而演变。这些变化可能导致客户的脱离、厌倦,并最终终止服务或产品使用。因此,未来的研究可以设计具有动态交互数据源的纵向研究模型,以更好地测试我们模型所暗示的因果关系。我们还认识到,未来的研究可以从替代人类前线员工的智能客服转向人类可以用来促进服务或销售的智能客服,确定人工智能如何可以在帮助员工变得更具双元性方面发挥新作用。例如,这些研究可以调查最佳转化点的时机,以及如何将客户聊天记录最好地纳入对话中以扩展个性化内容。

本章小结

智能客服的崛起对顾客购买行为产生了深远的影响。这种创新技术以其高度智能化、个性化和高效的特点，为顾客购买过程带来了巨大的便利和改变。第一，智能客服改善了客户的购物体验。它能够实时响应客户的疑问和需求，为顾客提供即时的帮助与指导。无论何时何地，顾客都可以通过智能客服获得所需信息，消除了传统客服的时间和地点限制。这种即时响应让顾客感到更受关注、更被重视，提升了整体购物体验。第二，智能客服通过个性化推荐促进了顾客的购买意愿。通过分析顾客的历史购买记录、浏览行为和偏好，智能客服可以精准地推荐产品或服务，以符合顾客的个性化需求。这种个性化的推荐能够满足顾客的特定需求，提高购买的可能性，同时丰富顾客的购物选择。第三，智能客服提高了销售效率。这些系统能够高效地处理大量重复性问题，为人工客服减轻负担，使其能够专注于更复杂、高价值的问题。这种高效率的客户服务缩短了购买决策的时间，促进了销售过程的迅速进行。第四，智能客服为企业提供了丰富的数据分析和洞察。这些系统能够收集大量的客户数据，包括顾客的需求、投诉、反馈等信息。通过对这些数据的分析，企业能够深入了解顾客的购买行为和偏好，为产品设计、定价策略以及市场营销提供有力支持。数据驱动的决策使企业更具竞争力，有助于优化购物体验、提高销售业绩。第五，智能客服也能够增强顾客对品牌的忠诚度。通过提供高质量、个性化的服务，智能客服能够增强顾客的满意度和信任感。顾客对品牌的良好体验会促使他们再次购买，并成为品牌的忠实顾客，同时也有可能成为品牌的传播者。第六，智能客服可以适应未来技术发展的趋势。随着科技的不断进步，智能客服系统将会变得更加智能、灵活和人性化。它有望与更多新兴技术，如人工智能、机器学习、自然语言处理等相结合，为顾客提供更加智能、高效和个性化的服务。综合而言，智能客服对顾客购买行为产生了深远的影响。通过提升购物体验、个性化推荐、销售效率、数据分析和洞察、品牌忠诚度等适应未来技术趋势，智能客服为现代商业带来了积极变革，助力企业实现更好的服务与发展。

第十一章
结　语

　　随着科技的飞速发展，智能客服作为人工智能技术在服务领域的杰出应用，正以前所未有的速度改变着我们的生活方式和商业模式。本书深入探索了智能客服领域的广阔天地，从人工智能的双元导向、能力与任务，到智能用户的隐私矛盾、算法厌恶与需求满足，再到人机关系的建立、维持与升华，每一个章节都为我们揭示了智能客服发展的现状与趋势，以及它如何深刻地影响着我们的日常生活和商业世界，为我们绘制了一幅智能客服未来发展的宏伟蓝图。在此，让我们共同回顾本书内容并展望这一领域的未来趋势。

　　本书强调的智能客服双元特征，是驱动其不断前行的双轮。在顾客旅程的不同阶段，智能客服展现出了独特的双元能力：预购买阶段以双元导向引导顾客进入服务流程，购买阶段以双元能力平衡服务与销售需求，购买后阶段则以双元任务促进共情与挽留。这种双元思维的全程贯穿，不仅提升了服务效率，更增强了用户体验的个性化与人性化。未来，随着技术的进一步成熟，智能客服的双元导向将更加深化，推动其向更加智能、更加贴心的方向发展。

　　在智能客服广泛应用的同时，用户隐私保护与个性需求满足之间的平衡成了一个重要议题。本书通过深入分析隐私矛盾、算法厌恶等现象，提出了在保护用户隐私的前提下提升服务质量的策略。未来，智能客服需要在技术创新与隐私保护之间找到更佳的平衡点，通过加强数据加密、提升算法透明度、优化用户授权机制等手段，在确保用户隐私安全的同时，提供更加精准、个性化的服务。同时，智能客服还需不断关注用户需求的变化，通过持续的技术迭代和服务优化，满足用户日益增长的多元化需求。

人机关系的演变是智能客服领域不可忽视的重要方面。从顾客接受到体验再到购买，人机关系的建立、维持与升华构成了智能客服服务流程的完整闭环。在这个过程中，智能客服不仅作为服务提供者存在，更成了用户生活中的一部分。未来，随着技术的不断进步和应用场景的拓展，人机关系将更加紧密、和谐。智能客服将不仅仅是一个工具或平台，而是成为用户生活中的智能伙伴，为用户提供全方位、全天候的服务支持。同时，用户也将更加依赖和信任智能客服，通过与其的交互不断学习和成长，共同推动人机关系的和谐共生。

但值得注意的是，智能客服仅仅是人工智能的较低水平应用。现如今，生成式人工智能（GenAI）的出现证明了智能客服在充满情感的互动中，使用人工智能进行客户服务的潜力。从机械人工智能，到思考人工智能，再到情感人工智能的进化过程中，营销部门有必要通过在营销互动和关系中关心客户情绪，来改善客户情绪健康。从情感识别、理解和管理到联系的客户服务过程中，使用情感人工智能进行客户服务是十分重要且必要的。人工智能正在迅速发展，生成式人工智能目前不能做的未必在将来不能被解决。使用生成式人工智能进行客户服务所导致的一些问题，例如未经授权的模型输入和数据共享，仍然值得关注。在多大程度上或是否需要完全自动化客户服务流程，也是一个值得持续讨论的问题。使用情感人工智能进行客户服务不应忽视这些重要的个人和社会问题。

总之，本书不仅为我们提供了丰富的理论知识和实践案例，更为我们指明了智能客服未来发展的方向。在这个充满机遇与挑战的时代，让我们携手并进，共同推动智能客服技术的创新与发展，为构建更加智能、便捷、人性化的服务体系贡献力量。相信在不久的将来，智能客服将成为我们生活中不可或缺的一部分，为我们的生活带来更多的便利与惊喜。

参考文献

Agnihotri, Durgesh, Kushagra Kulshreshtha and Vikas Tripathi, "Emergence of social media as new normal during COVID-19 pandemic: a study on innovative complaint handling procedures in the context of banking industry", *International Journal of Innovation Science,* Vol. 14, No. 3/4(September 2022), pp. 405-427.

Agnihotri, Raj, Colin B. Gabler, Omar S. Itani, Fernando Jaramillo and Michael T. Krush, "Salesperson Ambidexterity and Customer Satisfaction: Examining the Role of Customer Demandingness, Adaptive Selling, and Role Conflict", *Journal of Personal Selling & Sales Management,* Vol. 37, No. 1(January 2017), pp. 27-41.

Ahmad, Fayez and Francisco Guzmán, "Negative online reviews, brand equity and emotional contagion", *European Journal of Marketing*, Vol. 55, No. 11(November 2021), pp. 2825-2870.

Ahmad, Fayez and Francisco Guzmán, "Perceived injustice and brand love: the effectiveness of sympathetic vs empathetic responses to address consumer complaints of unjust specific service encounters", *Journal of Product & Brand Management*, Vol. 32, No. 6(July 2023), pp. 849-862.

Albashrawi, Mousa and Luvai Motiwalla, "Privacy and personalization in continued usage intention of mobile banking: An integrative perspective", *Information Systems Frontiers*, Vol. 21(October 2019), pp. 1031-1043.

Ameen, Nisreen, Sameer Hosany and Justin Paul, "The personalisation-privacy paradox: Consumer interaction with smart technologies and shopping mall loyalty", *Computers in Human Behavior*, Vol. 126(January 2022), Article 106976.

Ameen, Nisreen, Ali Tarhini, Alexander Reppel and Amitabh Anand, "Customer experiences in the age of artificial intelligence", *Computers in Human Behavior*, Vol. 114(January 2021), Article 106548.

Amoako, George K., Livingstone D. Caesar, Robert K. Dzogbenuku and Gifty A. Bonsu, "Service recovery performance and repurchase intentions: the mediation effect of service quality at KFC", *Journal of Hospitality and Tourism Insights*, Vol. 6, No. 1(January 2023), pp. 110–130.

Barhorst, Jennifer B., Graeme McLean, Esta Shah and Rhonda Mack, "Blending the real world and the virtual world: Exploring the role of flow in augmented reality experiences", *Journal of Business Research*, Vol. 122(January 2021), pp. 423–436.

Bleier, Alexander, Colleen M. Harmeling and Robert W. Palmatier, "Creating effective online customer experiences", *Journal of Marketing*, Vol. 83, No. 2(March 2019), pp. 98–119.

Chen, Qi, Yuqiang Feng, Luning Liu and Xianyun Tian, "Understanding consumers' reactance of online personalized advertising: A new scheme of rational choice from a perspective of negative effects", *International Journal of Information Management*, Vol. 44(February 2019), pp. 53–64.

Chen, Xinyu, Jian Sun and Hongyan Liu, "Balancing web personalization and consumer privacy concerns: Mechanisms of consumer trust and reactance", *Journal of Consumer Behaviour*, Vol. 21, No. 3(May 2022), pp. 572–582.

Cheng, Xusen, Ying Bao, Alex Zarifis, Wankun Gong and Jian Mou, "Exploring consumers' response to text-based chatbots in e-commerce: the moderating role of task complexity and chatbot disclosure", *Internet Research*, Vol. 32, No. 2(July 2021), pp. 496–517.

Cloarec, Julien, Lars Meyer-Waarden and Andreas Munzel, "The personalization-privacy paradox at the nexus of social exchange and construal level theories", *Psychology & Marketing*, Vol. 39, No. 3(March 2022), pp. 647-661.

Cocco, Helen and Nathalie T. Demoulin, "Designing a seamless shopping journey through omnichannel retailer integration", *Journal of Business Research*, Vol. 150(November 2022), pp. 461-475.

Davis, Fred D., "Perceived Usefulness, Perceived Ease of Use, and User Acceptance of Information Technology", *MIS Quarterly,* Vol. 13, No. 3(September 1989), pp. 319-340.

Duan, Sophia X. and Hepu Deng, "Exploring privacy paradox in contact tracing apps adoption", *Internet Research*, Vol. 32, No. 5(September 2022), pp. 1725-1750.

Etemad-Sajadi, Reza, "The impact of online real-time interactivity on patronage intention: The use of avatars", *Computers in Human Behavior*, Vol. 61(August 2016), pp. 227-232.

Fan, Alei, Luorong Wu, Li Miao and Anna S. Mattila, "When does technology anthropomorphism help alleviate customer dissatisfaction after a service failure? - The moderating role of consumer technology self-efficacy and interdependent self-construal", *Journal of Hospitality Marketing & Management*, Vol. 29, No. 3(April 2020), pp. 269-290.

Fan, Hua, Wei Gao and Bing Han, "How does (im)balanced acceptance of robots between customers and frontline employees affect hotels' service quality?", *Computers in Human Behavior*, Vol. 133(August 2022), Article 107287.

Fan, Hua, Wei Gao and Bing Han, "Are AI chatbots a cure-all? The relative effectiveness of chatbot ambidexterity in crafting hedonic and cognitive smart experiences", *Journal of Business Research*, Vol. 156(February 2023), Article 113526.

Fan, Hua, Bing Han and Wangshuai Wang, "Aligning (in)congruent chatbot-employee empathic responses with service-recovery contexts for customer retention", *Journal of Travel Research*, Vol. 63, No. 8(September 2023), pp. 1870-1893.

Fan, Hua, Bing Han, Wei Gao and Wenqian Li, "How AI chatbots have reshaped the frontline interface in China: Examining the role of sales-service ambidexterity and the personalization-privacy paradox", *International Journal of Emerging Markets*, Vol. 17, No. 4(May 2022), pp. 967-986.

Fan, Hua, Bing Han and Wei Gao, "(Im)Balanced customer-oriented behaviors and AI chatbots' Efficiency-Flexibility performance: The moderating role of customers' rational choices", *Journal of Retailing and Consumer Services*, Vol. 66(May 2022), Article 102937.

Fan, Xiaojun, Zeli Chai, Nianqi Deng and Xuebing Dong, "Adoption of augmented reality in online retailing and consumers' product attitude: A cognitive perspective", *Journal of Retailing and Consumer Services*, Vol. 53(March 2020), Article 101986.

Fernandes, Teresa and Elisabete Oliveira, "Understanding consumers' acceptance of automated technologies in service encounters: Drivers of digital voice assistants adoption", *Journal of Business Research*, Vol. 122(January 2021), pp. 180-191.

Gabler, Colin B., Jessica L. Ogilvie, Adam Rapp and Daniel G. Bachrach, "Is there a dark side of ambidexterity? Implications of dueling sales and service orientations", *Journal of Service Research*, Vol. 20, No. 4(November 2017), pp. 379-392.

Gao, Jingyan, Lina Ren, Yang Yang, Duo Zhang and Lan Li, "The impact of artificial intelligence technology stimuli on smart customer experience and the moderating effect of technology readiness", *International Journal of Emerging Markets*, Vol. 17, No. 4(May 2022), pp. 1123-1142.

Gao, Wei and Hua Fan, "Omni-channel customer experience (in) consistency and service success: a study based on polynomial regression analysis", *Journal of Theoretical and Applied Electronic Commerce Research*, Vol. 16, No. 6(July 2021), pp. 1997−2013.

Gao, Wei, Hua Fan, Wenqian Li and Huiling Wang, "Crafting the customer experience in omnichannel contexts: The role of channel integration", *Journal of Business Research*, Vol. 126(March 2021), pp. 12−22.

Gouthier, Matthias H., Carina Nennstiel, Nora Kern and Lars Wendel, "The more the better? Data disclosure between the conflicting priorities of privacy concerns, information sensitivity and personalization in e-commerce", *Journal of Business Research*, Vol. 148(September 2022), pp. 174−189.

Han, Elizabeth, Dezhi Yin and Han Zhang, "Chatbot empathy in customer service: When it works and when it backfires", SIGHCI 2022 Proceedings 1.

He, Ai-Zhong and Yu Zhang, "AI-powered touch points in the customer journey: a systematic literature review and research agenda", *Journal of Research in Interactive Marketing*, Vol. 17, No. 4(June 2023), pp. 620−639.

Herhausen, Dennis, Lauren Grewal, Krista H. Cummings, Anne L. Roggeveen, Francisco Villarroel Ordenes and Dhruv Grewal, "Complaint De-Escalation Strategies on Social Media", *Journal of Marketing*, Vol. 87, No. 2(March 2023), pp. 210−231.

Herrando, Carolina, Julio Jiménez-Martínez and Martín-de Hoyos, "Social commerce users' optimal experience: stimuli, response and culture", *Journal of Electronic Commerce Research*, Vol. 20, No. 4(2019), pp. 199−218.

Hill Cummings, Krista and Jennifer A. Yule, "Tailoring service recovery messages to consumers' affective states", *European Journal of*

Marketing, Vol. 54, No. 7(May 2020), pp. 1675-1702.

Homburg, Christian, Michael Müller and Martin Klarmann, "When does salespeople's customer orientation lead to customer loyalty? The differential effects of relational and functional customer orientation", *Journal of the Academy of Marketing Science*, Vol. 39, No. 6(December 2011), pp. 795-812.

Japutra, Arnold, Ami F. Utami, Sebastian Molinillo and Irwan A. Ekaputra, "Influence of customer application experience and value in use on loyalty toward retailers", *Journal of Retailing and Consumer Services*, Vol. 59(March 2021), Article 102390.

Jasmand, Claudia, Vera Blazevic and Ko de Ruyter, "Generating Sales While Providing Service: A Study of Customer Service Representatives' Ambidextrous Behavior", *Journal of Marketing,* Vol. 76, No. 1(January 2012), pp. 20-37.

Jones, Carol L. E., Tyler Hancock, Brett Kazandjian and Clay M. Voorhees, "Engaging the Avatar: The effects of authenticity signals during chat-based service recoveries", *Journal of Business Research*, Vol. 144(May 2022), pp. 703-716.

Jung, Timothy H., Sujin Bae, Natasha Moorhouse and Ohbyunh Kwon, "The impact of user perceptions of AR on purchase intention of location-based AR navigation systems", *Journal of Retailing and Consumer Services*, Vol. 61(July 2021), Article 102575.

Kapeš, Jelena, Karla Keča, Nikolina Fugošić and Ana Čuić Tanković, "Management response strategies to a negative online review: influence on potential guests' trust", *Tourism and Hospitality Management*, Vol. 28, No. 1(March 2022), pp. 1-27.

Keeling, Kathleen, Peter McGoldrick and Susan Beatty, "Avatars as salespeople: Communication style, trust, and intentions", *Journal of Business Research*, Vol. 63, No. 8(August 2010), pp. 793-800.

Kim, Dongyeon, Kyuhong Park, Yonngjin Park and Jae-Hyeon Ahn, "Willingness to provide personal information: Perspective of privacy calculus in IoT services", *Computers in Human Behavior*, Vol. 92(March 2019), pp. 273−281.

Kim, Hyun S. and Beomjoon Choi, "The effects of three customer-to-customer interaction quality types on customer experience quality and citizenship behavior in mass service settings", *Journal of Services Marketing*, Vol. 30, No. 4(July 2016), pp. 84−97.

Kim, Ha-Neul, Paul P. Freddolino and Christine Greenhow, "Older Adults' Technology Anxiety as a Barrier to Digital Inclusion: A Scoping Review", *Educational Gerontology*, Vol. 49, No. 12(April 2023), pp. 1021−1038.

Köhler, Clemens F., Andrew J. Rohm, Ko de Ruyter and Martin Wetzels, "Return on Interactivity: The Impact of Online Agents on Newcomer Adjustment", *Journal of Marketing,* Vol. 75, No. 2(March 2011), pp. 93−108.

Kumar, Harish and Ritu Srivastava, "Exploring the role of augmented reality in online impulse behaviour", *International Journal of Retail & Distribution Management*, Vol. 50, No. 10(May 2022), pp. 1281−1301.

Lambillotte, Laetitia, Nathan Magrofuoco, Ingrid Poncin and Jean Vanderdonckt, "Enhancing playful customer experience with personalization", *Journal of Retailing and Consumer Services*, Vol. 68(September 2022), Article 103017.

Lavado-Nalvaiz, Natalia, Laura Lucia-Palacios and Raúl Pérez-López, "The role of the humanisation of smart home speakers in the personalisation−privacy paradox", *Electronic Commerce Research and Applications*, Vol. 53(May 2022), Article 101146.

Lee, Hanna, Yingjiao Xu and Anne Porterfield, "Consumers' adoption of AR-based virtual fitting rooms: From the perspective of theory of interactive media effects", *Journal of Fashion Marketing and*

Management: An International Journal, Vol. 25, No. 1(February 2021), pp. 45-62.

Lee, Jin-Myong and Jong-youn Rha, "Personalization-privacy paradox and consumer conflict with the use of location-based mobile commerce", *Computers in Human Behavior*, Vol. 63(October 2016), pp. 453-462.

Lei, Soey S. I., Irene C. C. Chan, Jingyi Tang and Shun Ye, "Will tourists take mobile travel advice? Examining the personalization-privacy paradox", *Journal of Hospitality and Tourism Management*, Vol. 50(March 2022), pp. 288-297.

Li, Kai, Liangqi Cheng and Ching-I Teng, "Voluntary sharing and mandatory provision: Private information disclosure on social networking sites", *Information Processing & Management*, Vol. 57, No. 1(January 2020), Article 102128.

Liu, Kaifeng and Da Tao, "The roles of trust, personalization, loss of privacy, and anthropomorphism in public acceptance of smart healthcare services", *Computers in Human Behavior*, Vol. 127(February 2022), Article 107026.

Lubatkin, Michael H., Zeki Simsek, Yan Ling and John F. Veiga, "Ambidexterity and performance in small-to medium-sized firms: The pivotal role of top management team behavioral integration", *Journal of Management*, Vol. 32, No. 5(October 2006), pp. 646-672.

Lv, Xingyang, Yufan Yang, Dazhi Qin, Xingping Cao and Hong Xu, "Artificial intelligence service recovery: The role of empathic response in hospitality customers' continuous usage intention", *Computers in Human Behavior*, Vol. 126(January 2022), Article 106993.

Molinillo, Sebastian, Rocío Aguilar-Illescas, Rafael Anaya-Sánchez and Elena Carvajal-Trujillo, "The customer retail app experience: Implications for customer loyalty", *Journal of Retailing and Consumer*

Services, Vol. 65(March 2022), Article 102842.

Molinillo, Sebastian, Antonio Navarro-García, Rafael Anaya-Sánchez and Arnold Japutra, "The impact of affective and cognitive app experiences on loyalty towards retailers", *Journal of Retailing and Consumer Services*, Vol. 54(May 2020), Article 101948.

Mozafari, Nika, Welf H. Weiger and Maik Hammerschmidt, "Trust me, I'm a bot-repercussions of chatbot disclosure in different service frontline settings", *Journal of Service Management*, Vol. 33, No. 2(February 2022), pp. 221-245.

Mullins, Ryan, Raj Agnihotri and Zachary Hall, "The ambidextrous sales force: aligning salesperson polychronicity and selling contexts for sales-service behaviors and customer value", *Journal of Service Research*, Vol. 23, No. 1(February 2020), pp. 33-52.

Nguyen, Thanh D., Uyen U. T. Banh, Tuan M. Nguyen and Tuan T. Nguyen, "E-service quality: A literature review and research trends", in Atulya K. Nagar, Dharm Singh Jat, Durgesh Kumar Mishra and Amit Joshi eds., *Intelligent Sustainable Systems: Selected Papers of WorldS4 2022*, Vol. 1, Singapore: Springer, 2023, pp. 47-62.

Ogilvie, Jessica, Adam Rapp, Daniel G. Bachrach, Ruan Mullins and Jaron Harvey, "Do Sales and Service Compete? The Impact of Multiple Psychological Climates on Frontline Employee Performance", *Journal of Personal Selling and Sales Management*, Vol. 37, No. 1(January 2017), pp. 11-26.

Parasuraman, Ananthanarayanan, Valarie A. Zeithaml and Arvind Malhotra, "ES-QUAL: A multiple-item scale for assessing electronic service quality", *Journal of Service Research*, Vol. 7, No. 3(February 2005), pp. 213-233.

Patterson, Paul, Ting Yu and Narumon Kimpakorn, "Killing two birds with one stone: Cross-selling during service delivery", *Journal of Business*

Research, Vol. 67, No. 9(September 2014), pp. 1944-1952.

Qing, Tang and Du Haiying, "How to achieve consumer continuance intention toward branded apps—From the consumer-brand engagement perspective", *Journal of Retailing and Consumer Services*, Vol. 60(May 2021), Article 102486.

Radu, Alexandru, Sara Quach, Prak Thaichon, Jiraporn Surachartkumtonkun and Scott Weaven, "Relationship outcomes following a service failure: the role of agent likability", *Asia Pacific Journal of Marketing and Logistics*, Vol. 35, No. 2(February 2023), pp. 364-379.

Rana, Jyoti, Loveleen Gaur, Gurmeet Singh, Usama Awan and Muhammad I. Rasheed, "Reinforcing customer journey through artificial intelligence: a review and research agenda", *International Journal of Emerging Markets*, Vol.17, No. 7(July 2022), pp. 1738-1758.

Roy, Sanjit K., Gaganpreet Singh, Megan Hope, Bang Nguyen and Paul Harrigan, "The rise of smart consumers: role of smart servicescape and smart consumer experience co-creation", *Journal of Marketing Management*, Vol. 35, No. 15-16(October 2022), pp. 1480-1513.

Saxe, Robert and Barton A. Weitz, "The SOCO scale: A measure of the customer orientation of salespeople", *Journal of Marketing Research*, Vol. 19, No. 3(August 1982), pp. 343-351.

Tojib, Dewi, Elahe Abdi, Leimin Tian, Liana Rigby, James Meads and Tanya Prasad, "What's Best for Customers: Empathetic Versus Solution-Oriented Service Robots", *International Journal of Social Robotics*, Vol. 15, No. 5(May 2023), pp.731-743.

Tyrväinen, Olli, Heikki Karjaluoto and Hannu Saarijärvi, "Personalization and hedonic motivation in creating customer experiences and loyalty in omnichannel retail", *Journal of Retailing and Consumer Services*, Vol. 57(November 2020), Article 102233.

Van, Doorn Jenny, Martin Mende, Stephanie M. Noble, John Hulland, Amy

L. Ostrom, Dhruv Grewal and J. Andrew Petersen, "Domo Arigato Mr. Roboto: Emergence of Automated Social Presence in Organizational Frontlines and Customers' Service Experiences", *Journal of Service Research*, Vol. 20, No. 1(November 28), pp. 43-58.

Venkatesh, Viswanath, Michael G. Morris, Gordon B. Davis and Fred D. Davis, "User acceptance of information technology: toward a unified view", *MIS Quarterly*, Vol. 27, No. 3(September 2003), pp. 425-478.

Verleye, Katrien, "The co-creation experience from the customer perspective: its measurement and determinants", *Journal of Service Management*, Vol. 26, No. 2(April 2015), pp. 321-342.

Wang, Kai-Yu, Wen-Hai Chih and Andreawan Honora, "How the emoji use in apology messages influences customers' responses in online service recoveries: The moderating role of communication style", *International Journal of Information Management*, Vol. 69(April 2023), Article 102618.

Wei, Chuang, Maggie W. Liu and Hean T. Keh, "The road to consumer forgiveness is paved with money or apology? The roles of empathy and power in service recovery", *Journal of Business Research*, Vol. 118(September 2020), pp. 321-334.

Wirtz, Jochen, Paul G. Patterson, Werner H. Kunz, Thorsten Gruber, Vinh N. Lu, Stefanie Paluch and Antje Martins, "Brave New World: Service Robots in The Frontline", *Journal of Service Management*, Vol. 29, No. 5(November 2018), pp. 907-931.

Xie, Lishan and Shaohui Lei, "The nonlinear effect of service robot anthropomorphism on customers' usage intention: A privacy calculus perspective", *International Journal of Hospitality Management*, Vol. 107(October 2022), Article 103312.

Yang, Bo, Yongqiang Sun and Xiao-Liang Shen, "Understanding AI-based customer service resistance: A perspective of defective AI features and tri-dimensional distrusting beliefs", *Information Processing &*

Management, Vol. 60, No. 3(May 2023), Article 103257.

Ying, Shiyi, Youlin Huang, Lixian Qian and Jinzhu Song, "Privacy paradox for location tracking in mobile social networking apps: The perspectives of behavioral reasoning and regulatory focus", *Technological Forecasting and Social Change*, Vol. 190(May 2023), Article 122412.

Yu, Ting, Ko de Ruyter, Paul Patterson and Ching-Fu Chen, "The formation of a cross-selling initiative climate and its interplay with service climate", *European Journal of Marketing*, Vol. 52, No. 7/8(June 2018), pp. 1457–1484.

Yu, Ting, Paul G. Patterson and Ko de Ruyter, "Achieving service-sales ambidexterity", *Journal of Service Research*, Vol. 16, No. 1(February 2013), pp. 52–66.

Yu, Ting, Paul Patterson and Ko de Ruyter, "Converting service encounters into cross-selling opportunities: Does faith in supervisor ability help or hinder service-sales ambidexterity?", *European Journal of Marketing*, Vol. 49, No. 3/4(April 2015), pp. 491–511.

Yun, Jeewoo and Jungkun Park, "The effects of chatbot service recovery with emotion words on customer satisfaction, repurchase intention, and positive word-of-mouth", *Frontiers in Psychology*, Vol. 13(May 2022), Article 922503.

Zang, Zhimei, Dong Liu, Yaqin Zheng and Chuanming Chen, "How do the combinations of sales control systems influence sales performance? The mediating roles of distinct customer-oriented behaviors", *Industrial Marketing Management*, Vol. 84(January 2020), pp. 287–297.

87.Zang, Zhimei, Xiaoyan Wang, Hairu Yang and Chuanming Chen, "'Be myself' or 'Be friends'? Exploring the mechanism between self-construal and sales performance", *Asian Business & Management*, Vol. 21(April 2020), pp. 82–105.

Zeng, Fue, Qing Ye, Jing Li and Zhilin Yang, "Does self-disclosure matter?

A dynamic two-stage perspective for the personalization-privacy paradox", *Journal of Business Research*, Vol. 124(January 2021), pp. 667–675.

Zhang, Fengjiao, Zhao Pan and Yaobin Lu, "AIoT-enabled smart surveillance for personal data digitalization: Contextual personalization-privacy paradox in smart home", *Information & Management*, Vol. 60, No. 2(March 2023), Article 103736.